스마트도시, 미래를 혁신하다
빅데이터가 말하는 스마트시티

스마트도시, 미래를 혁신하다 - 빅데이터가 말하는 스마트시티

지은이 진희선, 정승익, 선현국, 구지희, 신경태
펴낸이 권희재

초판 1쇄 발행일 2025년 5월 31일
초판 2쇄 발행일 2025년 6월 25일
(본2쇄에서는 동남아 도시의 스마트시티 분석이 부록에 추가되었습니다)

출판사 나무지혜
출판등록 | 2022년 10월 20일 제2022-000073호
주소 | 서울특별시 은평구 연서로 34길 11-1 은평창업지원센터 3층
연락처 | 010-3509-6513
이메일 | behindname@naver.com

ISBN 979-11-981484-3-8 03530
정가 22,000원

스마트도시, 미래를 혁신하다
빅데이터가 말하는 스마트시티

추천사

이 책은 스마트시티 백과사전으로 불릴 만 하다. 그동안 발간된 스마트시티 관련 많은 책들은 주로 기술적인 주제, 즉 스마트시티를 어떻게 구축하고 작동시킬 것인가에 지면을 할애했었다. 이 책은 그러지 않는다. 교통, 에너지에서부터 금융, 물류를 넘어 거버넌스와 윤리적인 이슈까지도 다루고 있다. 그럼에도 이 책에 인용된 적절한 예시와 그림은 책을 재미있게 읽히게 하는데, 물론 저자들의 탁월한 내공이 있기에 가능한 일이다. 스마트시티에 대한 넓은 시각을 원하는 분들께 일독을 강력히 추천한다.

- 경기주택도시공사 사장 김세용

스마트시티는 이제 더 이상 먼 미래의 이야기가 아니다. 건설과 IT 기술이 융합된 이 새로운 도시 패러다임 속에서, 우리는 지속가능한 환경과 효율적인 도시 인프라를 구축해야 한다. 이 책은 스마트도시를 이루는 핵심 기술과 실제 사례를 풍부하게 담아내어, 우리 앞에 놓인 도전과 기회를 명확히 제시한다. 건설업계와 도시 개발을 고민하는 모든 이들에게 강력히 추천한다.

- 前 코오롱그룹 부회장 민경조

스마트시티는 이제 미래의 모습이 아니라 현재의 모습이 되었습니다. 이 책은 바로 앞으로 다가온 도시의 미래에 대한 모든 것을 알려주는 책입니다. 스마트시티의 전체 지도를 알고 싶으신 분들께 일독을 권합니다.

- 카이스트 경영대학 교수 장대철

오늘날 도시가 직면한 기후위기, 자원 고갈, 사회적 불평등 문제는 지속 가능한 미래를 위한 혁신적 해법을 요구한다. 이 책은 빅데이터와 첨단 기술을 활용하여 우리가 살아갈 도시를 어떻게 더 효율적이고 지속가능한 공간으로 변화시킬 수 있는지 통찰력 있게 분석하였다. 스마트 교통, 에너지, 환경, 안전, 거버넌스 등 다양한 분야에서 혁신 기술이 적용되는 과정을 면밀히 조명하며, 특히 지속 가능성을 고려한 스마트시티 모델을 제시하고 있다. 스마트도시와 지속 가능 발전에 관심 있는 모든 독자에게 이 책을 적극 추천한다.

- 고려대 지속가능원장 신재혁

"생각하며 살지 않으면, 사는 대로 생각하게 된다"는 말이 있습니다. 도시개발도 마찬가지입니다. 방향성에 대한 고민 없이 기술이 이끄는 대로만 도시를 개발시키다보면, 어느새 그 도시에서의 생존 자체에만 매몰될 수 있습니다. 『스마트도시, 미래를 혁신하다』는 그런 점에서 귀중한 책입니다. 스마트시티를 단지 기술의 집합이 아니라, 우리가 어떻게 살아갈 것인가에 대한 철학적 고민으로 풀어내고 있습니다. 이 책은 더 나은 삶의 방식과 공동체의 방향성을 함께 고민하자는 초대입니다. 스마트시티를 이야기하지만, 결국 '사람'에 주목하는 이 책이 더욱 값진 이유입니다.

- 법무법인 세종 이상혁 변호사

법률과 제도가 저절로 만들어지는 경우는 없다. 반드시 사회적인 필요에 따라 등장하는데, 이태원 참사에 따라 군중 운집 통제 필요성이 대두되어 재난안전법의 개정이 이루어지고, 포항 지진에 따라 필로티 구조 건축물의 안전성 확보를 위해 건축법령의 개정이 이루어지는 등 사회적인 필요가 법률과 제도를 탄생시킨다. 정보통신기술의 고도화와 도시에 대한 욕구의 다양화는 이에 부응하는 새로운 도시모델인 스마트도시를 형성하는 법과 제도를 등장시켰다. 이 책은 스마트도시를 둘러싼 각종 쟁점을 종합적으로 소개하고 있을 뿐만 아니라 '기술과 물리적 공간'으로서의 스마트도시 너머의 사회적 쟁점과 이에 대한 철학적 고민을 풍부하게 담아내고 있다. 2025년을 살아가는 현대 도시인들에게 어떤 사회적 필요가 있는지, 스마트도시는 이에 대해 어떤 만족을 줄 수 있으며, 그 한계는 무엇인지를 고민하는 사람들에게 꼭 필요한 책일 것이다.

- 법무법인 슈가스퀘어(대한변호사협회 정책이사) 김주현 변호사

이미 다가온 미래, 스마트도시

세상은 갈수록 복잡해지고 있다. 하루 일상이 더 편리해진 것 같은데, 때로는 당황스럽다. 내가 가고 싶은 곳을 휴대전화기 지도 앱에서 찍으면 어떻게 가야 할지, 대중교통을 이용하면 몇 분 걸리고 자동차나 택시를 타면 얼마나 소요되는지, 길 안내와 소요 시간을 상세히 알려준다. 그러다가 인근 식당에 들러 키오스크 앞에서 음식을 주문하려고 하면 사용법이 낯설어 당황하기도 한다. 디지털 문명은 우리 삶의 양식을 송두리째 바꾸고 있다. 도시 시스템은 디지털 기술혁신 기반으로 빠르게 스마트화되고 있다. 스마트도시는 도시가 당면한 현안 과제를 더 효율적이고 효과적으로 해결해 내는 방안들을 제시하며, 시민 삶의 질을 높이고 지속가능한 도시를 추구한다. 스마트도시가 추구하는 목표는 특정 종착점이 아니라 시민 삶의 질 향상을 위한 지속적인 과정이다.

대한민국은 2000년대 들어서 지난 반세기 동안 도시개발과 확장으로 발생한 문제점들이 서서히 나타나기 시작했다. 짧은 기간에 산업화와 민주화를 이루어 낸 바탕에는 거대도시로의 인구와 재화의 집중이 필연적이었다. 그에 수반한 거대도시의 현안 과제를 해결하기 위해서 개발과 정비가 뒤따를 수밖에 없었다. 압축성장으로 이루어 낸 성과에 부수되어 부작용도 컸다. 사회적 약자들은 재개발 재건축 과정에서 수십 년간 살아왔던 삶의 터전에서 밀려났다. 영세 상인들은 몇 달 치 임대료를 받고 상가를 접어야 했고, 영세가옥주나 세입자들은 주거환경이 더 열악한 지역으로 떠나야 했다. 오랜 세월 속에 형성된 역사적 흔적들은 지워지고, 아름다운 자연 지형은 파괴되고 망가졌다. 이 시기에 개발 일변도의 도시 성장이 가져오는 문제에 대한 반성과 성찰이 필요하다는 사회적 공감대가 형성되었다. 개발과 정비라는 미명하에 훼손되었던 도시의 정체성을 되살리고, 오랜 역사 속에 끈끈히 이어온 지역

사회 공동체를 새롭게 육성해야 한다는 목소리가 나오기 시작한 것이다.

 필요한 곳은 개발하고 정비하되, 역사성과 문화적 가치가 강한 곳은 남기고 고쳐서 쓰자는 움직임이 일어났다. 바로 도시재생이다. 이 움직임은 서울에서 '살기 좋은 마을만들기' 사업으로 이어졌고 전국적으로 마을만들기 사업이 확산하였다. 2013년에는 '도시재생특별법'이 제정되어 범국가 차원에서 막대한 재정이 투입되고 조직을 만들어 체계적인 도시재생사업이 시행되었다. 이때는 2010년 전후 금융위기로 부동산 개발 경기가 침체 국면에 빠져 있을 때여서 재생이라는 도시 철학이 시대적 상황하고 잘 맞물린 시기이기도 하였다. 서울에서 도시재생이 재개발 재건축의 반성과 성찰에서 시작된 것이라면, 지방에서는 지역 소멸 해결과 지역 활성화를 도모하는 도시관리기법으로 도시재생이 활용되었다. 지역별로 도시재생지원센터가 설립되고 여러 대학에서 도시건축학과에 도시재생 프로그램이 개설되었다. 이 과정에서 많은 도시재생 전문가와 지역 일꾼들이 발굴되고 육성되어 현장에서 도시재생사업을 이끌어 갔다. 지역 맞춤형 도시재생 매뉴얼이 다양하게 만들어지고, 주민역량 강화 사업들이 추진되었다.

 2019년 말 중국 우한에서 발생한 코로나19는 우리 사회에 엄청난 충격을 주었다. 전염병 차단을 위해 사람들 간의 만남과 회합이 제한되고, 대신 온라인으로 메일을 주고받으며 화상회의를 통해 의견을 교환해야 했다. 코로나 팬데믹 극복을 위해 국가마다 재정을 확대하고, 금리를 낮추니 시중에 유동자금이 풍부해졌다. 마땅한 투자처를 찾지 못한 유동자금은 부동산으로 유입되어 주택가격은 폭등했다. 재택근무가 늘어나고 활성화되니 거주 공간의 중요성이 더욱 커졌다. 이제까지 주로 먹고 자고 쉬던 공간이 이제는 일하고 운동하며 OTT로 문화생활까지 누리는 공간으로 진화해야 했다. 이제 집은 거주 공간에서 직·주·락을 담는 공간으로 발전한 것이다. 집에 대한 수요가 달라지니 기존 주택을 헐고 재개발 재건축 수요가 폭증하였다. 코로나로 인한 부동산 가격 폭등과 집에 대한 수요가 달라지면서 2020년 이후로 서울을 중심으로 수도권에서는 도시재생사업이 멈춰지고 다시 재개발 재건축의 개발 일변도로 급변하기 시작했다. 그러나 부동산 가격이 폭등하면서 주택수요가 늘어났다고 해서 예전처럼 개발과 정비사업 일변도로 도시를 갈고 엎어야만 하는가에 대한 의문이 제기되었다.

우리가 지금 직면하고 있는 것은 과학·기술혁신으로 탄생한 새로운 기술 문명이다. 빅데이터와 인공지능, 초연결을 융합하여 만들어 낸 스마트 기술은 우리 일상에 많은 변화를 일으켰으며 앞으로 더 큰 충격을 가져다줄 것이다. 세계는 지금 Open AI, Deep Seek, CHAT GPT 등 하루가 다르게 새로운 디지털 기술들이 쏟아지고 있다. 상상이 현실이 되고, 머지않은 미래는 지금과는 전혀 다른 세상이 될 것이다. 인간이 오랜 역사 속에서 만들어 낸 거대도시는 인간들이 부를 축적하며 편리함을 주지만, 한편으로는 많은 문제를 발생시킨다. 문명이 낳은 도시의 역설이다. 교통정체, 환경오염, 인구과밀, 강력범죄, 안전, 소방, 교육, 의료, 주택 부족 등 도시가 성장하고 발전할수록 도시문제는 더욱 커지고 있다. 우리 필진은 "날로 커져만 가는 도시문제의 해결방안은 무엇이고 미래도시가 나갈 방향은 무엇일까?" 고민했다. 고민 끝에 내린 결론은 '스마트도시'였다. 이 주제를 바탕으로 서로 토론하고 논의한 결과를 정리한 것이 바로 '스마트도시, 미래를 혁신하다'라는 이 책이다.

이 책은 스마트도시에서 진행되고 있는 혁신 기술들을 소개하며, 미래도시가 나갈 방향을 제시하고 있다. 자율주행, 재생에너지, 지능형 건물시스템, 일자리 창출, 빅데이터 기반 의료혁신, 핀테크와 블록체인, 드론 등 도시에서 일어나는 모든 분야에 적용되는 스마트 기술혁신을 다루고 있다. 도시를 더욱 편리하고 안전하게 효율적으로 운용하여 시민 삶의 질을 향상할 수 있는 대안들을 탐구한다. 한편으로는 디지털 기술이 가져올 수도 있는 위험한 미래에 대해서 우려를 표시하며 경고한다.

 우리에게 이미 다가온 미래, 스마트도시에 관심 있는 분들에게 이 책을 권한다.

2025. 5

- 진희선, 정승익, 선현국, 구지희, 신경태

차례

1. 스마트도시의 정의 및 기원   12
1.1 스마트도시의 정의 및 특징   13
1.2 스마트도시의 역사 및 발전 과정   16
1.3 스마트도시 관련 주요 정책 및 동향   27
1.4 스마트도시 종합 계획   37

2. 스마트도시의 주요 분야   48
2.1 스마트 교통 - 자율주행, 지능형 교통 시스템, 공유 교통 등   49
2.2 스마트 에너지 - 재생 에너지, 에너지 효율, 스마트 그리드 등   56
2.3 스마트 환경 - 빅데이터 기반 환경 관리, 지속가능한 도시 개발 등   68
2.4 스마트 안전 - 범죄 예방, 재난 대비, 공공 안전 시스템 등   80
2.5 스마트 건축 - 친환경 건축, 지능형 건물 시스템, 디지털 트윈 건축 등   85
2.6 스마트 거버넌스 - 시민 참여, 데이터 기반 정책 수립, 투명한 행정 등   91
2.7 스마트 경제 - 혁신 기업 육성, 생산 자동화, 일자리 창출 등   96
2.8 스마트 문화 - 디지털 콘텐츠 창작, 문화 인프라 활성화 등   108
2.9 스마트 교육 - 맞춤형 교육, 온라인 교육, 평생 학습 시스템 등   115
2.10 스마트 주거 - 집합건물 관리 및 입주민 관리 등   124
2.11 스마트 금융 - 핀테크, 블록체인, 디지털 화폐   135
2.12 스마트 물류 - Smart Logistics   146

3. 스마트도시의 사회적 쟁점　　160

3.1 정보 권력과 빅브라더의 가능성　　161

3.2 기술 독점과 빈부 격차의 심화　　167

3.3 인프라 운영과 비용, 경제성의 문제　　189

3.4 인프라 구축과 환경 파괴　　204

3.5 기술 의존성 및 인간성 상실　　209

4. 스마트도시 구축하기　　227

4.1 비전 및 목표 설정　　228

4.2 정책 주도자 정의 및 협력　　239

4.3 민주적 사업 추진 및 시스템 구축　　256

4.4 시스템 운영 및 시민 교육　　271

4.5 새로운 패러다임으로의 전환　　274

에필로그, 사람 중심의 스마트도시　　285

부록　　288

동남아시아 스마트 시티 고찰　　289

그림 출처　　305

1. 스마트도시의 정의 및 기원

1.1 스마트도시의 정의 및 특징

　스마트도시는 정보통신기술(ICT)을 활용하여 도시 서비스와 관리를 최적화하며 지속 가능한 발전과 생활 품질을 높이는 도시이다. 나라마다 조금씩 정의는 다르지만 대체적으로 동일한 것은 이러한 도시들이 IT 기술을 적극 활용하여 도시를 한 단계 진화시킨다는 것이다. 도시 정부는 4차 산업 혁명을 통한 혁신을 통해 도시 운영의 효율성을 높이면서 주민들의 삶의 질을 향상시키는 것을 목표로 한다. 여기서 가장 핵심은 도시 운영에 필요한 데이터를 실시간으로 수집하여 빅데이터를 활용하는 데 있다.

　스마트도시 개념이 본격화된 시점을 정의하기는 어렵다. 4차 산업 혁명 자체도 정의하기가 애매하듯이 IT 기술이 점진적이면서도 빠르게 발전하기 때문이다. 현재 한국의 스마트시티 프로젝트는 2008년 U-city (유비쿼터스) 법안이 제정되면서 시작되었다고 볼 수 있지만, 현실적으로는 서울시의 대중교통이 크게 개편된 2004년으로 뿌리가 거슬러 올라갈 수도 있다. 지금의 편리한 서울 대중 교통 시스템은 그 당시에 기본틀이 마련되었다.

　2004년 7월 1일부터 서울 버스 시스템은 당시 서울시장이었던 이명박 시장에 의해 대규모로 개편되었는데, 민간 부문에 있었던 버스 운영이 준공영제로 서울시에 편입되면서 지하철, 버스 모든 노선이 서울시에 의해 관리되는 틀이 마련되었다. 이때부터 시민들은 환승을 통하여 교통비를 절약하고, 시간도 절약할 수 있게 되었고, 버스 회사의 고질적인 적자 문제도 해결되었으며 만성적 교통 문제도 버스 전용 노선을 통해 상당 부분 해결되었다. 이명박은 당시 서울시장으로서 달성한 공적 때문에 17대 대통령으로 당선되었다는 평가도 받는다.

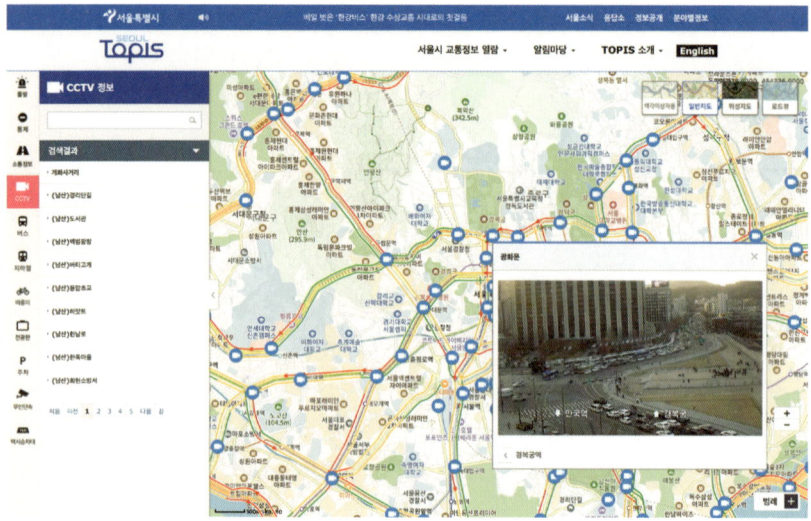

Fig 1. 서울특별시에서 운영하는 서울교통정보센터의 홈페이지. 실시간으로 서울 전체의 교통 상황을 파악할 수 있다. 2004년 이명박 서울시장 시기에 준공영제로 개편된 버스 시스템은 한국 및 전 세계에서 표준 교통 시스템으로 평가된다.

 대한민국은 IT 강국으로, 세계적으로도 선두권에 속하는 IT 인프라를 구축해 왔다. 통신 3사의 경쟁과 균형, 견제를 통해서 국토 전체에 확립된 인터넷 네트워크는 유비쿼터스 시대를 한층 앞당겼고, 정부와 민간의 적절한 협력을 통해서 스마트시티는 어느 사이에 우리 도시에 잘 정착했다. 2004년 서울시의 대중교통체계 개편 당시 우리는 이미 교통카드 시스템을 대규모로 구축했었고 시민들은 자신의 이동 경로를 웹을 통해 모두 파악할 수 있었다. 당시 서울 시민들은 교통 데이터를 한 곳에서 확인할 수 있는 시스템을 갖추게 된 것이다.

 스마트도시는 단순히 기술적 진보가 적용된 도시 공간이 아니라, 4차 산업혁명의 정보 통신 기술을 사용하여 주민의 삶의 질을 향상시키고, 경제적 기회를 창출하며, 환경적 지속 가능성을 달성하려는 포괄적인 접근 방식이라고 이해할 수 있다. 점차 개인화되어 가는 사회이지만 개인들의 데이터를 또 통

1. 스마트도시의 정의 및 기원

합해서 모아 우리 시민들 전체가 살아가는 새로운 방식을 만들어 가는 프로젝트다.

 따라서 스마트도시는 최신 기술을 도입하는 것 이상의 의미를 가진다. 결국 사람이 어떻게 살아가야 하는가에 대한 대답을 내리고 만들어 가는 과정이 되기 때문이다. 스마트도시는 도시가 직면한 복잡한 문제들을 해결하고, 더 나은 미래를 구현하기 위해 기술과 혁신을 어떻게 활용해야 하는지에 대한 총체적 지도이다.

1.2 스마트도시의 역사 및 발전 과정

● 도시의 역사

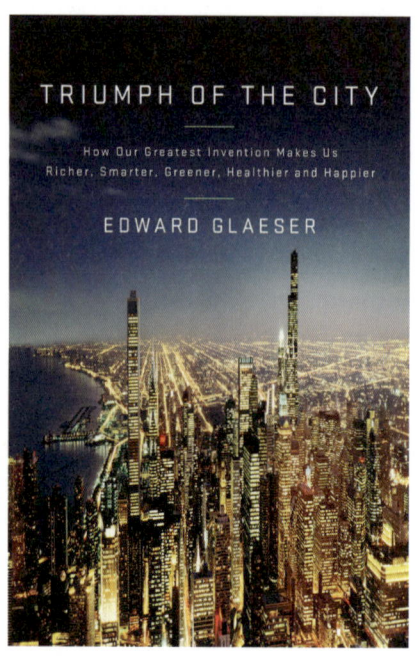

Fig 2. 하버드 경제학과 교수 에드워드 글레이저의 [도시의 승리]. 저자는 도시가 인류 최고의 발명품이라고 강조하면서 미래에도 도시의 번영을 예상한다.

도시 자체를 문명의 시작으로 볼 수 있다. 농경 사회가 문명의 시작이었지만 잉여 생산물을 통해서 농경 이외의 학문 연구에 종사하는 지식층이 생겨나면서 문명은 본격적으로 발달하기 시작했다. 농업이 아닌 정치 활동에 종사하는 자들의 도시가 바로 그리스 문명의 아테네였고, 도시는 바로 그런 지식층들의 거주지로 인류 문명의 생장점으로 기능했다. 고대 당시 학문 연구는 종교적 계층에 의해 시작되었다.

1. 스마트도시의 정의 및 기원

도시의 역사는 사실 우리가 아는 인류의 역사보다 더 오래되었다. 세계 4대 문명의 중심에는 모두 불가사의할 만큼 정교한 고대 도시가 있었으며, 현대 기술로도 그 건축물을 다 파악하기 어려울 정도의 거대 구조물이 존재했다. 이집트의 나일강 문명, 중동의 메소포타미아 문명은 서구 문명의 진원지이며, 인도의 인더스 문명, 동양의 황하 문명은 역시 인도와 동양 문명의 시원이 되었다. 따라서 도시의 건설과 그에 따른 도시 경영, 운영의 역사는 최소한 4000년 전으로 거슬러 올라간다.

Fig 3. 고대 인도 인더스 문명 모헨조다로의 유적

현재의 파키스탄에 위치한 인도의 인더스 문명, 모헨조다로는 지금도 그 형태가 잘 갖춰진, 놀랄만큼 도시 계획이 잘 설계된 곳이었다. 구운 벽돌을 사용하여 격자 형태로 정교하게 도시를 건설했고 그에 맞춰 수로를 설계하여 발달된 대중목욕탕과 하수도 시설을 구비했다. 도시를 지도층이 계획하고 주관하여 건설했다는 것을 말해준다. 이집트, 황하, 메소포타미아, 그리스 등의 고대 문명에서도 이러한 도시 계획이 존재했는데 당시 지배층은 주로 사제 계급이었고, 종교적 권력을 갖춘 지도 계급의 주도 하에 도시 건설이 이뤄졌다. 이집트의 피라미드나 그리스 아테네의 파르테논 신전은 모두 이런 종교적 권위를 상징하는 시설물이었다.

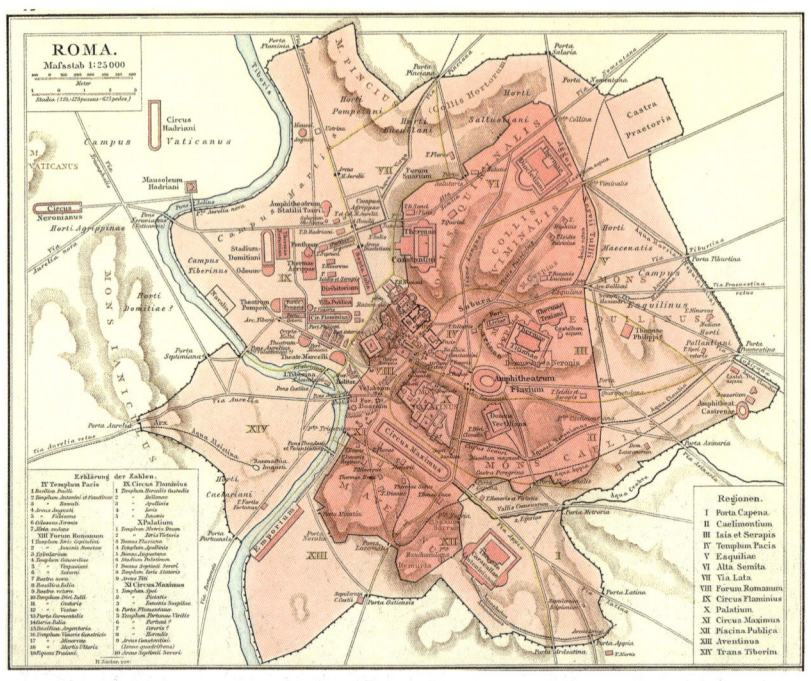

Fig 4. 고대 로마의 도시 계획. 격자형 구조에 콜로세움, 주피터 신전이 중심부에 위치한다.

서구 문명의 원조였던 그리스 문명 뒤에 로마 시대가 도래했는데, 이 때 로마 제국의 지도 아래 유럽 전역에 도시가 건설되기 시작했다. 당시 로마는 그리스식의 도시 계획을 본받아 격자형 도시 설계와 도로망 건설을 실시하였다. 당시 로마의 건축술은 이미 매우 발달하여 아치를 사용한 다리 건설, 수로 건설, 콜로세움의 건설 모두 가능한 상태였다. 현대에도 로마의 이러한 유적은 유럽 전역에서 발견된다. 중세에 무너졌던 이 로마의 인프라들은 전쟁이 빈발했던 중세를 지나 르네상스를 통해 다시 부활하였다.

1. 스마트도시의 정의 및 기원

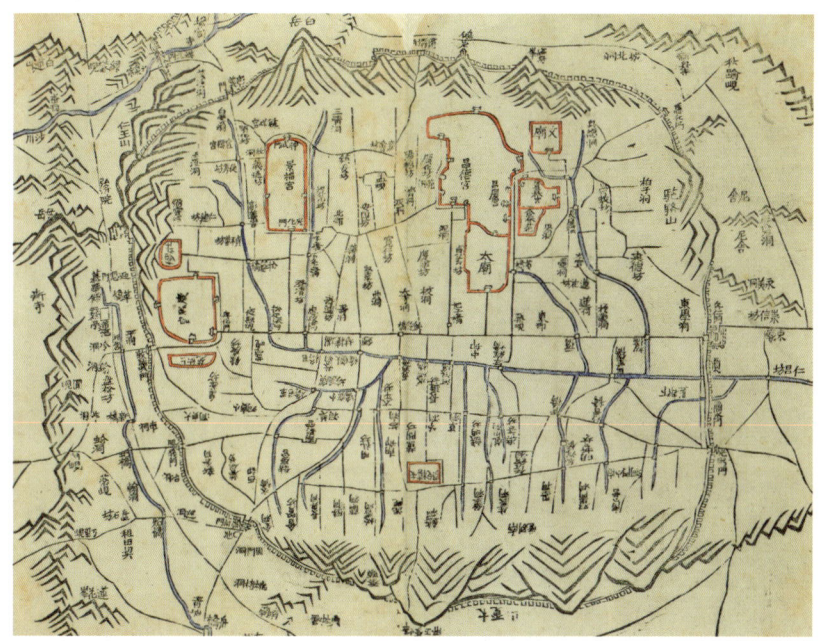

Fig 5. 김정호의 대동여지도. 조선 시대 한양의 모습을 세밀하게 묘사하고 있다.

우리나라 같은 경우는 전통적인 동양의 특성상 목조 건축 위주로 건설 설계가 진행되었고, 농경 위주의 국가로 상업 분야가 조선 시대까지는 그다지 발달하진 않았기 때문에 도시의 인구 밀도가 그렇게 높지 않았다. 도로망을 대규모로 설치하는 일이 많지 않았기 때문에 물류도 발전이 더디었다고 볼 수 있다. 하지만 그래도 조선 시대의 한양은 나름대로 북한산 아래 청계천을 따라 풍수지리적으로 도시 계획이 잘된 도시였다. 한양 도성에 사대문을 세우고, 동쪽에는 종로와 서쪽에는 사직을 배치했으며, 경복궁 앞에 육조대로를 내어 주요 정부 기구를 두었다. 청계천을 통해 상하수도 시스템을 잘 구비했기 때문에 500년 동안 위생적으로 큰 문제 없이 도시가 기능했다.

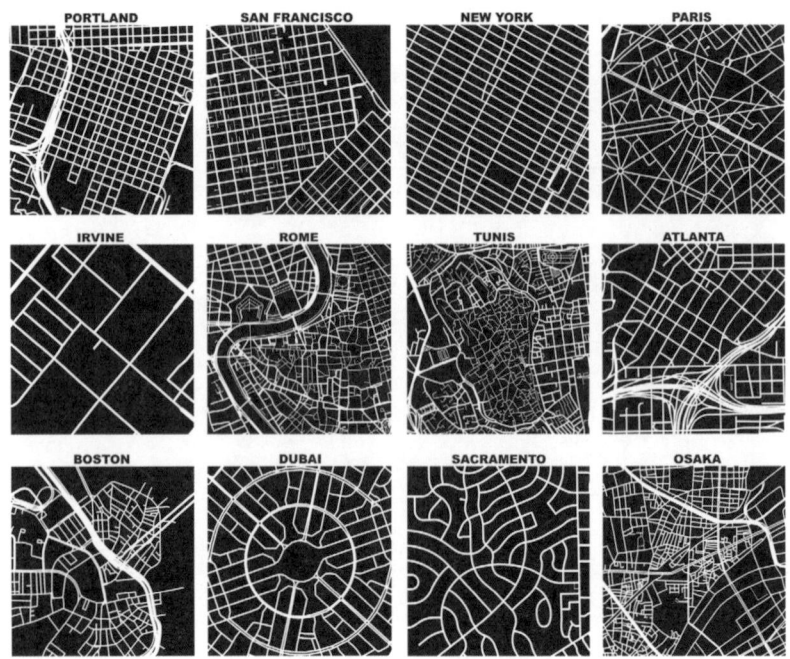

Fig 6. 도시별 도로망 형태의 차이를 나타내주는 그래프. 격자형이 주이나 방사형도 도시 디자인의 중요한 형태이다.

　이렇게 살펴본 고대의 도시들은 정치 권력과 도로망이 가장 중요하게 배치되고 계획되는 곳이었다. 도시의 중심에는 항상 권력층이 존재했고 사람과 물자가 오갈 수 있는 도로망의 배치가 도시의 형태를 결정지었다. 유럽 같은 경우는 항상 도시의 중심부에 시청과 광장, 성당이 같이 배치되는 편인데 권력과 종교가 시민들의 삶에 중심이었기 때문이다. 광장은 항상 바로 그렇게 사람이 모이는 곳 바로 옆에 위치하였다.

　도시 자체는 권력이 집중된 통치 계층의 집중 거주지에서 시작되어, 도로망의 발달과 함께 그 형태가 진화해왔다고 할 수 있다. 전쟁과 갈등의 시대에 계급이 분화되면서 성 안에 왕과 귀족이 모여 중앙 집권적 형태의 거주지를 이

1. 스마트도시의 정의 및 기원

루었는데 여기에서 시작하여 정치, 경제, 사회 문화의 중심지로 도시의 기능이 발달해왔다.

Fig 7. 도시의 특징은 식량을 자급하지 않는 사람들이 모여 주로 농업 이외의 산업에 종사하면서 높은 인구 밀도를 유지한다는 점이다.

도시의 형태는 도로망에 의해 크게 좌우되는데 시대가 지나며 교통 수단과 건축 기술의 발달과 함께 과밀화가 더욱 진행되어 왔다. 공간적 진화가 마무리된 현시대에는 새로운 4차 산업 혁명의 정보 통신 혁명이 도시의 기능석 신화를 가속화하고 있다. 이제는 현실 공간이 아닌 온라인 공간으로도 도시의 공간이 확장되고 있다고 할 수 있다.

하지만 권력 기구와 도로망이 가장 중요했던 과거의 도시가 이제는 변하고 있다. 4차 산업 혁명의 결과, 정보 통신 기술의 발달로 이제 정보 관리 시스템이 변하고 있기 때문이다. 권력층에서 피지배층을 향해 한방향으로 흐르던 정보의 흐름은 이제 온라인 상에서 사회 전체가 주고 받는 방사형이 되고 있다. 우리가 사는 거주지도 이런 정보 관리 시스템의 변화에 따라 변해가고 있는데, 이것이 사실 스마트도시의 탄생 배경이라 하겠다.

● 스마트도시의 발전 과정

스마트도시의 개념은 1990년대 초 정보기술(IT)의 급속한 발전과 함께 처음 등장했다. 초기에는 주로 도시 내 인터넷 접속성과 디지털 기술의 확산에 중점을 두면서 시민들에게 IT 접근성을 높이는 방향으로 기획되어 왔다. 그러나 시간이 지나면서, 이 개념은 도시 관리와 서비스 제공 방식에 혁신을 가져오는 더 포괄적인 접근 방식으로 진화했다.

스마트도시의 발전 과정은 크게 세 단계로 나눌 수 있다.

1단계 (1990년대 - 2000년대 초)

이 시기는 디지털 인프라 구축과 기본적인 정보통신 기술(ICT) 활용에 중점을 둔 초기 단계였다. 인터넷과 모바일 기술의 보급이 주된 특징으로, 초창기였던 만큼 유선 인터넷 망의 확장에 방점이 찍힌 시기였다. IT 네트워크의 보급과 함께 온라인 게임의 발달, 포털 사이트, 검색 사이트의 발전이 같이 이뤄지면서 IT 및 통신 기업이 급속하게 발전한 시기이다. 이때 우리나라는 2001년 전자정부특별위원회를 출범시키면서 일찌감치 전자 정부 시스템 구축에 나섰다.

1. 스마트도시의 정의 및 기원

2단계 (2000년대 중반 - 2010년대 초)

이 단계에서는 데이터 수집과 분석, 연결성 증진에 중점을 둔 시기이다. 2000년대부터 공공분야의 CCTV가 늘기 시작했는데 이러한 센서의 발전 및 데이터 축적, 관리 기술의 발전으로 빅데이터 분석이 가능해졌다. 이를 통해 도시 운영의 효율성을 높일 수 있었다. 서울시 대중교통체계 개편이 이뤄진 것도 2004년 시점으로, 여기서 스마트도시의 개념이 구체화되어 시민에게 나타났다고 볼 수 있다. 전자정부는 이미 본격적으로 가동되기 시작하여 2010년 UN 전자정부평가에서 1위를 차지했다.

3단계 (2010년대 중반 - 현재)

현재까지 이어지는 이 단계는 인공지능(AI), 사물인터넷(IoT), 클라우드 컴퓨팅 등 첨단 기술의 통합을 통해 도시 관리와 서비스 제공을 더욱 지능적이고 맞춤화하는 것을 특징으로 한다. 시민 참여와 지속 가능성에 대한 중요성이 강조되며, 스마트 기술을 통해 경제적, 환경적, 사회적 목표를 달성하려는 노력이 확대되고 있다. 시민 편의에 초점이 맞춰져 있는 IT 기술을 친환경적 자원 관리, 사회 안전망 구축에 활용하려는 시기라 볼 수 있다.

스마트도시는 기술의 혁신과 함께 지속적으로 진화하고 있으며, 이런 진보는 기술 분야 뿐만 아니라 도시 계획과 거버넌스 방식에도 영향을 미치고 있다. 산업화 시대 열린 지구를 파괴하면서 확대된 문명은 이제 이 스마트한 정보 기술을 통해 도시의 지속 가능한 발전을 추구하면서, 시민 참여와 포용성을 강화하는 방향으로 나아가고 있다. 지식의 폭발과 대중의 참여 가능성의 증대, 기술의 민주화로 과거와는 근본적으로 다른 방식으로 사회가 진화하고 있다.

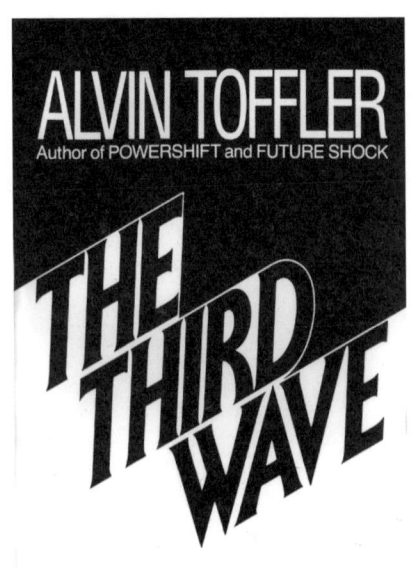

Fig 8. 앨빈토플러의 [제3의 물결]. 온라인 공간으로 도시의 진화가 계속된다면 우리는 도시에 거주하지 않으면서도 도시의 생활을 누릴 수 있다. 코로나 이후 가속화된 재택 근무의 형태는 미국에서 보편적인 생활방식으로 자리잡게 되었는데, 우리나라 역시 워케이션을 지원하는 공유 오피스들이 지방 곳곳에 생겨나고 있다.

미래학자 앨빈토플러는 1980년 출간한 그의 저서 [제3의 물결]에서 농업 혁명, 산업 혁명을 이은 정보 혁명이 인류 문명을 바꿀 거라고 예언하면서 지식이 진정한 권력으로 기능할 것으로 내다봤다. 하지만 이 지식은 소진될 수 없는 것으로, 모든 사람에 의해 공유될 수 있기에 폭력이나 부와 같은 저급, 중급의 권력을 제어할 수 있게 될 것으로 예측했다. 국가나 정부의 기능은 축소되면서 각 개인은 생산자인 동시에 소비자로 기능하는 프로슈머가 될 것으로 생각했는데, 이런 경향은 벌써 현대의 유튜브 컨텐츠 크리에이터나 온라인 마켓 셀러와도 맥락을 같이 한다. 뛰어난 정보력을 바탕으로 소비자가 곧 생

1. 스마트도시의 정의 및 기원

산자로 변신할 수 있게 된 것이다. 이러한 지식 사회의 도래는 21세기 현실이 되었다.

앨빈토플러는 프로슈머의 등장과 함께 전자 오두막의 출현에 대해서도 예언했는데, 지식 근로자들이 장소의 제약에서 벗어나 곳곳에 존재하는 전자 오두막에서 원격으로 일을 할 것으로 예측했다. 이런 부분은 현재 완벽하게 현실화되었으며, 코로나 이후에 원격 근무의 비중은 급속하게 늘어나 앞으로도 지속될 것으로 예상된다. 모든 이들이 지식 노동자가 되어 생산자로 변신하는 시대가 된 것이다.

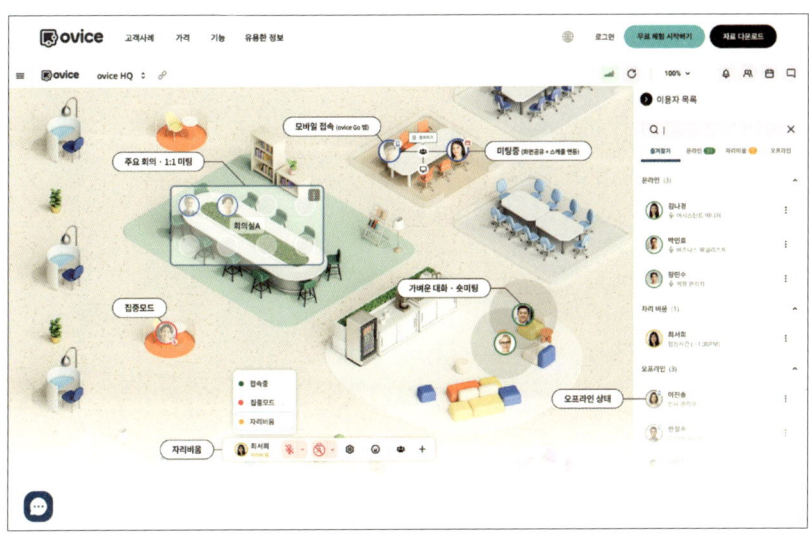

Fig 9. 가상 메타버스 사무실을 제공하는 웹서비스 oVice의 웹사이트. 온라인 공간에서의 삶이 보편화된다면 사람과 사람 간의 만남이 가상 공간에서 이뤄질 수도 있다. 메타버스 공간의 중요성이 커진다. 현실의 도시 공간도 여전히 중요하겠지만, 온라인에서의 공간 디자인도 큰 중요성을 갖게 될 수 있다.

이렇게 가상 세계의 비중이 커진 현시대에 또 크게 주목받는 부분이 온라인 공간이다. 콘텐츠 크리에이터들은 더 이상 종이책의 저자여야 할 필요가 없다. 노트북 하나만 있으면 영상 미디어 콘텐츠를 어디서나 생산할 수 있으며,

심지어 공장 근로자들조차도 이제 스마트 팩토리의 과정을 통해서 원격으로 생산 공정 과정을 제어하고 컨트롤할 수 있게 되었다. 이런 디지털 트윈 과정은 이제 메타버스로 발전하면서 또 다른 가상 세계를 사람들에게 제공해주고 있는데, 현재는 게임 분야나 온라인 회사 공간 분야 제공이 주를 이루고 있다. 학생들은 이제 현실보다 온라인에서 먼저 만나 친분을 쌓아가는 경우가 많다. 그런데 이 메타버스 공간이 앞으로 발전하여 현실에 또 어떤 피드백을 주게 될지는 아직 알 수 없다. 발전 분야가 무궁무진한 것이다.

우리의 미래 도시는 앞으로 이런 디지털 공간에서 먼저 디자인되고 시뮬레이션될 것이고, 그 후에야 설계될 것이다. 온라인 상에서 먼저 안정적인 공간으로 검증된 후, 안정적인 현실로 트윈된 세계, 그런 스마트도시에서 우리는 앞으로 살게 될 것이다.

1. 스마트도시의 정의 및 기원

1.3 스마트도시 관련 주요 정책 및 동향

스마트도시 조성 및 산업진흥 등에 관한 법률 (약칭: 스마트도시법)
[시행 2022. 12. 1.] [법률 제18522호, 2021. 11. 30., 타법개정]
국토교통부(도시경제과)
제1장 총칙
제1조(목적) 이 법은 스마트도시의 효율적인 조성, 관리·운영 및 산업진흥 등에 관한 사항을 규정하여 도시의 경쟁력을 향상시키고 지속가능한 발전을 촉진함으로써 국민의 삶의 질 향상과 국가 균형발전 및 국가 경쟁력 강화에 이바지함을 목적으로 한다. <개정 2017. 3. 21., 2018. 8. 14.>
제2조(정의) 이 법에서 사용하는 용어의 뜻은 다음과 같다. <개정 2009. 5. 22., 2017. 3. 21., 2018. 8. 14., 2019. 11. 26., 2020. 6. 9., 2021. 3. 16.>
1. "스마트도시"란 도시의 경쟁력과 삶의 질의 향상을 위하여 건설·정보통신기술 등을 융·복합하여 건설된 도시기반시설을 바탕으로 다양한 도시서비스를 제공하는 지속가능한 도시를 말한다.
1의2. "국가시범도시"란 지능형 도시관리 및 혁신산업 육성을 위하여 스마트도시서비스 및 스마트도시기술을 도시공간에 접목한 도시로서 제35조에 따라 지정하여 조성하는 스마트도시를 말한다.
2. "스마트도시서비스"란 스마트도시기반시설 등을 통하여 행정·교통·복지·환경·방재 등 도시의 주요 기능별 정보를 수집한 후 그 정보 또는 이를 서로 연계하여 제공하는 서비스로서 대통령령으로 정하는 서비스를 말한다.
3. "스마트도시기반시설"이란 다음 각 목의 어느 하나에 해당하는 시설을 말한다.
가. 「국토의 계획 및 이용에 관한 법률」 제2조제6호에 따른 기반시설 또는 같은 조 제13호에 따른 공공시설에 건설·정보통신 융합기술을 적용하여 지능화된 시설
나. 「지능정보화 기본법」 제2조제9호에 따른 초연결지능정보통신망, 그 밖에 대통령령으로 정하는 정보통신망
다. 스마트도시서비스의 제공 등을 위한 스마트도시 통합운영센터 등 스마트도시의 관리·운영에 관한 시설로서 대통령령으로 정하는 시설

> 라. 스마트도시서비스를 제공하기 위하여 필요한 정보의 수집, 가공 또는 제공을 위한 건설기술 또는 정보통신기술 적용 장치로서 폐쇄회로 텔레비전 등 대통령령으로 정하는 시설
> 4. "스마트도시기술"이란 스마트도시기반시설을 건설하여 스마트도시서비스를 제공하기 위한 건설·정보통신 융합기술과 정보통신기술을 말한다.
> 5. "건설·정보통신 융합기술"이란 「국토의 계획 및 이용에 관한 법률」 제2조제6호에 따른 기반시설 또는 같은 조 제13호에 따른 공공시설을 지능화하기 위하여 건설기술에 전자·제어·통신 등의 기술을 융합한 기술로서 대통령령으로 정하는 기술을 말한다.
> 6. "스마트도시건설사업"이란 제8조에 따른 스마트도시계획에 따라 스마트도시서비스를 제공하기 위하여 스마트도시기반시설, 건축물, 공작물 등을 설치·건축·구축·정비·개량 및 공급·운영하는 사업을 말한다.
> 6의2. "국가시범도시건설사업"이란 국가시범도시에서 시행되는 스마트도시건설사업을 말한다.
> 7. "스마트도시산업"이란 스마트도시기술과 스마트도시기반시설, 스마트도시서비스 등을 활용하여 경제적 또는 사회적 부가가치를 창출하는 산업을 말한다.
> 8. "혁신성장진흥구역"이란 스마트도시서비스 및 스마트도시기술의 융·복합을 활성화함으로써 스마트도시산업의 창업을 지원하고 투자를 촉진하기 위하여 제43조에 따라 지정하는 구역을 말한다.
> 9. "스마트혁신기술·서비스"란 스마트도시기술 및 스마트도시서비스를 개선하거나 신기술·신서비스의 활용 또는 융·복합을 통하여 도시민의 삶의 질의 향상과 혁신산업 육성에 기여하는 기술과 서비스를 말한다.
> 10. "스마트혁신사업"이란 스마트혁신기술·서비스를 제공·이용하기 위하여 제49조에 따라 임시로 승인을 받은 사업을 말한다.
> 11. "스마트실증사업"이란 스마트혁신기술·서비스를 시험·검증하기 위하여 제50조에 따른 승인을 받아 일정 기간 동안 규제의 전부 또는 일부를 적용하지 아니하도록 한 사업을 말한다.

스마트도시는 대중의 빅데이터를 기반으로 한 것이지만 도시 관리가 제일 중점이 되므로 정부 권력과 밀접한 연관이 있다. 도시 정책에 IT 기술을 사용하는 것이 스마트도시인만큼, 정책에 관해 정부 관계자들이 먼저 법률을 입

1. 스마트도시의 정의 및 기원

안하고 추진해야만 도시의 스마트화가 진행될 수 있다. 기술도 기술이지만 제도적인 뒷받침이 먼저 이뤄져야 한다.

Fig 10. 김대중 전 대통령은 앨빈토플러의 [제3의 물결]을 읽고 전자정부를 적극적으로 추진하였다.

스마트도시에 관한 우리 대한민국의 정부 정책 역사는 꽤나 오래된 편이다. 1967년 박정희 정권 시절 처음으로 IBM 컴퓨터를 도입하여 경제기획원 통계국에서 통계를 내는데 사용하기 시작하였는데, 당시로서는 꽤 빠른 도입이었다 할 수 있다. 당시 인구 통계를 비롯하여 각종 통계를 내는데 사람의 힘으로 역부족인 것은 사실이었으므로 컴퓨터의 도입은 행정에 사실 필수적이었다. IBM이라는 회사 자체가 본래 미국에서 모든 주의 전체 인구를 10년마다 보고해야 하는 미국 헌법 조항 때문에 발생한 통계 조사치의 산물이었다. 인구 조사를 위해 통계 처리하는 과정에서 펀칭 머신(천공기)이 발명되었고, 그것이 발달하여 현재의 IBM이 된 것이다.

당시 박정희 대통령은 경제기획원의 전산화 시범을 본 후에 전체적인 행정 전산화를 지시하였고, 이후 우리나라 행정업무 전반에 컴퓨터가 도입되기 시작한다. 1969년 LG그룹이 국내 민간 기업으로는 최초로 전산화 프로젝트를 단행했고, 74년 연합철강이 국내 최초 생산관리 온라인화 프로젝트를 시행했는데 여기에도 IBM의 컴퓨터가 공급됐다.

1990년대에 들어 우리나라에는 세계적 수준의 정보화가 진행되었는데, 1994년에는 정보통신부가 신설되었고 1995년에는 정보화촉진기본법이 제정되어 정부 차원에서 IT 인프라를 구축하게 된다. 2001년 김대중 대통령은 직속으로 '전자정부특별위원회'를 신설하여 전자정부 인프라를 구축하기 시작한다. 이 해에 세계 최초로 전자정부법이 제정되어 전자 정부에서 처리해야 할 민원, 서류, 서비스를 구체화하였다. 지금 우리가 편리하게 사용하는 민원 24, 홈택스, 행정 정보 공동이용, 정부전자조달시스템(나라장터), 시군구 행정종합정보 시스템 등이 모두 이 시기부터 구축되기 시작한 것이다. 이러한 서비스들은 이제 매우 잘 정착되어 우리 생활 속 깊숙이 들어와 있다.

이렇게 90년대부터 범정부 차원에서 추진된 전자정부 지원사업 때문에 현재 우리나라 전자 정부는 세계적인 수준에 도달하였다. UN에서 평가하는 세계 전자 정부 순위에서 2010년, 12년, 14년 세 번 연속 세계 1위를 차지할 정도가 되었으며, 이제는 세계 각국에 전자 정부 시스템을 수출까지 하는 나라가 되었다.

1. 스마트도시의 정의 및 기원

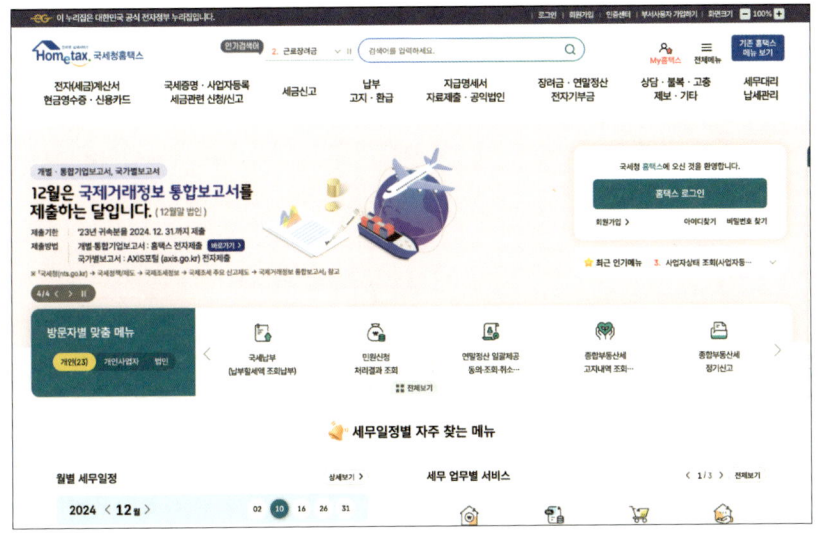

Fig 11. 국가세금납입 시스템 홈택스. 말 그대로 인증서만 있으면 집에서 거의 모든 세금 업무를 처리할 수 있다.

 물론 이러한 대한민국의 쾌거는 비단 정부에 의한 것만이 아니고, 우리나라 민간에 있는 세계적인 IT기업 때문이기도 하다. 삼성과 LG로 대표되는 하드웨어 회사와 네이버와 카카오로 대표되는 소프트웨어 회사는 세계에서도 독특한 위치에 대한민국을 올려놓고 있다. LG CNS의 경우는 스마트도시 정책의 중점 협력 파트너사로, 2005년 U-서울 마스터 플랜, 2008년 판교 U-city 구축을 담당하여 스마트도시의 노하우를 축적한 상태이다. 2018년에는 IT 업계 최초로 스마트시티의 데이터를 총괄하는 '시티허브' 시스템을 구축했는데, AI, 빅데이터, IoT, 클라우드 등 스마트시티 구현의 필수 기술들을 모두 탑재하였다. 이 시스템은 교통·안전·에너지·환경 등 여러 방면을 모두 총괄하는 스마트시티 관제 및 통합 역량을 갖추고 있다. 이런 스마트도시 선도가 가능했던 것은 LG 라는 대기업이 통신망 구축, 스마트폰 개발, 센서 개발, 데이터 센터 개발에까지 다방면에서 여러 해 동안 노하우를 축적해왔기 때문이다. 이러한 대기업과 정부의 협업으로 우리나라는 일찌감치 최고 수준의 스마트도시 시스템을 갖게 된 것으로 볼 수 있다.

우리나라는 세계에서도 앞서나가는 IT강국으로 뛰어난 IT 인프라를 갖추고 있다. 유럽이나 일본도 자체적인 IT 대기업이 없고 구글이나 페이스북, 아마존에 의존하는 경향이 큰데 반해 우리나라는 네이버나 쿠팡, 카카오 같은 IT 대기업이 끊임없이 새로운 서비스를 제공하면서 인프라를 강화시키고 있다. 통신 3사의 경쟁도 통신망 구축을 촉진한 면이 적지 않다.

우리나라의 현재 번영과 이후의 번영은 이러한 스마트 인프라의 구축에 있으며, 앞으로도 세계를 선도할 수 있는 비결은 여기에서 나올 것이다. 현재 전 세계의 IT 산업을 주도하고 있는 국가는 분명 미국이지만, 유럽이나 일본보다 오히려 우리나라가 앞서고 있으며 최근 세계를 달구고 있는 AI 기술도 우리나라가 선도할 수 있는 여지가 적지 않다. 미국의 구글이나 애플이 세계를 선도하지만 우리나라 역시 네이버나 카카오 같은 강력한 검색 포털 사이트와 메신저 서비스를 갖고 있다.

1. 스마트도시의 정의 및 기원

Fig 12. 네이버와 카카오는 2021년 3월 행정안전부와 국민비서 서비스 개발 및 이용활성화를 위한 MOU를 체결하였다. 정부 서비스에 인증할 때 민간 IT회사의 인증서를 사용하여 로그인하여 다수의 서비스를 연계하여 사용하게 된 것이다.

 더군다나 소프트웨어 외에도 하드웨어의 강자들도 풍부하다. LS 전선은 해저 케이블 제작이 가능한 세계적 기업이고, 삼성, LG의 존재만으로도 디지털 역량은 세계적이다. LG CNS는 스마트도시 정책의 협력사로 선정되어 정부의 스마트도시 정책 추진에 적극적인 기술 역량을 제공하며 역시 노하우를 축적해왔다. 데이터 센터를 자체적으로 대규모로 구축하는 면에서도 우리나라는 세계적 수준이다. 이런 인프라를 바탕으로 대한민국 정부도 일찌감치 스마트도시 관련 법령을 제정, 각종 사업들을 시범적으로 수행하면서 도시 인프라를 지속적으로 향상시켜 왔다.

스마트도시가 무르익은 현재 우리나라의 차세대 동향은 다음처럼 정리될 수 있다.

디지털 트윈 기술의 적용

도시를 디지털로 복제하여 시뮬레이션하는 디지털 트윈 기술이 도시 계획과 관리에 점점 더 활용되고 있다. 이를 통해 도시의 다양한 시나리오를 테스트하고 최적의 해결책을 찾을 수 있는데, 이는 교통 관리와 보안 시스템에 이미 상당 부분 사용되고 있다.

5G 네트워크와 IoT의 확대

5G 통신 기술의 도입과 사물인터넷(IoT) 기기의 증가는 실시간 데이터 수집과 처리, 고속 통신을 가능하게 하여 스마트도시 서비스의 품질을 향상시킨다. 우리나라는 최초로 5G를 구축한 나라로, 전세계에서도 빠른 네트워크를 갖추고 있으므로 IoT 분야 역시 선도될 수 있다. 더군다나 스마트폰의 시대는 모든 개개인이 빅데이터의 생산자로 기능하게 만들고 있다.

인공지능(AI)의 활용 증가

AI는 교통 관리, 에너지 관리, 공공 서비스의 개선 등 다양한 분야에서 활용되며, 도시 운영의 효율성을 높이고 문제 해결에 기여할 수 있다. 이제 대화형, 생성형 AI가 등장하여 점차 사람없이도 운영이 가능한 시스템으로 넘어가고 있다.

1. 스마트도시의 정의 및 기원

그린 인프라 및 지속 가능한 개발

 기후 변화에 대응하고 환경 지속 가능성을 위해 그린 인프라를 구축과 지속 가능한 도시 개발이 강조되고 있다. 이는 녹색 공간의 확대, 친환경 교통 수단의 도입, 스마트 그리드 기술의 적용 등을 포함하는데, 친환경에서 필환경으로 넘어가는 시대에 이 부분이 중점적으로 추진되어야 할 것으로 여겨진다.

 스마트도시 관련 주요 정책 및 동향은 지속적으로 변화하고 발전하고 있으며, 이는 도시의 지속 가능한 발전, 시민의 삶의 질 향상, 경제적 기회 창출 등을 위해 끊임없이 개선되고 발전될 것이다. 이러한 정책과 동향은 전 세계 도시들이 직면한 도전 과제를 해결하고 미래 지향적인 도시 환경을 조성하는 데 기여할 것으로 예상된다.

Fig 13. smart city awards, smart city expo world congress에서 서울시 수상 장면.

 대한민국의 이런 정책 덕분에 스마트도시는 세계 최고 수준에 도달해 있다. 서울시는 2022년 세계 최대 규모의 스마트시티 국제 행사인 바르셀로나의 '스마트시티 엑스포 월드 콩그레스(SCEWC, Smart City Expo World Congress)'에 초청돼 '최고 도시상'을 수상하였다. 이것이 다 기업과 정부 정책의 지속적인 발달 덕분이다. 앞으로도 노력하는 한 우리는 세계를 선도할 수 있을 것이다.

그럼 우리가 누리고 있는 스마트도시가 앞으로 어떻게 더욱 발달할지, 또 어떻게 구체적으로 우리의 생활 품질을 향상 시키게 될지 알아보기로 하자.

1. 스마트도시의 정의 및 기원

1.4 스마트도시 종합 계획

제4차 스마트도시 종합계획은 도시 경쟁력 향상과 시민 삶의 질 개선을 목표로 수립된 국가 차원의 스마트도시 전략이다. 기존 제3차 계획(2019~2023)의 종료에 따라 새로운 스마트도시 패러다임을 반영하고, 최신 기술을 기반으로 지속가능한 도시 모델을 구현하기 위해 마련되었다.

● 스마트도시 종합계획의 발전

스마트도시 정책은 2000년대 초반부터 정보통신기술(ICT)과 건설기술을 융합하여 발전해왔다. 대한민국은 세계 최초로 스마트도시 관련 법률을 제정(2008년 '유비쿼터스도시법' 시행)하며 도시 통합운영센터, 크린넷(쓰레기 자동집하시설) 등 스마트 인프라를 구축하였다. 이후 2017년 '스마트도시법' 개편을 통해 기존 신도시 중심의 스마트도시 정책을 기존 도심으로 확대하고, 시민 참여형 실증사업을 도입하였다. 스마트도시 종합계획은 2009년부터 2023년까지 3차에 거쳐서 수립되어 추진되었다.

1차(2009~2013년)

물리적 기반시설 확보 : 통합운영센터, 지자체 자가망 구축

2차(2014~2018년)

정보시스템 연계 통합 : 통합플랫폼 도입 및 확산

3차(2019~2023년)

도시공간 대상 혁신 프로그램 도입 : 국가 시범도시(세종, 부산) 조성, 스마트 챌린지, 민관 협력 거버넌스 구축, 시민 참여형 리빙랩 운영 등

구분	제1차 유비쿼터스 도시 종합계획 ('09~'13)	제2차 유비쿼터스 도시 종합계획 ('14~'18)	제3차 스마트도시 종합계획 ('19~'23)
비전 및 목표	시민의 삶의 질과 도시경쟁력을 제고하는 첨단정보도시 구현 ·도시관리의 효율화 ·신성장동력으로 육성 ·도시서비스의 선진화	안전하고 행복한 첨단창조도시 구현 ·U-City 확산 ·창조경제형 U-City 산업 활성화 ·해외시장 진출 지원 강화	시민의 일상을 바꾸는 혁신의 플랫폼, 스마트시티 ·다양한 도시문제 해결 ·포용적 스마트시티 조성 ·혁신생태계 구축을 통한 글로벌 협력 강화
추진 전략	·제도기반 마련 ·핵심기술 개발 ·U-City 산업육성 지원 ·국민체감 U-서비스 창출	·안전도시 구현을 위한 국민 안전망 구축 ·U-City 확산 및 관련 기술개발 ·창조경제형 산업 실현을 위한 민간역량 지원 ·국제협력을 통한 해외시장 진출 지원 강화	·성장 단계별 맞춤형 모델 조성 ·스마트시티 확산 기반 구축 ·스마트시티 혁신생태계 조성 ·글로벌 이니셔티브 강화
주요 성과	·통합운영센터 및 자가망 등 기반인프라 구축 ·관련 지침 완비 등 제도기반 마련 ·통합플랫폼 개발 ·융복합 인력양성	·통합플랫폼 및 5대 연계서비스 중심 국민안전망 구축 및 확산 ·공공기관 간 거버넌스 확보	·신도시 및 기존도시 대상 상황식 실증사례 도입 ·시민과 민간기업 참여 확대 ·데이터허브 개발 등 도시정보 활용 기반 마련 ·규제샌드박스 등 혁신제도 도입 ·해외 협력 확대

1. 스마트도시의 정의 및 기원

● 국내외 여건 변화

빅데이터, 인공지능(AI), IoT, 블록체인 등 디지털 기술이 경제·사회 전반에 융합되면서 도시 내 초연결 및 초지능화가 가속화되고 있고, AI 로봇, 자율주행차 등 스마트 솔루션을 통해 주거환경, 이동수단, 경제활동이 변화하고 있으며, 도시 인프라의 스마트화가 촉진되면서 데이터 수집 및 활용이 주요한 도시 운영 요소로 자리 잡고 있다. 특히, 도시 내 자원 배분을 최적화하는 '어반테크(Urban Tech)' 기업(Uber, Airbnb 등)이 빠르게 성장하면서, 도시공간이 혁신 기업 활동의 중심지로 변모하고 있다.

탄소중립(Net-Zero)을 위한 국제 규범이 강화되면서 유럽 등 선진국에서는 지속가능한 스마트도시 모델을 도입하고 있고, 유럽연합(EU)은 기후위기 및 스마트도시 대응을 위해 'Horizon Europe'(2021~2027, 약 130조 원 규모)과 같은 지원 프로그램을 운영 중이다. 대한민국도 탄소중립 및 녹색성장 국가전략을 수립하여, 건축물 성능 개선을 통한 에너지 효율 향상과 육상·해양·항공 등 모빌리티 전반의 탄소중립화를 추진하고 있다.

최근 한국 사회는 인구 감소와 고령화, 수도권 집중 현상, 그리고 디지털 기술 발전이라는 세 가지 주요 변화에 직면해 있다. 2020년대 들어 국내에서 사망자 수가 출생자 수를 초과하며, 정부 수립 이후 처음으로 인구 감소가 발생했다.

이러한 인구 감소에도 불구하고, 수도권 및 대도시로의 인구 집중 현상은 더욱 심화되고 있다. 특히 교육 및 일자리 기회 부족으로 인해 청년층이 수도권으로 이동하는 경향이 두드러지며, 2022년 기준 청년층의 56.2%가 수도권에 거주하는 것으로 나타났다. 또한, 생활 SOC(사회간접자본) 및 공공서비스의 지역 간 격차가 확대되면서 지역 불균형이 심화되고 있으며, 문화기반시설과 노인 여가복지시설 등의 지역 불평등이 가장 심각한 수준으로 분석되고 있다. 이에 따라, 수도권과 지방 간의 경제적·사회적 양극화가 더욱 심화될 가능성이 높다.

한편, 인공지능(AI) 등의 첨단 기술 발전과 함께 디지털 사회로의 전환이 빠르게 진행되면서 산업 구조 및 노동 시장 또한 급격히 변화하고 있다. 세계경제포럼(2023)의 보고서에 따르면, 2023년부터 2027년까지 6,900만 개의 새로운 일자리가 창출되는 반면, 8,300만 개의 일자리가 사라질 것으로 예측된다. 이는 전체 직업의 약 1/4이 변화하는 것을 의미하며, 이에 따른 노동 시장의 불확실성이 커질 것으로 보인다.

또한, 디지털 기술의 급속한 발전은 산업 간 융·복합을 촉진하는 동시에, 기술 자체의 불확실성을 증가시키고 있다. 정보의 폭발적 증가와 네트워크 확장은 사이버 보안 위험과 사회경제적 불평등 심화 등 새로운 위협을 초래할 가능성이 크다. 특히, 인공지능, 생명공학, 메타버스와 같은 최첨단 기술이 발전하면서 의도적이든 비의도적이든 예상치 못한 부작용이 발생할 가능성이 있으며, 세계경제포럼(2023)은 이를 글로벌 기술 위험 요인으로 규정하고 있다.

결과적으로, 한국 사회는 인구 감소와 고령화, 수도권 집중 및 지역 불균형 심화, 그리고 디지털 기술 발전에 따른 노동 시장의 변화와 새로운 사회적 위험에 직면해 있다. 이에 따라, 정부와 기업, 사회 전반이 이러한 변화에 적절히 대응할 수 있는 정책과 전략을 마련하는 것이 중요한 과제가 될 것이다.

● 범정부 정책 현황

정부는 *제5차 국토종합계획(2020~2040)*에서 국토공간의 미래상을 연대와 협력을 통한 유연한 스마트 국토 구축으로 설정하고, 이를 실현하기 위한 다양한 전략과 정책을 제시하고 있다. 주요 전략으로는 지능형 국토공간 조성 및 국토관리 혁신이 포함되며, 이를 위한 핵심 정책 수단으로 스마트도시와 디지털트윈 기술이 강조된다.

스마트도시는 도시 내 다양한 문제를 해결하고 시민들의 삶의 질을 향상시키는 동시에, 혁신산업 투자를 유도하고 지식집약적 일자리를 창출하는 데

1. 스마트도시의 정의 및 기원

기여할 것으로 기대된다. 또한, 디지털트윈 기술을 활용하여 가상 국토 플랫폼을 구축하고, 이를 통해 고품질 국토정보를 개방 및 공유함으로써 국토 관리의 효율성을 높이는 방안도 마련되었다. 사물인터넷(IoT)과 인공지능(AI) 등 첨단 스마트 기술을 적극 활용하여 맞춤형 국토 및 생활 공간을 조성하고, 보다 정교한 지능형 국토관리 체계를 실현하는 것이 목표이다.

한편, *지능정보사회 종합계획(2023~2025)*은 세계 최고 수준의 디지털 역량을 확보하고, 정부와 경제·사회 전반을 디지털 친화적인 구조로 전환하는 것을 목표로 한다. 이를 위해 인공지능(AI)과 빅데이터 기술을 적극 활용하여 부처 간 장벽을 허물고, 보다 통합적인 디지털 플랫폼을 본격적으로 가동할 계획이다.

또한, 민간과 공공 데이터를 안전하게 연결하고 융합·활용할 수 있도록 클라우드 기반 통합 플랫폼을 구축하는 한편, 대국민 서비스를 보다 개인 맞춤형으로 발전시키기 위해 초거대 AI 활용 인프라를 마련할 예정이다. 아울러, 중소벤처기업과 개발자가 공공서비스를 개발하고 시험할 수 있는 혁신 테스트베드를 조성함으로써 디지털 혁신을 촉진하는 환경을 조성할 계획이다.

이러한 국가 전략을 통해 정부는 스마트 국토와 디지털 사회로의 전환을 가속화하며, 이를 기반으로 보다 지속가능하고 혁신적인 미래를 만들어가는 데 주력하고 있다.

● 스마트도시 정책현황

한국의 스마트도시 발전은 2000년대 초반 유비쿼터스 도시(U-City) 개념에서 출발하여, 점진적인 기술 발전과 정책 변화를 거쳐 현재의 스마트도시로 신화해왔다. 초기에는 제2기 신도시, 행복도시, 혁신도시 등 대규모 택지개발 사업과 연계하여 고속 정보통신망과 스마트 시스템을 구축하는 데 초점을 맞추었다. 이를 위해 택지개발(165만㎡ 이상) 시 기반시설 조성비를 활용하여 도시 통합운영센터 및 자가통신망을 구축하고, 지능화된 시설을 중심으로 U-City를 조성하는 정책이 추진되었다.

특히, *U-Eco City R&D 사업(2007~2013, 1,016억 원 투자)*을 통해 U-City의 기본 서비스와 요소기술, 통합 플랫폼 및 기반 기술을 개발하는 등 스마트도시의 기초 인프라 구축에 힘썼다.

2014년부터 2017년까지는 기존에 구축된 스마트 인프라를 활용하여 공공 중심의 정보 및 시스템 연계를 극대화하는 방향으로 정책이 전환되었다. 이 시기에는 *지능화 도시정보시스템 R&D 사업(2013~2019, 236억 원 투자)*을 통해 공공분야 5대 연계 서비스(112 긴급영상, 112 긴급출동, 119 긴급출동, 재난안전상황 관리, 사회적 약자 지원)를 기반으로 한 통합 플랫폼이 개발되고 보급되었다. 또한, 스마트도시의 효율적인 관리·운영을 위해 협력 거버넌스 체계가 구축되었으며, 국토교통부와 경찰청(2015년 7월), 국토교통부와 국민안전처(2015년 9월) 간의 MOU 체결이 이루어졌다.

2018년 이후에는 스마트도시 정책이 본격화되면서, 기존의 유비쿼터스도시법(U-City법)을 '스마트도시법'으로 개정하고, 보다 시민 중심적인 상향식 스마트도시 실증사업이 추진되었다. 국가 시범도시를 조성하고, 스마트시티 챌린지 및 스마트시티형 도시재생 사업 등을 통해 기존 도시의 스마트화를 지원하는 정책이 시행되었다.

대표적인 국가 시범도시 사례로는 세종 5-1 생활권과 부산 에코델타시티가 있다. 세종에서는 자율주행 셔틀과 수요응답형 버스 등의 모빌리티 서비스 실증사업이 진행되었으며, 부산 에코델타시티에서는 **리빙랩 방식의 단독주택 단지 '스마트 빌리지(56세대)'**가 구축·운영되었다. 또한, 2019년부터 2023년까지 스마트 챌린지 및 거점·강소형 스마트시티 조성 사업(99건), 스마트시티형 도시재생 사업(22건, 2017~2022년) 등이 추진되면서, 다양한 지역에서 스마트도시 프로젝트가 진행되었다.

1. 스마트도시의 정의 및 기원

이와 함께, 정부는 관계 부처가 협력하여 스마트도시 정책을 효과적으로 추진하기 위해 국가스마트도시위원회를 구성하여 주요 정책 사항을 심의하도록 하였다. 위원회는 국토교통부 장관을 포함한 정부위원 10명과 민간공동위원장 등 민간위원 14명으로 구성되었으며, 국가 시범도시 운영, 규제 샌드박스 등 스마트도시 관련 주요 정책을 심의·결정하는 역할을 수행하였다.

또한, 2018년부터 2022년까지 *스마트시티 혁신성장동력 R&D 사업(1,354억 원 투자)*을 통해 데이터 허브 개발 및 실증 후 광역지자체 보급이 이루어졌다. 대구시와 시흥시에서 실증사업이 진행된 후, 2022년부터 전국 17개 광역지자체에 데이터 허브가 구축되면서 스마트도시의 기반이 한층 강화되었다.

결과적으로, 한국의 스마트도시는 초기 U-City 개념에서 출발하여 점차 공공 및 민간의 협력을 통한 데이터 기반의 지능형 도시로 발전하고 있으며, 앞으로도 스마트 인프라를 활용한 지속 가능한 도시 혁신이 계속될 것으로 기대된다.

● 스마트도시 지원사업 현황

2019년 이후 정부의 적극적인 재정 지원에 따라 지방자치단체를 대상으로 한 스마트도시 사업이 본격적으로 확대되었다. 2018년 기준으로 스마트도시 정부 지원사업을 추진하는 지자체는 45개에 불과했으나, 2023년 기준 147개 지자체로 대폭 증가하였다. 이를 통해 교통, 환경·에너지, 방범·방재, 보건·의료복지 등 약 60개 분야에서 400여 개의 스마트 솔루션이 구축되었다.

실증 사업 구축 솔루션

분야	솔루션 유형
교통 (13종)	대중교통 정보제공, 도로 정보 수집, 모빌리티 공유, 불법주정차 단속, 수요응답형 대중교통, 스마트 교통제어, 스마트 주차, 스마트 횡단보도, 안심보행, 자율주행셔틀, AI 기반 교통 제어, UAM, 스마트 버스정류장
환경·에너지 (11종)	미세먼지 관리, 스마트 폐기물 관리, 환경 모니터링, 신재생에너지 공유, 타운 에너지 수요 관리, ESS 기반 에너지 관리, 수소 활용 드론, 신재생 에너지 활용 스마트팜, 신재생 에너지 생산 및 거래소, 전기 에너지 충전소, 환경교육
방법·방재 (7종)	관제 기반 안전 점검, 드론 안전사고 모니터링, 스마트 화재 감지, 음성인식 영상보안관제, 위험물질 모니터링, 건설현장 안전관리, 스마트폴
보건·의료·복지 (6종)	치매 탐지, 스마트 경로당, 스마트 건강관리, 스마트 응급의료, 의약품 드론 배송, 방역 모니터링
문화·관광 (4종)	AR/VR 관광, 스마트 관광 정보제공, 스마트 문화공간, 스마트 물품 보관함
물류 (4종)	드론배송, 공공배달, 에코배송, 로봇 카트
플랫폼 (4종)	데이터 플랫폼, 마이데이터 플랫폼, 서비스 플랫폼, 관제 플랫폼
행정 (1종)	모바일신분증
복합 및 기타 (10종)	스마트 복합쉼터, IoT 기반 빅 데이터 분석, 데이터 안심구역, 스마트 다목적 홀, 메타버스, 스마트 업무공간, 공공 WiFi, 미디어 보드, 소상공인 및 전통시장 지원 서비스, 기타

1. 스마트도시의 정의 및 기원

● 중장기 정책 추진 방향

스마트도시의 중장기 정책 추진 방향은 도시와 사람을 연결하여 상생과 도약을 이루는 데 중점을 둔다. 이를 위해 누구나 언제 어디서든 누릴 수 있는 첨단 디지털 공간을 조성하고, 민간이 주도하며 공공이 이를 지원하는 혁신 공간을 구축하며, 궁극적으로 전 세계적으로 모범이 될 스마트 공간을 실현하는 것을 목표로 한다.

이를 달성하기 위한 주요 추진 전략으로는 지속가능한 공간모델 확산, AI·데이터 중심의 도시기반 구축, 민간 친화적 산업생태계 조성, 그리고 K-스마트도시 해외진출 활성화가 있다.

먼저, 지속가능한 공간모델 확산을 위해 플랫폼 도시를 구현하고 확산하며, 기후위기에 대응하는 정책을 강화하고 디지털 포용성을 제고한다. 또한, 지역소멸에 대응하는 스마트 서비스를 보급하고, 국가 시범도시를 완성하여 지속가능한 도시 모델을 정착시킨다.

두 번째로, AI·데이터 중심의 도시기반 구축을 위해 데이터허브 활성화를 위한 환경을 조성하고, 인공지능(AI) 기반 데이터허브를 고도화하며, 디지털 트윈 기술을 활용한 스마트도시를 조성하는 등의 전략을 추진한다. 이를 통해 데이터 중심의 스마트도시 운영 체계를 구축하고 효율성을 극대화할 수 있도록 한다.

세 번째로, 민간 친화적 산업생태계 조성을 위한 노력이 필요하다. 이를 위해 어반테크(Urban Tech) 기반의 스마트도시 특화단지를 활성화하고, 거버넌스를 강화하며 규제 혁신을 추진한다. 또한, 민간이 주도하는 산업생태계를 조성하고, 스마트도시 산업에 대한 지원을 확대함으로써 민간의 적극적인 참여를 유도한다.

마지막으로, K-스마트도시 해외진출 활성화를 위해 국제협력 네트워크를 강화하고, 한국형 스마트도시 모델을 해외로 확산하는 노력을 기울인다. 이를 통해 한국의 스마트도시 기술과 정책을 글로벌 시장에서 경쟁력 있는 모델로 자리 잡게 하며, 국제적 협력을 통해 지속적인 발전을 도모한다.

　이러한 정책들을 통해 스마트도시는 보다 혁신적이고 지속가능한 방향으로 성장하며, 첨단 기술을 활용한 도시 발전과 시민 삶의 질 향상을 동시에 이루어 나갈 것으로 기대된다.

1. 스마트도시의 정의 및 기원

스마트도시 미래 전략

비전	도시와 사람을 연결하는 상생과 도약의 스마트도시 구현
목표	1. 누구나 언제 어디서든 누릴 수 있는 첨단 디지털공간 2. 민간이 주도하고 공공이 뒷받침하는 혁신공간 3. 전 세계 모범이 되는 스마트공간

추진 전략	추진 과제
지속가능한 공간모델 확산	① 플랫폼 도시 구현 및 확산 ② 기후위기 대응 강화 및 디지털 포용성 제고 ③ 지역소멸 대응 스마트 서비스 보급 ④ 국가시범도시의 완성
AI·데이터 중심 도시기반 구축	① 데이터허브 활성화 환경 조성 ② AI 기반 데이터허브 고도화 ③ 디지털트윈 기반 스마트도시 조성
민간 친화적 산업생태계 조성	① 어반테크 기반 스마트도시 특화단지 활성화 ② 거버넌스 강화 및 규제혁신 ③ 민간 주도 산업생태계 조성 ④ 스마트도시 산업 지원
K-스마트도시 해외진출 활성화	① 국제협력 네트워크 강화 ② 한국형 스마트도시의 해외 확산

2. 스마트도시의 주요 분야

2.1 스마트 교통
- 자율주행, 지능형 교통 시스템, 공유 교통 등

스마트 교통 시스템은 스마트도시 구현에 가장 중요한 부분을 맡는다. 과거부터 도시는 교통의 중심지였고 지금도 그러하며, 미래에도 수많은 사람들이 모이는 만큼 최적의 교통 인프라를 갖추는 것이 도시 관리의 중심 과제가 될 것이다. 이 교통 시스템은 데이터 분석, 사물인터넷(IoT), 인공지능(AI) 등의 기술을 활용하여 교통 흐름을 최적화하고, 교통사고를 미연에 방지하고, 에너지 사용을 줄이는 것을 목표로 한다. 스마트 교통의 핵심 구성 요소에는 도시 통합 교통 서비스, 지능형 교통 시스템(ITS), 자율주행 자동차, 공유 교통 서비스 등이 포함된다.

스마트 교통 시스템은 이미 우리 생활에 들어와있다. 현재 서울시만 해도 버스와 지하철 환승 시스템을 총괄하는 종합교통관제센터TOPIS(Transport Operation & Information Service)가 성공적으로 운영되고 있다. 통제 센터에서는 버스 관리 시스템(BMS), 교통 카드 시스템, 무인 감시 시스템, 서울지방경찰청, 한국도로공사와 같은 교통 관련 기관으로부터 다량의 교통 정보를 실시간으로 수집하여 도로 상황을 파악하고, 교통량을 제어한다. 또 시민들에게 실시간 교통 정보를 제공하여 최적의 운행 경로를 알려준다. 이를 지능형 교통 시스템(ITS;Intelligent Transport Systems)으로 부르기도 한다. 곧 교통 관리 및 운영에 정보 통신, 센서 기술을 적용한 시스템이다. 버스 정류장의 버스 도착 안내 시스템, 네비게이션의 실시간 교통량 안내, 하이패스, 교통량에 따라 자동으로 바뀌는 차량 신호등이 여기 포함된다.

모든 교통 관련 시스템이 연결되어 실시간으로 빅데이터 시스템을 형성하고 있기 때문에 이 ITS는 상당히 높은 수준의 스마트 시스템이라 할 수 있다. 관제 센터에서는 대중 교통 이용자 수, 버스 운행 정보, 교통 속도, 교통 밀도, 교통 사고, 고속도로 현황, 개인 교통 정보 등을 수집하여 과도한 교통량을 해결하고 갑작스러운 교통 문제를 방지한다. 이 때문에 대중교통에 지장이 있는 사건 사고가 있으면 시민들은 그에 관한 문자를 바로 수신하고 대응할 수 있다.

Fig 14. 스마트 교통 시스템의 설계에서 제일 중요한 것은 도시 전체의 교통 체계를 통합적으로 운영할 수 있는 일체형의 플랫폼 서비스 시스템이다. 모든 교통 수단이 이 시스템의 관리 아래에 운영되어야 하며, 개개인의 원활한 서비스 이용을 보증하는 동시에 막힘을 최소화하면서 또 에너지 자원의 관리까지 완벽하게 컨트롤되어야 한다. 이를 위해서는 정부와 민간 기업, 시민의 협력이 모두 이뤄져야 하는데 우리나라에서는 다행히 이런 협업과 소통이 잘 이뤄지고 있다.

다른 국가로 여행을 떠나본 사람이라면 이런 서울시와 같은 교통 시스템이 별로 없다는 걸 알 수 있을 것이다. 서울과 같이 교통 카드로 연결된 시스템이야 많지만 실시간으로 정확하게 버스 운행 정보를 알고서 동선 계획을 짤 수 있는 곳은 많지 않다. 실시간 빅데이터 수집이 그렇게 쉽지 않다는 방증이다. 정시율을 높이기 위해서는 데이터의 측정도 중요하지만 무엇보다 안정적으로 지하철이나 버스를 운행하는 것이 중요하다. 사람 대신에 사실 컴퓨터가 운전을 해야 정시 운행이 가능하다. 현재 대구의 3호선은 지상철로 운전사 없이 자동으로 운영되고 있는데, 지하철이나 지상철은 상대적으로 이런 자동화 시스템을 갖추기 쉽다.

2. 스마트도시의 주요 분야

이제 통합교통서비스는 서울 뿐만 아니라 전국으로 퍼져나가면서 계속 연결되고 있는데, 여기에 대중 교통 외에 개인이 사용하는 소형차량과 자전거와 같은 친환경 서비스도 연결되고 있다. 특히나 자율주행 자동차의 발전에 따라 인간이 운전이란 행위 자체에서 점차 해방될 것으로 예측되고 있다.

Fig 15. 자율주행이 발달하고 도시의 교통망이 그에 맞춰서 통합적으로 설계되면, 개인 교통 수단을 사실상 대중 교통처럼 편하게 사용할 수 있을 것이다. 자율주행이 고도로 발달하면 우리들이 운전면허증을 따야 할 필요가 없어질지도 모른다.

자율주행 자동차는 센서, 카메라, 레이더 및 인공지능 기술을 사용해 환경을 인식하여, 사용자의 제어없이도 안전하게 목적지까지 운행하는 차량이다. 자율주행 기술은 완전 자율주행(레벨 5)에 이르기까지 다양한 개발 단계가 있다. 현재 사용자들이 구입할 수 있는 자율 주행차는 아직 조건부 자동화 단계인데, 그래도 기술적으로는 이미 완전 자동화 단계까지 도달해 있다. 구글의 자율주행 자동차 프로젝트인 Waymo는 미국 캘리포니아 주에서 자율주행 택시 서비스를 제공하고 있는데, 이는 자율주행 기술의 상용화에 중요한 이정표 중 하나이다.

우리나라에서도 발빠르게 자율주행 기술을 개발하여 상당한 기술력을 갖추고 있다. 2022년 서울시는 청계천에 소형 자율 주행 버스를 시범적으로 도입하였는데, 서울 자율주행 전용 스마트폰 앱만 설치하면 누구나 무료로 사용할 수 있게 오픈하였다. 안정적인 1년 간의 운행 후에 노하우를 쌓은 서울시는 이제 자율주행 시스템을 실제 서울 버스 운행에도 시범적으로 적용하고 있다. 2023년 12월 4일 서울시는 최초의 심야 자율주행 버스 운행을 시작했는데, 안정적인 속도지만 사람이 운행하는 것이 아니어서 오히려 느리다는 평가를 받기도 했다. 하지만 앞으로 모든 버스에 이런 자율주행 시스템이 적용되면 전체 시스템의 속도는 오히려 올라갈 것이다.

Fig 16. 서울시에서 시범 운영을 시작한 심야 서울 버스.

자율주행버스 다음 단계는 자율주행이 적용된 소형 차량이 될 것이다. 그런데 모든 시민이 사용할 수 있는 차량이기 때문에 공유 차량으로 분류된다. 제레미 리프킨은 자본주의가 고도로 발달하면 상품을 소유하는 것보다 대여하

2. 스마트도시의 주요 분야

는 것이 경제적으로 더 유리해지기 때문에, 공유 경제가 자본주의의 마지막 단계로 나타나게 될 것으로 예측했다. 비싼 차를 구입할 필요 없이 필요할 때만 대여하여 쓰는 것이 사용자 입장에서 더 편리하기 때문이다. 한국의 쏘카도 바로 이러한 시스템이다. 그런데 쏘카는 민간의 차량 대여 서비스인데 반해, 정부나 시 차원에서 관리하면서 대중교통과 연동된 공공의 소형 차량이 이제 등장하게 된다. 이 대중교통 시스템에 편입되는 자율주행차량이 곧 스마트도시의 공유 교통 서비스가 될 것이다.

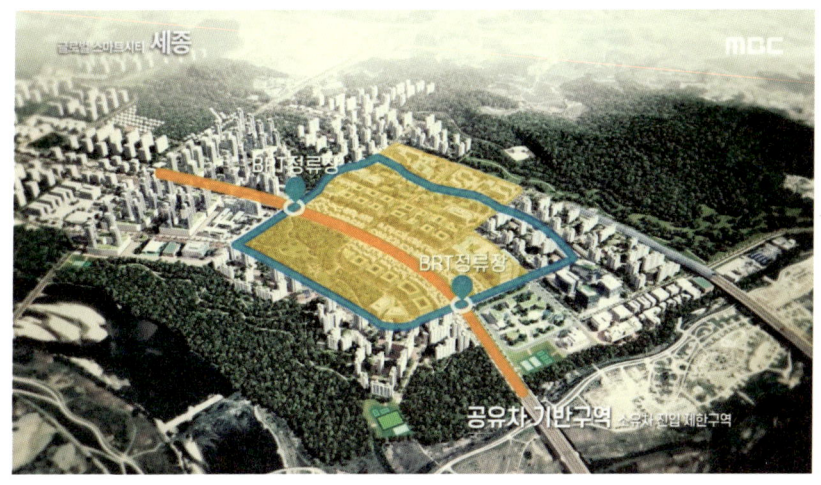

Fig 17. 세종시의 스마트 교통 시스템 계획도. 스마트시티 전체적으로 스마트 교통 체계가 설계되면, 대중교통과 버스, 공유자동차가 모두 하나의 시스템으로 통합되어 모든 개개인들에게 적합한 이동 경로를 제공하면서도 교통 체증을 최소화할 수 있는 방식으로 운행을 할 수 있게 된다.

결론적으로 공유 교통은 차량, 자전거 등의 교통 수단을 대중이 공유함으로써 교통 효율성을 높이고 교통 혼잡을 줄이는 서비스이다. 우버(Uber)와 리프트(Lyft) 같은 차량 공유 서비스는 스마트폰 앱을 통해 사용자와 차량을 연결하여 편리한 교통 수단을 제공하고 있는데, 이는 도시 교통의 효율성을 높이는 데 많은 기여를 할 수 있다. 또한 전 세계 많은 도시에서는 공공 자전거 공유 프로그램을 도입하여 저렴하고 친환경적인 이동 수단을 제공하고 있다. 서울시에서도 따릉이란 공유 자전거를 제공하고 있다.

이처럼 스마트 교통 시스템은 도시의 교통 문제를 해결하여 도시 생활의 질을 향상시키는 핵심 스마트 기술이다. 이 시스템은 기술의 발전과 함께 앞으로 더욱더 진화할 것이다.

Fig 18. 지능형 교통 시스템을 활용하면 버스를 운영하기 힘든 시골에서도 실시간으로 수요자의 요구에 맞춰서 버스를 운영할 수 있다. 결국 도시를 넘어서 지방에도 스마트 교통 서비스를 제공할 수 있으며, 국가 전체에 스마트 교통이 확장될 수 있다. 지방에 살면서도 마치 도시에 있는 것처럼 대중교통을 사용할 수 있다면 도시와 시골의 경계가 모호해질 수도 있다.

2. 스마트도시의 주요 분야

Fig 19. 자율 주행 기술이 선박에도 적용되면 전세계 물류에 또한 혁신을 가속화할 수 있다. 이미 선원 부족 문제로 인해 세계 물류망에는 자동화 시스템이 빠르게 적용되고 있다.

　이러한 시스템이 발달하면 몇 개의 스마트시티가 전세계 물류를 통제할 수도 있다. 또 교통 수단이 발달하면 세계가 거대한 하나의 도시처럼 되어버릴 수도 있다. 하늘을 나는 자동차가 보편화되어 영화속에서만 보던 미래가 정말로 다가오는 것이다. 이렇게 되면 전세계가 하나의 스마트시티가 되어 버린다. 이런 국제적인 교통망, 물류망을 형성하기 위해서는 그 전체를 통솔하는 국제 규범을 만드는 것이 중요한 과제로 대두된다. 고도로 발달한 기술은 이를 뒷받침할 제도적, 초국가적 사회 문화 제도가 필요하다. 이는 어쩌면 우리 인간의 사회와 문화, 세계관의 변화를 요구할지도 모른다.

2.2 스마트 에너지
- 재생 에너지, 에너지 효율, 스마트 그리드 등

도시의 가장 큰 문제점 중 하나는 바로 과도한 에너지 사용이다. 인류의 역사를 보면 문명의 중심이 계속해서 이동하는 경향을 보였는데, 그것은 바로 문명의 중심지인 도시가 그 지역의 자원과 에너지를 소모하면서 언젠가는 끝을 맞이했기 때문이다. 도시 자체가 자급자족을 하지 않는 시민들의 거주지였고, 또 대규모의 에너지와 노동력을 사용하며 유지되는 곳이었다. 이런 경향은 서구 문명에서 더 빈번하게 나타났는데 농경보다 상업의 비중이 더 컸기 때문이었다. 로마의 경우는 계속해서 팽창하면서 토지와 노예를 획득하며 부를 증식해야만 유지되는 체제였다. 지금도 자본주의 체제는 어느 정도 그런 경향을 보이고 있으며, 계속된 GDP 성장이 도시 유지의 필수 조건으로 아직도 요구된다. 경제적 성장을 계속하지 않으면 그 인프라를 유지하기가 어려울 만큼 자원과 에너지 소모가 심한 것이다.

Fig 20. 영화 매트릭스에서 스미스 요원이 모피어스를 심문하면서 대사를 읊는 장면. 스미스 요원은 인류가 자연 생태계에서 균형을 이루지 않고 거주지의 생태계를 파괴하면서 계속 이동한다는 점을 비난하면서, 인류를 바이러스에 비교하며 비판한다. 완전히 동의할 수는 없지만 어느 정도 일리가 있는 말이다.

현대 스마트도시는 바로 그러한 도시의 문제점을 첨단 기술로 해결해야 할 과제를 갖고 있다. 여기에 가장 중점적으로 떠오르는 대안이 바로 스마트 에너지이다. 이는 사실 아직 달성되지 못한 미완의 과제로, 친환경적 미래를 위해 지속적인 개발과 연구가 요구된다.

스마트 에너지는 지속 가능한 에너지 관리를 위해 정보통신기술(ICT)을 활용하는 시스템을 의미하는데, 이는 재생 에너지의 통합 관리, 에너지 사용의 최적화, 그리고 에너지 생산과 소비의 효율성 향상을 목표로 한다. 스마트 에너지 시스템은 지속 가능하고 효율적인 에너지 사용을 통해 도시의 탄소 발자국을 줄이고 환경을 보호하는 데 기여할 것이다.

스마트도시는 태양광, 풍력, 수력, 바이오 등 다양한 재생 가능 에너지원(Renewable Energy)을 활용하여 전력을 생산함으로써 화석 연료나 원자력처럼 지구 온난화와 환경 파괴의 주범인 기존 에너지 체계를 대체하고, 온실가스 배출을 줄여 친환경적이고 지속 가능한 에너지 전환을 실현할 것이다.

에너지 효율의 측면에서 스마트도시는 건물, 교통, 공공인프라 전반에 걸쳐 지능형 기술을 도입하여 에너지 사용을 최소화하는 방향으로 운영될 것이다. 예를 들어 스마트 빌딩 시스템은 실시간 센서 데이터를 바탕으로 냉난방과 조명, 전력 소비를 최적화하고, 교통 분야에서는 교통 흐름을 개선함으로써 정체로 인한 불필요한 연료 소모를 줄이는 등 통합된 도시 관리 시스템을 통해 에너지 낭비를 획기적으로 감소시킬 것이다.

스마트 그리드는 기존의 전력망에 정보통신기술(ICT)을 융합하여 전력의 생산, 전송, 분배, 소비를 실시간으로 모니터링하고 제어함으로써 에너지 손실을 줄이고 수요-공급 균형을 정교하게 맞출 것이다. 곧 재생 에너지의 단점인 높은 변동성에도 안정적으로 대응할 수 있는 기반을 그리드 기술을 통해 마련할 것이다. 동시에 사용자별 맞춤형 피드백을 통해 에너지 절약 행동을 유도함으로써 궁극적으로 친환경적이고 효율적인 도시 에너지 생태계를 구현하게 된다.

재생에너지의 중점 과제는 탄소 배출 없이 전기 에너지를 생산하는데 있다. 전기로 모든 것이 돌아가는 시스템인데 생산시 탄소배출이 과다하여 지구온난화를 가속화하고 있기 때문이다. 석탄, 석유, 가스를 사용하면서 지구 대기의 이산화탄소 농도가 과도하게 높아져 현재 생태계는 붕괴 직전까지 이르렀다. 이 파괴를 멈추고 문명을 유지하기 위해, 우리는 탄소 배출 없이 전기를 만드는 법을 알아내야만 한다.

● 전력 시스템의 등장

현대 문명의 필수 재료인 전기는 사실 드라마틱한 과정을 통해서 인류 사회에 등장했다. 발전기나 화학 전지는 19세기 일찌감치 발명되었지만 전사회적으로 전력 시스템이 갖춰지기 위해서는 꽤나 긴 시간이 필요했다. 지금 우리가 사용하는 교류 전력 시스템은 천재 발명가 에디슨과 공학자 테슬라 사이의 치열한 경쟁 과정을 통해 탄생했다.

Fig 21. 에디슨과 테슬라의 전력 시스템 특허 대결을 다룬 영화, 커런트워.

보통 에디슨에 의해 최초로 전구가 발명되었다고 알고 있지만 100% 사실은 아니다. 정확히 말해 에디슨은 1879년 세계 최초로 실용 조명 전구를 발명했다. 당시 있던 산업용 아크등은 너무 밝았고 또 전력 소모가 심했는데, 에디슨이 발명한 필라멘트 백열 전구는 보통 가정에서도 쓸 수 있을만큼 저렴한 동시에 편안한 빛을 제공해주었던 것이다. 이 전구는 미국 전역으로 퍼져나가기 시작했고, 이에 발맞추어 에디슨은 전력 시스템도 선점하려 노력하여 1882년 뉴욕 맨해튼의 펄 스트리트에 세계 최초로 중앙 집중식 발전소를 개소하였다. 하지만 이 최초의 발전소는 직류를 사용하였기 때문에 전력 송전 거리가 길지 않다는 문제점이 있었다. 반마일마다 발전소를 설치해야 할 형편이었는데 이는 사실 불가능한 일이었다.

여기서 인류의 전기 문명을 바꿔놓은 발명가가 니콜라 테슬라(1856~1943)이다. 천재적인 수학, 물리학적 재능을 지녔던 그는 전기가 단순히 전자의 흐름이 아닌 전기장과 자기장의 파동임을 인지하고 있었고, 교류가 본질적으로 전력 시스템에 맞다는 걸 알고 있었다. 당시 교류 시스템을 대중화하려고 애쓰고 있던 조지 웨스팅하우스와 손잡은 그는 1887년 세계 최초로 교류를 사용하는 전동기(모터) 개발에 성공한다. 직류 모터 밖에 없던 세상에 교류 모터를 탄생시킴으로써 직류에서 벗어날 수 있는 길을 제공한 것이다. 또 당시 실험적 수준이었던 불안정한 교류 체계를 실제 사용할 수 있는 수준으로 만드는 데 성공한다. 테슬라는 교류용 발전기, 변압기, 모터의 모든 분야에 대한 기술을 개선하여 실제 교류 세상이 도래하도록 기여하였다.

1888년 웨스팅하우스는 테슬라가 개발한 교류 관련 기술의 특허를 구입하고, 그 기술들을 갖고 전력 시스템 개발 전쟁에서 에디슨을 누르고 승리한다. 1893년, 웨스팅하우스는 시카고의 만국박람회에서 전력 공급을 위한 '범용 시스템'을 선보이는데 대성공을 거두고, 그 이후 그 교류 전력 체계가 표준으로 채택된다. 이후 1895년 웨스팅하우스는 나이아가라 폭포에 수력 발전소를 설치해 뉴욕까지 전력을 공급하는 데 성공한다.

Fig 22. 시카고 만국 박람회 당시 웨스팅하우스의 교류 시스템으로 불이 밝혀진 모습.

 이렇게 테슬라가 설계한 교류 전력 시스템은 지금도 전세계 기본틀로 유지되고 있다. 발전소에서 생산된 전류는 변압기를 통해 고전압으로 변환되어 송전되고 도시에서 다시 변압기를 통해 저전압으로 낮춰져 각 가정과 사업소에 보내진다. 문제는 전류를 저장할 수 없다는 점이다. 생산과 동시에 빛의 속도로 이동하여 소비되어야 하는데, 전력 생산이 과도하거나 부족하면 전체 시스템에 과부하가 걸리거나 전압 및 주파수가 낮아지는 문제가 생긴다. 이때 시스템 전체가 한꺼번에 다운될 수 있다. 전력 소비가 과도하여 전력이 부족하면 주파수가 낮아지다가 전체 전력 시스템이 꺼져 버릴 수가 있다. 따라서 항상 생산과 소비량이 일치하도록 중앙 관리 시스템에서 모니터링하며 관리해줘야만 한다.

그런데 전력 시스템이 탄생한 이후 인류의 전력 소비량은 계속해서 지속적으로 증가해왔다. 하지만 전력이 부족한 경우에는 모든 시스템이 한꺼번에 다운될 수 있으므로 필요량보다 항상 10~15% 이상 준비되어야만 한다. 그래서 지금까지 현대 문명은 계속해서 강박적으로 에너지 생산량을 늘려왔다. 에너지가 모자라면 안되기 때문에 과다 생산한 후에 불필요한 에너지를 버리는 방식으로 시스템을 계속 운영해왔다.

우리나라는 급속한 경제 발전을 이룬 나라로 급격하게 전력 생산량이 증가해왔는데 그 중 산업용 소비가 큰 비중을 차지하고 있다. 철강, 조선, 자동차, 석유 화학, 반도체의 5대 산업 분야에서 전력 소비가 많을 수 밖에 없는데, 특히 IT 강국으로 초고속 인터넷망을 발전시킨 이래 IT 인프라에서 사용하는 전력도 계속해서 증가해 왔다. 우리나라의 전력 사용량은 전세계에서도 10위권 안에 든다. 이 때문에 불가피하게 화력, 원자력 에너지 사용을 늘릴 수 밖에 없었다. 문제는 이 때 환경오염을 피할 수가 없다는 것이다.

환경 오염을 피하기 위해서는 반드시 화력, 원자력이 아닌 친환경적 재생 에너지를 사용해야만 한다. 하지만 재생 에너지원은 그 효율성이 아직 많이 떨어지고 전력 생산 단가가 높아서 거대한 전력 수요를 감당해내지 못한다. 중국에서 친환경적 노력을 위해 재생 에너지 비중을 늘려왔지만 그래도 항상 제일 큰 발전량은 화력이나 원자력이 담당하고 있다. 수력이나 풍력, 태양광은 생산 단가도 높지만 자연 환경에 의존하는 바가 크기 때문에 발전량이 일정하지 못하다는 치명적 문제점을 갖고 있기 때문이다.

따라서 현대 문명이 친환경으로 거듭나기 위해서는 비대한 전력 수요를 줄이는 동시에 불안정한 재생 에너지원을 안정적으로 운영하는 시스템이 필수적으로 요구된다. 이 때문에 필수적으로 요구되는 것이 스마트 에너지 관리 시스템인데, 유럽에서는 친환경적 에너지에 대한 인식이 높아 일찌감치 이에 대한 전환을 시도해왔다.

2. 스마트도시의 주요 분야

이러한 친환경 에너지 시스템 구축은 사실 도시보다는 마을 단위에서 시작하기가 더 수월하다. 태양광이나 풍력 모두 넓고 열린 공간이 필요하기 때문이다. 그래서 실제 이런 시스템은 스마트 빌리지를 통해 먼저 구현되고 있다.

독일 펠트하임 마을은 풍력과 태양력, 바이오 에너지를 사용해서 에너지 자립을 이룬 스마트 빌리지의 좋은 예이다. 친환경 재생에너지는 에너지 자립을 이루는 중요한 기술로, 역설적으로 도시와 분리된 지방의 자립을 이끌어 낼 수 있다. 이러한 에너지 자급 마을의 등장은 곧 스마트시티의 미래가 될 수 있다. 모든 마을과 또 도시가 재생에너지를 통해 에너지 자립에 성공한다면 지구온난화 과정이 멈출 것이다. 그 때까지는 구축 비용이 좀 들더라도 의도적으로 계속 태양광과 풍력 발전을 늘려 나가야 한다.

Fig 23. 수변 공간을 활용하여 태양광 발전을 실시하는 모습.

우리나라 역시 이러한 스마트 빌리지를 실험하고 있다. 죽도와 같은 섬이나 제주도에서부터 재생에너지를 확대해나가면서 에너지 자립을 모범적으로 실현하고 있는데, 이러한 선도적인 모범 사례는 도시보다 시골에서 더 먼저 스마트 에너지 시스템을 실현하여 스마트시티를 실현할 가능성을 보여준다. 에너지 자립이 진정 시골에서 먼저 실행된다면 스마트시티를 시골에서부터 구현할 수 있을 수도 있다. 에너지만 있다면 IT인력은 에너지 자립 마을 어디서든 일할 수 있다. 그렇게 시골로 가서 친환경적이면서도 도시적으로 살 수 있다면, 도시가 없어져도 괜찮은 건 아닐까? 물론 없어진다기보다는 지방으로 흩어진다고 할 수 있을 것이다. 그 때에는 온라인의 메타버스에 거대 도시를 또 구현해내어 사용할 수도 있다.

이렇게 스마트 빌리지가 스마트시티보다 에너지 면에서 더 앞서나가는 것은 에너지 사용량이 도시에서 너무 과도하기 때문이다. 도시에서 대규모의 에너지원으로 사용하기에 신재생에너지 시스템은 확실히 문제점을 갖고 있다. 아직은 효율성이 낮고, 에너지 수확이 불규칙적이라는 단점이 존재한다. 태양빛이나 바람 모두 공급이 일정하지 않고, 수력도 강수 환경에 의존성이 크기 때문에, 모두 다 언제 발전이 진행될지 예측하기 어렵다. 따라서 에너지 저장 기술을 발전시킬 필요가 있다. 남아도는 심야전기를 이용해 밤에 양수기를 가동해 댐에 도로 물을 퍼올리는 양수 발전 같은 방식도 있긴 하지만, 에너지 효율이 너무 떨어지기 때문에 실제 사용할 수는 없다. 이 때문에 화학자들은 물의 전기 분해 과정을 활용한 수소 저장 기술 등을 연구하고 있다. 다행히 우리나라 SK 같은 대기업에서는 이러한 기술에 집중적으로 투자하고 있으며, 세계에서도 선도적으로 연구를 진행하고 있다.

2. 스마트도시의 주요 분야

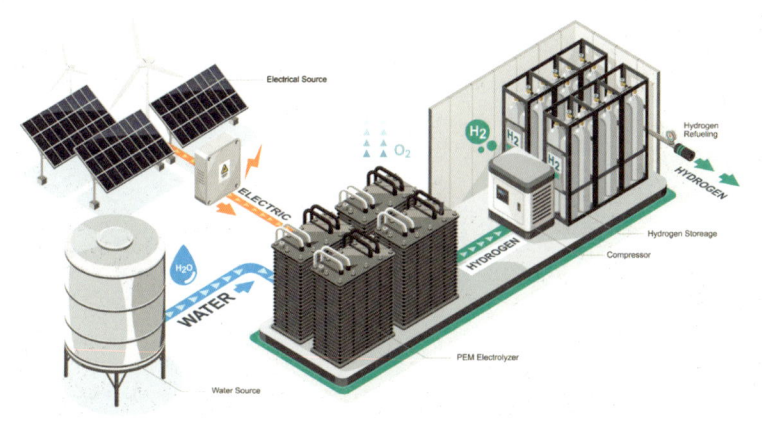

Fig 24. 전기에너지로 물을 분해하면 수소가 얻어진다. 태양광 발전은 전기 생산이 불규칙이므로 이 때 발생하는 전기로 계속 수소를 생산한다면, 나중에 필요할 때 이 수소로 다시 전기를 생산할 수 있다. 수소연료전지로 수소라는 화학 에너지를 쉽게 전기 에너지로 도로 변환할 수 있다.

● 재생에너지의 문제와 스마트 그리드의 개발

 이렇게 재생에너지에 많은 투자가 이뤄지고 있긴 하지만, 전기의 대규모 저장이 그래도 아직 불가능하기 때문에 현재는 실험적 단계에 머무르고 있다. 이러한 스마트 에너지 시스템에서 가장 중요한 개선 과제는 대량 발전 시스템에 맞춰져 있는 현재의 송전 시스템이다. 재생에너지는 분산된 넓은 영역에서 소량의 전기를 모아 송전망에 공급해야 하는 문제가 존재한다. 원전이나 화력 발전소와 달리 이런 소규모의 전력 수확은 그 총량이 일정하게 유지되기 어렵고, 또 지나치게 송전망에 전기가 유입되면 전체 시스템이 다운되어 버릴 수 있기 때문에, 각 지방에서 소규모로 수확한 전기에너지를 전체적으로 균일하고 균등하게 분배할 수 있는 송전 시스템을 갖추는 것이 필수 과제이다.

Fig 25. 스마트 그리드. 불규칙적으로 소량 생산되는 넓은 지역의 전력을 관리하는데 필수적인 시스템이다.

　이러한 재생에너지 시스템에 맞는 송전 시스템이 바로 스마트 그리드 시스템이다. 그리드란 격자 구조로, 격자로 연결된 포인트들이 각 지점에서 수확된 에너지를 격자 어디로든 보낼 수 있다. 이러한 스마트 그리드 시스템이 제대로 설계되면 한 격자가 발전을 제대로 못하더라도 다른 격자에서 발전한 전기를 가져다가 쓸 수 있고, 각 격자 포인트별로 에너지 전송 과정을 조절하여 전체적으로 균등한 에너지 분배가 가능하게 만들 수 있다. 전력의 생산, 전송, 분배, 소비 과정을 모두 실시간으로 관찰하면서 에너지 저장 시스템과 적절히 결합하여 전체 전력 시스템을 일관되게 유지할 수 있다. 이런 스마트 그리드 시스템이 잘 정착되면 풍력이나 태양력 같이 불규칙적인 에너지 수확의 단점이 크게 보완될 것이다. 이 때 전력의 생산, 분배 과정에서 AI 시스템이 큰 역할을 할 수 있다.

　추후 개발될 스마트 그리드 시스템에서는 친환경적으로 생산한 전기를 가장 가깝고 필요한 지역에 즉각적으로 공급하여 소비하게 될 것이다. 전기 소비자는 스마트 계량기를 통해서 자신이 전력을 효과적으로 사용하고 있는지, 낭비하고 있는지 알게 될 것이고, 대용량 에너지 저장 시스템 ESS를 통해서

남는 전기도 지역별 소규모 단위만큼은 잘 저장하여 사용할 수 있을 것이다. 전체 도시의 거대 전력은 다 저장할 수 없다 해도 마을 단위의 전력은 어느 정도 저장할 수 있기 때문에 이러한 지역별 전력 시스템은 친환경적으로 관리될 수 있다. 또 각 그리드별로 얼마나 전력을 소모하는지, 어디에서 얼마나 쓰는지도 일괄적으로 실시간으로 다 파악할 수 있다. 그러면 태양광이나 풍력만으로도 지역 전력을 관리할 수 있고, 그러한 마이크로그리드 단위로 전력 단위가 계속 분산되면 언젠가 도시와 같은 거대 시스템도 분산적으로 또 일괄적으로 통제될 것이다.

한국에너지기술연구원은 이러한 스마트 에너지 사용을 위한 마이크로 그리드 기술을 지속적으로 연구하고 있으며, 여기에 가상 현실 기술까지 추가하여 기술 완성도를 높여 가고 있다. 디지털 트윈이 된 세상에서 전력 사용량을 실시간으로 예측하여 마이크로 그리드를 완벽하게 관리할 수 있도록 디자인하고 있다. 2022년 7월 한국에너지연구원은 모로코 지속가능에너지청과 협약을 체결하여 이 스마트 그리드 기술을 태양광, 풍력 에너지를 사용하는 모로코에 수출하기로 하였다. 추후 이 기술이 더 발전하면 우리의 대도시에서도 지역별로 스마트 그리드를 사용하게 될 것이다.

2.3 스마트 환경
- 빅데이터 기반 환경 관리, 지속가능한 도시 개발 등

도시의 가장 큰 문제점은 자원과 에너지를 과다하게 소비하면서 폐기물을 대량으로 방출한다는 점이다. 환경 파괴의 대부분은 도시에서 이뤄진다고 해도 과언이 아니다. 현재 서울을 비롯한 광역시에서 발생하는 쓰레기의 양은 우리나라 토양이 감당할 수 있는 수준이 아니다. 대한민국은 세계에서도 많은 수준의 플라스틱 폐기물을 배출하는 나라로, 전국토가 쓰레기로 덮이는 게 아닐까 하는 우려를 낳고 있다. 다만 우리의 소각 기술, 또 소각시의 열을 활용한 열병합 발전소의 활용으로 그나마 예전보다는 낫게 처리하고 있을 따름이다.

하지만 이미 형성한 기존의 쓰레기 매립지는 수 백년 후에까지 잔존할 것이므로, 미래의 우리가 이를 반드시 처리하여야만 한다. 토양 오염은 각종 수질 오염과 생태계 오염과 연결되어 이미 우리 지구 전체에 심각한 문제를 일으키고 있다. 문제는 이런 오염을 아직도 과학 기술이 완벽히 해결하지 못한다는 것이다. 쓰레기를 소각하며 열병합 발전으로 에너지를 만든다고 해도 온실가스 문제는 여전히 남는다.

2022년 서울시에서 공개한 서울시 생활계폐기물 발생 통계를 살펴보면 하루 10,914톤의 폐기물이 발생되었는데, 이 중 62.6%가 재활용되고, 20.8%가 소각, 8.2%가 매립되었다. (https://data.seoul.go.kr/dataList/370/S/2/datasetView.do) 재활용률이 무려 60%를 넘는다는 수치만 보면, 세계적으로 선진적인 폐기물 처리 시스템을 갖춘 셈이다. 하지만 유럽식 기준을 적용하면 재활용률은 훨씬 더 낮아진다. 가연성 쓰레기를 연료로 사용하는 경우 유럽에서는 재활용으로 인정하지 않기 때문이다. 하지만 우리는 폐기물의 상당량을 화석 연료로 사용하는 경우가 많고, 이것까지 재활용률에 포함하고 있다. 착시 효과가 어느 정도 있음을 감안해야 한다.

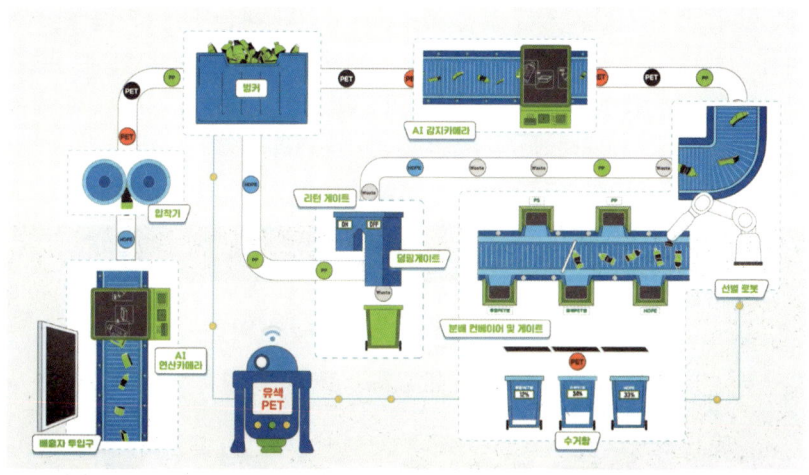

Fig 26. 자연상점이 개발한 스마트 폐기물 자동 분류 시스템.

시민들이 배출하는 폐기물은 일단 폐기물 선별장에서 자동으로 분류된다. 여기에 여러 자동화 기술이 사용되는데, 먼저 바람을 통해 무게에 따라 쓰레기를 분류하여 종이와 비닐처럼 가벼운 쓰레기를 따로 분류해낸다. 그 후에는 자석을 통해 자성 금속류 폐기물을 골라내고, 이후에는 광학 센서를 통해 플라스틱도 재질별로 분류한다. 최근에는 AI 능력을 갖춘 인공로봇으로 특정 폐기물만 골라내는 것도 가능해졌다. AI 카메라는 기계 학습을 통해서 물체를 식별해내는 능력이 이미 인간만큼 진화했기 때문에 페트병, 비닐, 철캔을 구분하는 것이 어렵지 않다. 하지만 처리해야 할 폐기물의 양이 너무 많기 때문에 완전 자동화는 아직 어려운 형편이다. 처음부터 개개인이 분리수거를 해서 폐기물을 배출해야 하는 이유다.

폐기물이 재활용 선별장에서 분리된 후에는 재질별로 다르게 처리된다. 현대에 가장 많이 발생하는 폐기물은 플라스틱계 가연성 폐기물인데, 우리나라의 경우 이를 고체형 연료로 대거 재활용한다. 보통 SRF(Solid Refuse Fuel; 고형연료제품)라고 하는데, 폐합성수지나 폐고무, 폐플라스틱을 잘게 파쇄하여 저장성, 연소성을 향상시켜 석탄같은 화석 연료의 대체재로 사용한다. 우리나라의 재활용률이 높은 건 이렇게 SRF로 폐기물을 처리하는 비중이 높기 때문이다. 특히 시멘트 공장 같은 곳에서는 유연탄 대신에 이 SRF를 연료로 써서 시멘트를 제조하는 경우가 많다. 코로나 시기에 플라스틱의 배출량이 급격하게 증가했는데 이를 처리할 수 있었던 것은 시멘트 공장에서 이 폐플라스틱을 유연탄 대신에 대거 사용한 탓이기도 하다.

Fig 27. 시멘트 생산에 폐기물을 연료로 활용하여 그린 시멘트를 생산하겠다는 협약이 진행되었고, 이 정책 덕분에 상당량의 폐기물이 매립 대신에 시멘트 생산 과정에 소비되었다.

시멘트 생산 과정에서는 대규모 유연탄 사용이 불가피하므로 폐기물의 연료화는 바람직한 과정이라고도 할 수 있다. 어차피 온실 가스 발생을 피할 수 없는 제조업이라면 유연탄 대신에 가연성 쓰레기를 사용해서 유연탄을 아끼는 것이 낫기 때문이다. 이 때문에 시멘트 그린뉴딜이라는 말까지 나왔는데, 2050년까지 유연탄을 SRF로 완전 대체하는 걸 목표로 하고 있다. 이런 일환으로 강원도 삼척시에서는 시멘트 공장의 지원을 받아 생활폐기물 연료화 시설을 가동하고 있다. 많은 쓰레기를 고체형 연료로 사용하면서 매립량은 자연스레 줄어들었고, 폐기물 매립장은 어느 정도 여유 기한을 갖게 되었다.

2. 스마트도시의 주요 분야

하지만 플라스틱 연소 과정에서 발생하는 유해 물질이 완전히 제거되지 않는다면 대기 오염을 피할 수 없기 때문에, 이런 공정도 계속 개선되고 관리되어야만 한다. 2021년 청주시 북이면에서는 주민들이 집단적으로 발병한 암 때문에 연달아 숨지는 사태가 보고되었는데, 그 지역에 소각장이 대거 들어선 까닭으로 풀이되고 있다. 폐기물 소각시 발생하는 오염물질이 직접적으로 우리 인간의 목숨을 위협할 수 있는 것이다. 폐기물 연료화 공정은 그래서 아직은 불완전한 대안이다.

폐기물을 편하게 처리하는 방법이야 물론 땅에 그냥 매립하는 것이다. 미국은 국토가 넓기 때문에 실제 소각하지 않고 바로 매립하는 경우가 많다. 하지만 아무리 땅이 넓어도 이는 장기적으로 볼 때 토양 오염을 심화시키는 원시적이고 또 무책임한 방법이다. 미국에서도 러브운하사건(Love Canal Incident)처럼 유해폐기물 때문에 오염된 토양 탓에 여러 지역 주민들이 병에 걸려 연방기금이 투입되어 사후에 땅이 정화된 예도 있다. 생태계를 위해서는 원칙적으로 소각처리 후에 매립해야 한다.

Fig 28. 의성에 불법으로 조성되었던 쓰레기 산. 미국 CNN에 의해 보도되어 국제적 망신을 산 바 있다. 다행히 그린 시멘트 생산에 소모되어 사라졌으나 이 처리도 완전진 않다.

싱가포르에서는 발생하는 쓰레기를 여러 처리 과정을 거쳐 고온으로 소각하여 환경적으로 비교적 안전한 소각재와 슬러그로 만드는데, 그 쓰레기 재를 싱가포르 본섬에서 떨어진 세마카우 매립지에 묻으면서 바다를 계속해서 매립하고 있다. 소각 과정에서 발생하는 열로 전기를 생산하고 최종 남은 재로 바다를 매립하여 섬을 넓혀 나간다. 이 때 최첨단 기술을 활용해 오염물질을 최소화하고 있으므로, 실제 세마카우 매립지 근방의 바다는 생태계에 별다른 문제가 없는 것으로 보고되고 있다. 이는 스마트 친환경 기술이 아주 잘 사용된 예일 것이다.

Fig 29. 싱가포르의 폐기물 매립지 세마카우 섬.

하지만 이 매립지도 침출수가 차단된 환경으로, 사용기한이 무한한 매립지는 아니다. 정확히 말하자면 매립지는 세마카우 섬과 인근의 사켕섬을 잇는 원형의 방조제가 둘러싼 풀 형태로, 인근 바다와 철저히 분리된 해양 호수 같은 공간이다. 제방을 조성한 바위 밑으로는 부직포를 깔아 재에서 나온 침출수가 혹시라도 바다에 스며들지 않도록 조치하고 있다. 안전한 쓰레기로 매립하는 섬이라지만, 무작정 바다에 매립하는 것이 아니기에 비용이 많이 들어가고 한계가 있다. 싱가포르도 이 때문에 소각재의 다른 활용처를 계속 모색하고 있다.

폐플라스틱을 처리하는 가장 좋은 방법은 플라스틱을 다시 새로운 재생 플라스틱으로 가공하거나 또는 원래 원료였던 기름으로 되돌리는 것이다. 다행히 근래 이와 관련된 기술이 개발되어 폐비닐을 재생유로 되돌리는 과정이 갖춰지고 있다. 열분해유라고 하는데, 폐플라스틱 중에서도 폐비닐을 모아서 기름으로 가공할 수 있게 되면서 우리나라에서도 도시 유전이 가능하게 되었다. 석유가 나지 않는 나라지만 폐비닐을 대거 수집하여 재생유로 가공한다면, 플라스틱도 말 그대로 자원이 될 수 있다. 현재는 폐플라스틱의 0.1%만이 이런 열분해유로 재활용되지만, 앞으로 관련 인프라가 정비되고 기술이 고도화된다면 도시 유전이 가능할 수도 있을 것이다.

Fig 30. 폐비닐을 분해해서 생산한 열분해유를 도로 석유화학 공정에 사용하는 과정을 SK이노베이션에서 시행하였다.

플라스틱 중에서 투명 페트병은 고순도의 플라스틱으로 재활용되기도 한결 수월한 편이다. 우리가 음료를 마시고 난 후 페트병의 라벨을 떼고 투명한 PET만 따로 분류해서 배출한다면, 그 페트병은 실제 플라스틱 섬유로 쉽게 재활용될 수 있다. 그린섬유로 거듭나는 셈인데, 이를 활용해서 실제 티셔츠나 신발, 가방을 만드는 스타트업도 근래 나왔다. 페트병을 수집하여 원료를 확보하고, 여기 특화된 생산 설비를 갖춰서 대규모의 그린 섬유 단지를 만드는 것도 가능하게 되었다.

2. 스마트도시의 주요 분야

Fig 31. 폐트병을 재활용해 신발을 생산하는 기업 엘에이알LAR

  이러한 자원 재활용 기술들은 모두 스마트 친환경 기술의 일환으로 지속가능한 미래를 만들기 위해 반드시 필요한 과정들이다. 하지만 기술만으로는 대규모의 폐기물을 분리하는 것도 여전히 쉽지 않고, 배출량 자체가 너무 거대하므로 스마트 기술로도 다 소화하기 어렵다.

Fig 32. 제주도의 음식물 쓰레기 재활용 시설. 퇴비 생산 과정에서 바이오 가스를 생산하는 공정이 들어가 있어 효율적인 퇴비 처리를 돕는다.

우리나라는 분리 수거가 세계적으로 가장 잘 이뤄지는 나라이고 특히나 음식물 쓰레기처럼 완벽하게 분리배출되는 경우는 거의 95%이상으로 재활용되어 비료로 재탄생하는 기적을 보여주고 있다. 음식물 쓰레기 수거 과정도 무게별로 돈을 지불하는 수거기가 점차 도입되고 있는데, 이는 처리 비용을 합리적으로 징수하는 동시에 음식물 분리수거도 엄격히 관리하는 효과가 있다.

하지만 이렇게 해서 탄생한 음식물쓰레기 퇴비, 사료는 효과가 그렇게 좋지 않아 잘 팔리지 않는 편이다. 상당수는 무상으로 배포되는데, 품질을 더 높일 필요가 있다. 개인 가정에서 음식물 처리기를 도입하는 것이 필요한 까닭이기도 하다.

결국 스마트도시의 가장 큰 과제는 자원과 에너지의 순환 고리를 완전하게 만들어내야 하는 데 있다. 도시가 에너지를 자급하면서 폐기물도 완벽하게 처리해야만 기술의 폐해를 극복하고 지구와 공생하며 지속가능한 발전을 이룰 수 있다.

폐기물과 별개로 도시에서 소비되는 물과 식량은 상당량의 오염물질이 되어 수질오염, 토양오염을 일으킨다. 대량의 오염물질은 결코 자연적으로 회복되기 어려우며, 이 오염물질의 정화는 스마트시티의 주과제로 처리되어야만 한다. 수자원과 유기물 쓰레기를 처리하는 과정은 많은 비용이 들어가지만 여기에서 다량의 바이오가스를 에너지로 얻을 수 있으며, 이를 자원화하여 재활용할 수 있다. 또한 바이오 가스를 뽑아내고 남은 슬러지 또한 건설 자재 등의 다양한 방법으로 재활용할 수 있다.

Fig 33. 현대 건설의 물 순환 기술의 전체 로드맵. 해수를 담수화하여 사용하고 사용후 폐수도 재처리하여 친환경적으로 돌려보내는 걸 목표로 한다.

원래 이런 자원 순환은 과거 농경 사회였을 때는 마을 단위에서 자연적으로 이뤄지던 과정이었다. 보통 논농사를 짓던 우리나라에서는 모든 농부들이 논에 물을 대기 위해 노력했기 때문에 수자원 확보와 관리가 쉬운 편이었고, 인분이나 분변을 수거하여 거름을 만드는 것도 농부들이 주관했다.

하지만 도시에서는 이러한 수자원이나 노폐물들이 너무나 대규모로 발생하므로 관리, 정화하는 과정이 몹시 까다롭다. 이 과정을 현대의 과학 기술로 재생 가능한 자원으로 되돌리는 것이 환경 관리 측면에서 무엇보다 중요하다. 도시에서 사용하는 물과 유기물을 처리하여 다시 자연에 돌려보낼 수 있을 정도로 정화할 수 있다면, 문명은 지속가능하게 될 것이다.

● 미래의 스마트 환경 기술

스마트 환경은 전체적으로 다음과 같이 요약될 수 있다. 스마트 환경 기술은 정보통신기술(ICT)과 빅데이터 분석을 활용하여 도시 환경을 효과적으로 관리하고, 자연 자원을 보호하며, 지속 가능한 개발을 추진하는 개념이다. 스마트 환경 솔루션은 공기와 물의 질을 개선하고, 폐기물을 효율적으로 처리하며, 도시의 녹색 공간을 확대하는 데 중점을 둔다.

스마트도시는 스마트 센서와 사물인터넷(IoT) 기술을 활용해 도시 전역의 대기 질을 실시간으로 모니터링하고, 이를 기반으로 오염 지역을 조기에 식별하고 원인을 분석하여 기상 예보에 따라 황사나 미세먼지를 사전 대응하거나, 시민에게 경보를 발송하거나 공공시설에 정화 필터를 작동시키는 등 공공 정책과 시민 행동을 유기적으로 연결하는 체계를 구축함으로써 향후 대기 질 개선 기술과 연계한 대응 역량을 점점 더 고도화할 것이다.

지능형 물 관리는 IoT 센서 기반의 실시간 감시 기술을 통해 도시 내 수자원의 흐름, 사용량, 누수 발생 여부 등을 지속적으로 분석하고 제어함으로써 물 낭비를 줄이고, 동시에 물 재사용과 재활용을 통해 지속 가능한 물 관리 전략을 체계적으로 구현해 나갈 것이다. 이는 물 부족 문제 해결과 도시 환경 보전에 모두 기여할 것이다.

스마트도시는 폐기물 관리에 있어서도 센서와 연결된 기술을 활용해 쓰레기 수거 빈도를 최적화하고, 동시에 CCTV나 위치 기반 데이터를 활용하여 불법 투기 행위를 단속하고 쓰레기 과다 발생 지역에 대해 선제적이고 집중적인 대응이 가능하게 함으로써 도시의 청결성과 행정 효율성을 동시에 높일 것이다.

또 스마트도시는 빅데이터와 고급 분석 도구를 도시 설계와 정책 결정에 적극적으로 활용할 것이다. 도시 설계자는 에너지 절약, 교통 체증 완화, 녹지 공간 확대, 생태 네트워크 형성 등 다각적인 측면에서 환경 친화적이고 효율적인 도시 운영 전략을 수립할 수 있다. 예컨대 데이터 분석을 통해 인구 밀도, 소음, 온도 등을 고려한 최적의 녹지 배치가 가능해지는 등 과학적 도시 계획이 현실화될 것이다.

이처럼 스마트 환경 기술은 도시의 탄소 발자국을 줄이고, 자연 자원을 효과적으로 관리하며, 시민들에게 건강하고 지속 가능한 생활 환경을 제공할 것이다. 스마트도시 개발의 핵심 목표 중 하나인 환경 보호와 지속 가능성을 실현하기 위해 앞으로 많은 도시들이 이러한 기술을 채택할 것이다.

2.4 스마트 안전
- 범죄 예방, 재난 대비, 공공 안전 시스템 등

스마트 안전 시스템은 정보통신기술(ICT)을 활용하여 도시의 공공 안전을 강화하고, 범죄를 예방하며, 재난에 신속하고 효과적으로 대응하는 것을 목표로 하는 도시의 통합 보안 시스템이다. 스마트시티에서의 안전 시스템 구축은 다음과 같은 핵심 요소를 포함한다.

스마트도시는 고해상도 CCTV 카메라와 실시간 비디오 분석 기술을 공공장소에 적용하여 사람들의 움직임과 행위를 지속적으로 감시하고, 인공지능 기반의 이상행동 탐지 시스템을 통해 폭력, 절도, 추락 등 위험 상황을 사전에 식별하거나 발생 직후 경찰 및 안전 요원에게 자동으로 통보함으로써 범죄 예방과 신속한 대응을 동시에 실현하고 있다.

범죄 데이터 분석은 과거 범죄 사건과 지역 특성 데이터를 기반으로 빅데이터 알고리즘을 활용하여 범죄 발생 확률이 높은 지역과 시간대를 예측하고, 그 결과에 따라 경찰 인력을 전략적으로 배치하거나 순찰을 강화함으로써 범죄 억제력을 극대화하고 도시의 치안 수준을 체계적으로 향상시킬 수 있도록 한다.

스마트도시의 재난 경보 시스템은 지진, 홍수, 태풍 등 자연 재해의 가능성을 조기에 탐지하고, 모바일 앱, 문자 메시지, 공공 전광판, 방송 등을 통해 시민들에게 신속하게 대피 안내와 행동 지침을 전달함으로써 재난 발생시 혼란을 줄이고 생명과 재산 피해를 최소화할 수 있도록 설계되어 있다. 도시 전역에 설치된 스마트 센서 네트워크는 하천이나 강의 수위 상승, 땅의 진동, 화재 연기, 열감지 등의 데이터를 실시간으로 감지하여 이상 징후를 즉시 중앙 관제 시스템으로 전송하고, 이를 통해 화재, 지진, 침수 등 다양한 재난에 대한 조기 경고와 함께 즉각적인 상황 분석 및 대응 명령이 가능하게 된다.

긴급 대응 시스템은 응급 상황 발생 시 위치 기반 서비스와 연동된 119 관제센터가 구조대의 최단 경로를 자동으로 제시하고, 드론과 실시간 영상 전송 시스템을 활용하여 현장 상황을 신속히 파악하며, 병원 수용 가능 여부 정보를 실시간으로 공유하여 가장 적절한 의료기관으로 환자를 신속히 이송하는 등 도시 전체의 대응 역량을 통합적으로 작동시킨다.

공공 안전 시스템 중 스마트 조명은 야간에 사람의 움직임을 감지하여 자동으로 밝기를 조절하거나 위험 지역을 밝게 유지함으로써 범죄를 억제하고 동시에 불필요한 에너지 소비를 줄이는 이중의 효과를 거둘 수 있으며, 이는 도시 공간의 안전성과 지속 가능성을 동시에 고려한 설비이다.

시민 참여 플랫폼은 주민들이 범죄나 재난 관련 정보를 디지털 공간에서 실시간으로 신고하고 공유할 수 있도록 하여, 감시와 대응을 정부기관뿐만 아니라 커뮤니티 전체가 함께 수행하는 구조로 전환하고, 특정 범죄자 정보의 제한적 공개나 지역 감시 체계의 참여 유도를 통해 시민의 경각심과 자율적 안전 의식을 고양시킨다.

정리하자면 스마트도시의 안전 시스템은 도시의 공공 안전을 보장하고, 범죄 및 재난에 대한 대응 능력을 향상시키는 데 효과적인 시스템으로 개발될 것이다. 첨단 기술의 활용은 경찰 및 구조대의 작업 효율성을 높이면서, 위험 상황에서 시민의 생명과 재산을 보호하는 데 중요한 역할을 할 것이다. 이러한 스마트시티의 안전 시스템은 지속적인 기술 혁신과 시민 참여를 통해 더욱 발전할 수 있다.

Fig 34. 홍은동 안전 마을 만들기 사업의 일환으로 마련된 버스 정류장과 쉼터. 즉각적 신고가 가능한 알람 시스템과 개방된 공간에 조명을 더하여 안전성을 높였다.

● 범죄예방을 위한 도시 디자인, 셉테드(CPTED)

최근 스마트 보안 시스템에서 떠오르는 개념으로 셉테드(CPTED;Crime Prevention Through Environment Design) 라는 말이 있다. 범죄예방 환경 설계를 뜻하는 말인데, 도시나 동네의 구획 배치에서부터 범죄 예방을 목표로 하는 개념이다. 곧 스마트시티 이전에 도시 설계에서 환경 디자인을 활용해 안전한 거주지를 구축하는 개념이다. CPTED 라고 하는 범죄예방 환경 설계는 범죄가 발생할 만한 환경이 처음부터 존재하지 않도록 도시 공간을 디자인하는 걸 목표로 해왔으며, 이러한 도시 디자인은 실제로 매우 큰 효과를 발휘하는 것으로 드러났다. 공공의 눈이 있는 곳에서는 실제 범죄가 일어나기 어려우며, 닫힌 공간을 개방 공간으로 바꾸는 것만으로도 범죄자는 심리적인 장애를 느끼기 때문이다. 이는 스마트 기술 적용 전의 기존 도시와 마을에도 적용될 수 있는 것으로, 이미 우리나라의 여러 지자체가 시행해왔다.

기본적으로 안전하게 도시를 디자인하는 CPTED를 넘어서서, 스마트 감시 시스템을 활용하여 도시를 더욱 안전하게 만들 수 있다. 스마트 기술을 활용하면 도시의 어느 지역, 어느 시간대에 범죄가 일어났는지 데이터를 지속적으로 축적할 수 있으며, 이러한 빅데이터 기술을 바탕으로 주요 범죄가 일어나는 지역을 예측하여 집중적으로 순찰을 돌거나 감시를 시행할 수 있다. 현재 우리나라에서는 이러한 빅데이터 기술이 도시 지역에서 광범위하게 사용되고 있으며, 여기에 발달된 실시간 관측 장비들을 활용해 범죄를 예방하고 있다.

Fig 35. 한국 경찰에 도입된 범죄위험도 예측 시스템 프리카스. 빅데이터를 활용해 실시간으로 범죄 가능성이 높은 곳을 중심으로 순찰을 돌 수 있게 순찰차를 지원해준다.

각종 공공건물에 설치된 CCTV와 각 차량에 설치된 블랙박스 덕분에 이젠 범죄를 예방하고, 감시, 관리하는 일이 매우 수월해졌으며, 실제 범죄가 일어났더라도 범죄자를 추적, 체포하는 일이 상당히 용이해졌다. 지금 이 시간에도 수많은 카메라가 우리의 길거리를 녹화하고 있으며, 눈에 보이는 CCTV외에도 각 차량의 블랙박스들이 거의 모든 거리의 모든 시간대 사건들을 촬영하고 있다. 대량의 자료가 있기 때문에 사건 사고가 발생하면 그에 해당하는 자료도 확보하기 쉬워졌다. 이 대량의 데이터에서 특정 사건을 쉽게 검색, 분류해내는 일도 AI의 발달로 훨씬 수월해졌기에, 경찰의 수사력은 예전보다 훨씬 진일보해있다. 범죄 현장이 녹화된 영상을 자동으로 찾아주는 프로그램도 나와 있기 때문이다.

2. 스마트도시의 주요 분야

2.5 스마트 건축
- 친환경 건축, 지능형 건물 시스템, 디지털 트윈 건축 등

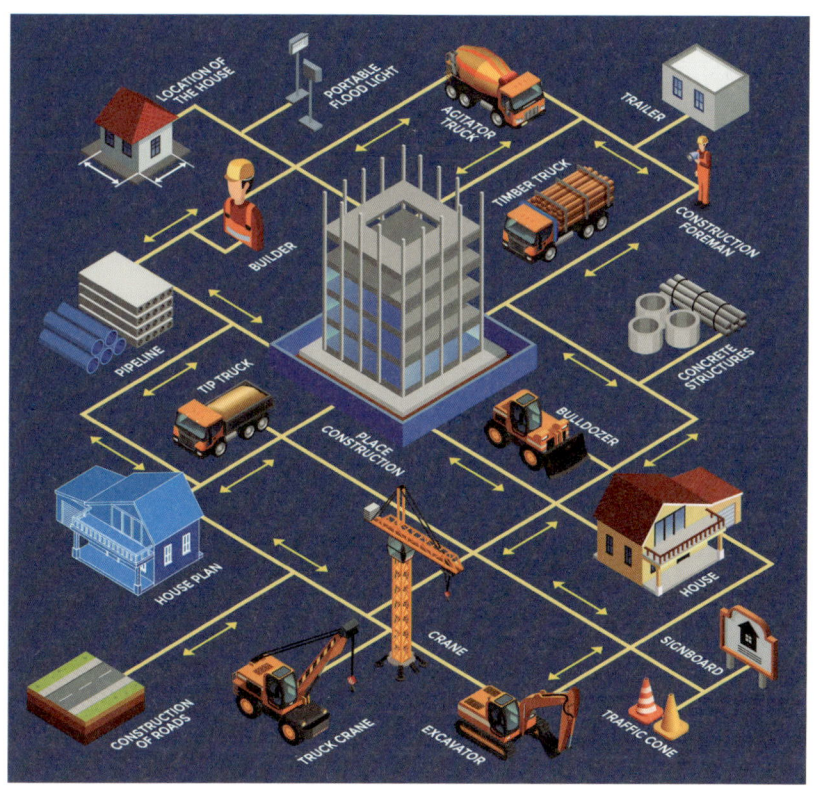

Fig 36. 스마트 건축 기술에는 건축물 설계 뿐만 아니라 부지 선정부터 원자재 조달, 인력 및 중장비 관리까지 포괄적으로 들어간다.

 스마트 건축은 정보통신기술(ICT)을 활용하여 건물 디자인을 최적화하고 사용자의 편의를 증진하면서, 건물의 에너지 효율을 극대화하고 탄소 발자국을 최소화하는 혁신적인 건축 방식을 말한다. 스마트 건축의 미래 목표는 지속 가능한 개발과 도시의 생활 향상이다. 이를 위한 주요 전략에는 친환경 건축, 지능형 건물 시스템, 에너지 효율 건축 등이 포함된다.

● 친환경 건축

　친환경 건축은 재생 가능한 자원과 자재를 사용하면서 자연과의 조화를 추구하는 건축 방식이다. 건물을 짓기 시작해서 오랜 기간 거주한 이후 철거할 때까지도 환경 피해를 최소화하는 건축 방식을 친환경 건축으로 정의 할 수 있다. 다양한 방식으로 친환경을 달성할 수 있는데, 자연 채광과 환기를 최대한 활용하여 에너지 소비를 줄이고, 건물 옥상이나 외벽, 창문 등에 식물을 심어서 도시의 열섬 효과를 감소시키는 방법이 활용될 수 있다. 여기에다 태양광 패널이나 지열 에너지 시스템 같은 재생 가능 에너지원을 활용해서 건물의 에너지 자급자족 능력을 강화하는 방식이 들어갈 수 있다.

　또한 빗물 수집 및 재활용 시스템을 구축해 효율적으로 수자원을 관리할 수 있다. 최근에는 나무로 빌딩을 짓는 구조용 집성판(CLT) 제조 기술이 발전하여 목조 건축도 주목받고 있다. 나무를 고밀도로 압축하여 콘크리트보다 강한 강도로, 불에 잘 견디는 목조 건물을 짓는 것이 가능해졌는데, 시멘트로 짓는 것보다 탄소 배출을 훨씬 더 줄일 수 있기 때문에 친환경 건축에 앞으로 많이 활용될 예정이다.

● 지능형 건물 시스템

　지능형 건물 시스템은 건물 내외부에 설치된 IoT 기반의 센서와 제어 장치를 통해 실내 온도, 조명, 공기 질, 습도 등을 자동으로 감지하고 AI 알고리즘을 활용해 실시간으로 환경 조건을 조정함으로써 건물 이용자의 쾌적함과 편의성을 높이는 동시에 불필요한 에너지 소비를 줄여 운영 효율성과 지속 가능성을 동시에 달성할 수 있는 스마트 기술이다.

● 디지털 트윈 건축

　디지털 트윈 건축은 4차 산업혁명 시대의 핵심 기술인 BIM(Building Information Modeling)을 기반으로, 건축물의 전 생애 주기에 걸쳐 3차원 모델을 디지털 공간에 구현하고 그 안에 구조, 설비, 자재, 공정 등 모든 정보를 통합하여 시뮬레이션과 사전 검증을 수행함으로써 설계의 정밀도와 시공의 효율성을 극대화하고, 유지·보수 단계에서도 실시간 관리와 예측 가능한 운영을 가능하게 하는 차세대 건축 패러다임이다.

Fig 37. 세종시의 패시브 하우스. 태양광을 활용할 뿐만 아니라 단열 설계를 강화해 열손실 자체를 미연에 최대한 방지한다.

스마트 에너지에서도 보았듯이 도시의 가장 큰 문제점은 에너지 소모가 과다하여 온실 가스 방출이 지나치다는 점이다. 이 때문에 미래의 건축은 에너지 자급에 다가갈 수 있는 친환경 건축이 필수로 요구된다. 패시브 하우스는 고효율, 고단열 기술을 활용해 에너지 낭비를 막고, 재생에너지를 활용하여 에너지 자급 비중을 늘려나가는 것을 목표로 한다. 여기에는 태양 전지나 지열 에너지를 활용한 건축 기법이 필요한데, 아직은 경제성이 충분하지 않다는 평가가 있다. 하지만 장기적인 환경 개선을 위해서는 이 부분을 지속적으로 개선시켜 나가야만 한다. 태양광으로 생성한 전기를 저장, 재활용하는 에너지 저장 기술의 발달이 계속 진행되어야 한다.

Fig 38. 스마트 건축의 핵심, 디지털 건축 설계. 단순히 디자인만 할 뿐 아니라 실제 건물 하중을 고려한 안전 설계도 할 수 있다.

 디지털 트윈을 활용한 스마트 건축은 사실 IT 기술과 건축술의 발전과 함께 건설 분야에 벌써 광범위하게 적용되고 있다. 건축가들은 3D 프로그램을 활용하여 건축 디자인을 할 수 있고, 과거보다 훨씬 복잡한 건축물도 프로그램의 힘으로 안전하게 설계, 시뮬레이션 해 본 다음에 실제 구현해볼 수 있다. 대형 건설사에서는 이러한 시스템을 모두 자체적으로 구축하는 상황인데, 이를 보통 BIM(Building Information Modeling)이라 부른다.

 현대 건설에서는 이제 대형 토목 공사나, 대형 건물 시공에 항상 BIM(디지털 빌딩 설계) 기술을 적용하여 디지털 세계에서 사실상 먼저 설계, 시공을 해 본 다음에 현실에서도 시공을 해나간다. 디지털 세계에 이미 설계를 끝내 두었기 때문에 전체적인 공정 과정을 통합적으로, 또 입체적으로 관리해나갈 수 있으며, 현장에서 시공할 때 수집된 데이터를 통해 디지털 세계와 동기화 해 나가면서 완벽한 건축물을 건설해 나갈 수 있다. 이를 통해 기존에는 불가능하다고 생각했던 고난이도의 건축물도 효과적으로 빠르게 시공해나갈 수 있으며, 건축 비용도 상당히 줄이면서 환경 평가, 영향 평가도 용이하게 해나갈 수 있다. 이렇게 디지털 트윈을 통해 건설, 시공이 이뤄지면 유지 보수 측

2. 스마트도시의 주요 분야

면에서도 유리하다. 어느 부분에 하자가 있는지 추측하기가 용이하므로 추후 관리도 쉽게 해 나갈 수 있다.

Fig 39. 건설 현장의 드론 활용은 다각도에서 실시간으로 건설 현장을 볼 수 있게 돕는다.

이러한 스마트 건축 기술을 쓰면 실제 건설 현장을 디지털 트윈으로 가상 세계에 옮겨서 작업하기 때문에 설계자가 실제 현장에 가보지 않더라도 원격으로 현장을 보면서 디지털 세계와 비교해나가며 시공을 관리, 감독하며 진행해나갈 수 있다. 현대 건설사의 경우 이를 활용하면서 전세계의 시공 현장을 한국에서 관리할 수 있게 되었는데, 이러한 기술 진보는 나중에 로봇을 활용한 원격 건설로도 발전할 수 있을 것이다. 이렇게 디지털 기술이 발달하면 추후에는 디지털 세계의 건축물이 실제 현실로 나와서 똑같이 시공되는 일이 빈번하게 될 것이다.

결국 스마트 건설 기술은 디지털 세계와 현실의 경계를 모호하게 만들 것이며, 나중에는 메타버스의 각 건축물을 실제 건물로 복사하듯이 만들어버릴 것이다. 먼 미래에는 달이나 화성과 같은 곳에 이러한 건설 기술이 활용되어 우주 기지 건설 역시 원격으로 가능하게 될 것이다.

2. 스마트도시의 주요 분야

2.6 스마트 거버넌스
- 시민 참여, 데이터 기반 정책 수립, 투명한 행정 등

스마트 거버넌스는 정보통신기술을 활용하여 정부 운영의 효율성을 높이고, 정책 결정 과정에 시민의 참여를 증진하며, 행정의 투명성을 강화하는 일련의 방식을 의미한다. 스마트 거버넌스의 핵심은 기술을 통해 시민과 정부 간의 소통을 원활하게 하고, 데이터를 기반으로 한 의사결정 과정을 구현하는 데 있다. 이는 민주주의의 더 진보된 단계로도 볼 수 있다. 모든 이가 온라인을 통해 정책 결정 과정에 참여할 수 있기 때문이다. 현실의 한계로 구현하지 못한 직접 민주주의가 이제 온라인 상에서 구현되기 시작한 것이다.

Fig 40. 모바일 손택스. 스마드폰으로 세금 관련 업무 대부분을 처리할 수 있다.

기술의 비약적인 발전은 장차 모든 시민이 온라인 플랫폼을 통해 실시간으로 정치 법안의 논의와 결정에 참여하는 직접 민주주의의 실현 가능성을 열어주고 있다. 향후에도 대의 민주주의 체계가 유지된다면 그것은 기술적 제약이 아닌 사회적, 정치문화적 요인에 따른 선택일 가능성이 높다.

스마트 거버넌스는 디지털 플랫폼과 소셜 미디어를 활용하여 시민이 정책 결정 과정에 적극적으로 참여할 수 있도록 유도한다. 현재 우리나라에서도 온라인 설문조사, 공론장, SNS 캠페인 등을 통해 시민 의견이 실시간으로 수렴되고 정치인들이 이에 반응하는 공공 소통 구조가 형성되고 있다. 하지만 여론이 비이성적으로 쏠리는 현상, 또 그런 분위기에 편승한 정치적 결정은 경계해야 할 과제로 남아 있다.

스마트시티의 행정 시스템은 빅데이터 분석과 인공지능 기술을 정책 결정 과정에 적극 도입하여 방대한 정보를 신속하고 정확하게 분석하고, 정량적 통계 기반 위에서 합리적인 정책 대안을 도출하여 과학적 근거에 입각한 행정 운영이 가능토록 할 것이다.

또 스마트 거버넌스는 정부의 재정 지출, 정책 실행 과정, 공공 서비스 성과 등 주요 정보를 시민에게 개방하여 행정의 투명성을 높이고, 시민이 언제든지 정부의 의사결정 과정을 감시하고 의견을 제시할 수 있도록 함으로써 신뢰 기반의 거버넌스를 실현하고 부패를 사전에 방지하는 제도적 환경을 조성할 것이다.

● 스마트 거버넌스의 실제 적용 사례

에스토니아

에스토니아는 전자정부 서비스의 선두주자로, 온라인 투표 시스템, 디지털 ID, 전자 건강 기록 등 다양한 디지털 서비스를 제공한다. 이러한 시스템은 시민의 행정 절차 참여를 용이하게 하고, 정부 운영의 효율성과 투명성을 높이는 데 기여하고 있다.

서울

서울시는 '스마트 서울 네트워크'를 통해 시민들의 의견을 수렴하고 다양한 도시 문제를 해결하기 위한 프로젝트를 진행한다. 시민들은 모바일 앱을 통해 정책 제안을 하거나 투표에 참여할 수 있으며, 이는 정책 결정 과정에 시민 참여를 증진시키고 있다.

스마트 거버넌스는 ICT 기술을 활용해서 정부의 개방성, 효율성, 그리고 책임성을 크게 높일 수 있다. 이런 개선으로 정부는 시민의 요구와 기대에 더 잘 부응할 수 있으며, 지속 가능한 발전과 사회적 포용을 촉진할 것이다.

● 전자정부 선진국, 대한민국

우리나라가 스마트시티에서 가장 앞서 나가는 나라가 될 수 있었던 것은 정부의 빠른 디지털 시스템 전환 덕택이다. 특히 우리나라는 세계에서 유례없이 앞서나간 포털 검색 서비스로 네이버와 카카오가 존재하는 덕택에 범국민적인 IT 서비스 인프라를 일찍부터 갖출 수 있었다. 네이버나 카카오 인증을 통해서 모든 국민들은 인터넷 상의 전자정부 서비스에 접속하여 온라인에서 즉석으로 필요한 공공서류를 뽑아낼 수 있다. 이러한 전자정부 시스템은 세계에서도 앞서나가는 것으로 앞으로 IT 주권을 확대해나가는 데 크나큰 이점으로 작용할 것이다. 현재 우리나라 정부는 이런 전자 정부 시스템을 다른 국가로 수출할 계획도 갖고 있다. 이런 민관 협력의 예는 전세계에 좋은 표본이다.

과거에는 도시계획을 짤 때 정부에서 주도적으로, 또 일방적으로 시행하는 것이 원칙이었으나 현재는 디지털 플랫폼을 이용하여 시민들의 참여를 유도하는 경우가 크게 늘었다. 디지털 플랫폼을 통해서 전시민들이 투표할 수 있는 시스템이 가능하게 되었기 때문이다. 또 웹 플랫폼과 SNS의 발달로 시민들이 자발적으로 정보를 업로드하여 끊임없이 도시의 정보를 업데이드하게 되었다. 이로써 전체 시민들의 참여를 통해 도시 전체의 빅데이터를 실시간으로 구축하는 시대가 도래하였다. 공공기관에서는 이를 활용하여 도시 계획을 짜고 또 그 데이터를 다시 사용자들에게 제공하고 있다. 문자 그대로 모든 시민이 참여하는 도시 정책 구현이 가능케 되었고, 사실상 실행되고 있다.

근래에 등장한 AI는 이러한 도시 정책의 변화를 실시간으로 관리하면서 유기적으로 살아 움직이는 스마트 거버넌스를 실행할 수 있을 것이다. 시스템이 조금만 더 진화한다면, 선출된 공직자가 정책을 제안하는 게 아니라 고도의 AI가 정책을 제안하고 투표를 제안할 수도 있지 않을까? AI가 실질적으로 정부의 역할을 하고 모두를 참여하게 하는 것이다. 공상과학 속 이야기 같지만, AI가 의제를 제안하고 투표를 독려하는 시스템도 현실화될 수 있다.

2. 스마트도시의 주요 분야

Fig 41. 서울시 성동구의 주민 제안 웹페이지. 특정 수 이상의 관심도가 쌓이면 실제 구청 행정에 반영된다.

2.7 스마트 경제
- 혁신 기업 육성, 생산 자동화, 일자리 창출 등

　스마트 경제는 정보통신기술(ICT)을 사용해 혁신적인 비즈니스 모델을 창출하여 경제적 성장을 촉진하고, 일자리를 창출하며, 기업 환경을 개선하는 전략 등을 말한다. 스마트시티는 이러한 스마트 경제 발전의 중심지로서, 기술 혁신과 경제 활성화를 동시에 추구한다. 스마트 경제는 다음과 같은 주요 요소를 통해 설명할 수 있다.

Fig 42. 스마트 경제의 핵심은 디지털 거래가 될 것이다. 새로이 개발되는 블록체인, 전자지갑, 가상화폐 기술이 새로운 금융 분야로 떠오를 수 있다.

1) 혁신 기업 육성

스마트시티는 스타트업과 기술 기업을 통해 혁신적인 아이디어를 빠르게 구현하고 현실화한다. 미국 캘리포니아의 실리콘 밸리에서는 사회 혁신 아이디어를 빠르게 웹이나 앱을 통해서 구현하여 지속적으로 IT 인프라를 업그레이드하며 세계를 선도하는 기업들을 키워냈다. 다양한 인재가 경쟁적으로 IT 기술 혁신을 시도하는 가운데 유망 스타트업들이 폭발적으로 성장하며 사회 혁신을 이뤄낼 수 있는 것이다. 이 때 정부는 사회적 경제나 창조적 경제를 장려하면서 기술적 진보에 도움을 줄 수 있다. 중국같은 경우 전대륙에서 수많은 인재가 무한 경쟁을 통해 세계적인 압축적 기술 성장을 이뤄낼 수 있었는데, 이 덕분에 세계에서 앞서나가는 스마트 경제 시스템을 구축하고 있다.

2) 생산 자동화

스마트 팩토리, 스마트 농업 등 스마트 기술의 발전으로 제조업과 농업의 일대 혁신이 가능하다. 현재에도 제조업의 각 부분에서 자동화 공정이 운용되고 있지만 발달된 IT 인프라가 제조 공정에 적용되면 완벽한 무인화, 자동화가 가능해진다. 사람이 필요한 모든 분야를 로봇으로 대체할 수 있다. 로봇 자동화에 기계 학습, 빅데이터, 디지털 트윈의 기술이 광범위하게 제조업과 농업에 적용되면 1%의 인구가 99%의 인구를 위한 생산물을 생산할 수 있다.

3) 일자리 창출

스마트 경제의 IT 혁신은 새로운 기업 분야를 창출하고 그에 수반된 새 일자리들을 창출할 수 있다. 예를 들어 스마트 그리드, 스마트 에너지, 스마트 교육, 스마트 문화 등의 분야에서 전문 기술 인력의 수요가 증가할 수 있다. 이는 고용 증가와 함께 지역 경제의 활성화에 기여할 것이다.

물론 AI의 자동화 기능 덕분에 기존의 일사리 상당수는 사라질 것이다. 하지만 우리 사회는 인간만이 할 수 있는 일, 또 인간만이 해야 하는 일을 계속 찾아갈 것이고, 점진적으로 창조적인 일자리를 계속 늘려나가게 될 것이다.

인간이 창의적이고 문화적인 존재인 이상 콘텐츠 분야나 데이터 창출 분야에서 분명 새로운 일자리들을 개척해나갈 것이다.

Fig 43. 인천 송도 신도시의 전경. 포스코 타워 너머로 서해가 보인다. 송도의 구조 자체가 서해를 넘어 상하이까지 넘보는 것만 같다.

인천의 송도 신도시는 오래 전부터 동북아의 중심 도시로 구상된 원조 스마트시티였다. 2003년에 송도신도시 전체가 인천경제자유구역(Incheon Free Economic Zone, IFEZ)으로 지정되면서 프로젝트가 구체화하기 시작했고, 송도 유시티라는 이름으로 2003년 정부는 "동북아 비즈니스 중심 국가 육성"이라는 비전하에 대규모의 최첨단 유비쿼터스 환경을 구축하기로 하였다. 이 인천경제자유구역에서는 IT(Information Technology), BT(Bio Technology), NT(Nano Technology) 산업을 발전시키기로 목표하였다. 2003~2009년은 시발점으로 유비쿼터스 환경을 위한 인프라 확충에 노력하였으며, 2010~2016년은 구축기로 관제센터를 설치하고 관련 서비스를 확대하였다.

2. 스마트도시의 주요 분야

하지만 정부 주도의 이러한 계획은 민간 기업의 투자 유치를 상당 부분 이끌어 내기는 했으나 관련 산업체들이 예상만큼 빨리 입주하진 않았다. NT의 경우는 그 산업 자체가 예상보다 발전이 저조했다. 슘페터가 말한 대로 혁신은 정부보다는 기업의 몫이라는 게 입증되었다 하겠다. 정부 주도의 경제 발전은 계획대로 이뤄지지 않았고, 초기 송도 신도시의 많은 프로젝트가 목표에 미달하였다. 건설사 역시 비용의 문제로 설계를 변경하거나 포기한 경우도 많았고, 국제 기업의 입주도 초기에는 미진하였다. 이 때문에 초기 송도 신도시는 한 때 실패한 프로젝트로 평가받기도 했다.

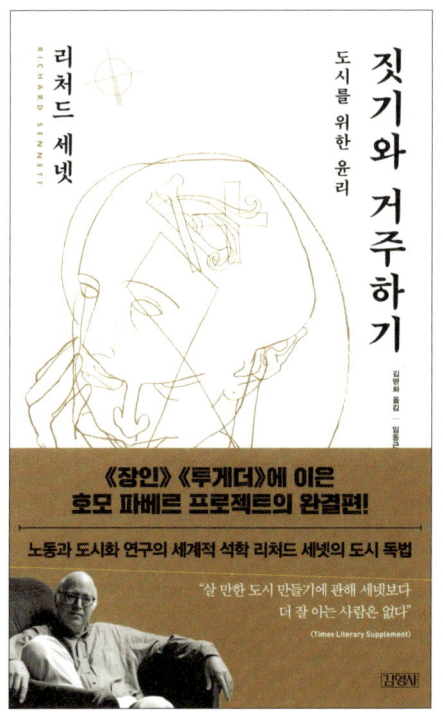

Fig 44. 리처드 세넷은 [짓기와 거주하기]에서 인간적인 도시를 강조한다.

너무 새로운 것에 집착했던 신도시 계획 자체가 도시 실패의 원인이었다고 보는 지적도 있다. [짓기와 거주하기]의 저자 리처드 세넷은 한국 정부가 "스마트 기술을 활용해 도시를 안전하고 깨끗하고 무엇보다 더 효율적으로 만들고자 했지만 이런 도시에서의 삶은 단조롭고 무기력해져 결국 사람들로부터 외면당했다"고 지적한다. 도시 재생의 개념이 강한 유럽과 달리 처음부터 모든 걸 완벽하게 새로 계획했던 송도 신도시는 오히려 사람들로부터 매력적인 도시가 되지 못했다는 것이다.

물론 이러한 평가는 과도했던 초창기의 기대에서 비롯된 것일 수도 있다. 과다한 민간 투자가 들어갔지만 예상만큼 도시가 빨리 활성화되지 않아 부동산 거품이 빠지면서 초기 투자금을 건지지 못하는 경우도 있었고, 상권이 붕괴하는 곳도 있었다. 스마트도시의 기능 자체는 원활하게 운영되었으나 건물이 올라간다고 해서 사람이 예상만큼 빠르게 유입되지는 않았다. 사람보다 도시를 더 먼저 건설했기 때문에 발생한 이론적 예측과 현실의 간극이라 볼 수 있다.

Fig 45. 송도 바이오클러스터 전경

하지만 예상보다 시기가 늦어져도 송도시는 나름대로의 성과를 올리고 있다. 송도는 본래 계획대로 국제적인 바이오 허브를 구축하고 있으며, 2025

2. 스마트도시의 주요 분야

년 현재 기준 삼성바이오로직스, 셀트리온 등의 앵커기업을 비롯해 100여개 산·학·연 기관이 입주하고 있다. 이렇게 형성된 송도 바이오 단지는 단일 도시 기준 세계 최대 규모 바이오의약품(바이오리액터 116만ℓ) 생산기지가 된다. 이는 최근 5년 간 국내 의약품 수출의 66.7%를 차지하는 양이다. 인천시는 이와 같은 송도 바이오 클러스터 기업들의 연관성을 높여 바이오산업의 밸류체인 모델을 완성하는 것을 목표로 잡고 있다.

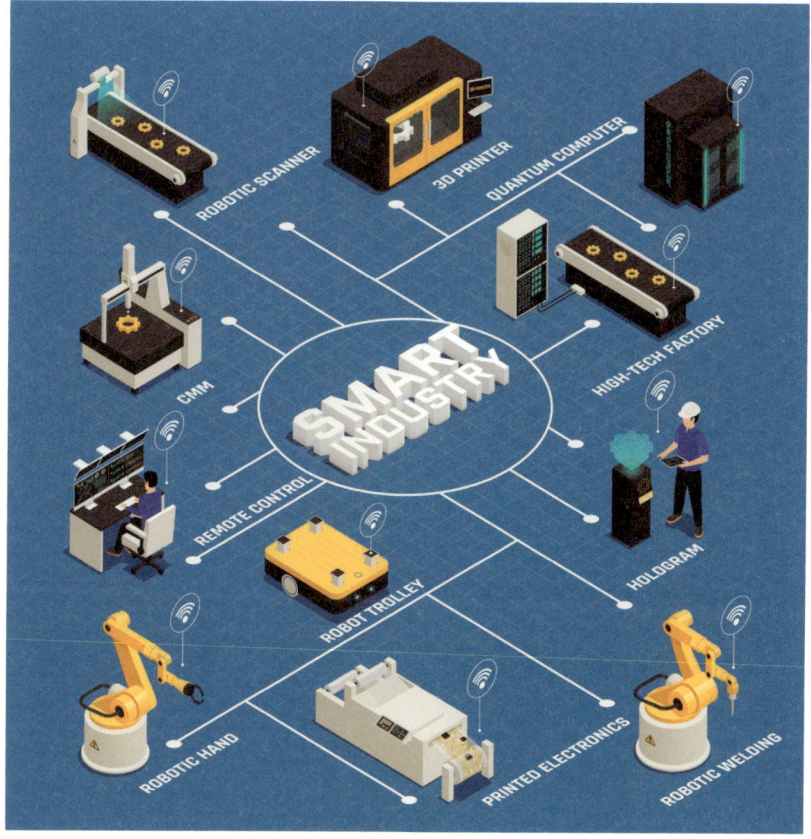

Fig 46. 스마트 제조업은 사실 공장의 완전 자동화를 이끌어낸 수 있는 산업 혁명의 최전선 기술 분야이다. 제조업이 스마트해질수록 인간 노동의 영역은 줄어들게 될 것이다.

● 스마트 팩토리 - 생산 수단의 완전한 자동화

 포스코는 우리나라 철강 산업의 전통적 강자이다. 하지만 기존의 구조에 머무르지 않고 계속해서 혁신을 추구하며 높은 수익을 유지하고 있다. 2016년 포스코는 공정 과정에서 발생하는 수많은 데이터를 디지털화하며 빅데이터 구축을 시작하였고, 철강 업체 세계 최초로 스마트 팩토리 기술을 적용하여 많은 부분에서 무인화, 자동화를 이룩했다. 기존에는 베테랑 숙련공이 철강의 온도 변화를 예측하여 공정을 진행시키던 부분을 스마트 팩토리 기술을 사용하여 AI가 온도를 예측해 공정을 진행시키도록 하였다. 이러한 자동화 덕분에 핵심 작업자들은 컨트롤 타워에서 공장의 많은 부분을 모니터링하면서 안전하게 일할 수 있게 되었고, 불량률도 60% 가량 줄어들었다. 사람의 경험도 중요하나 역시 수학적인 논리 예측이 더 중요함을 알 수 있는 예시라 할 수 있다.

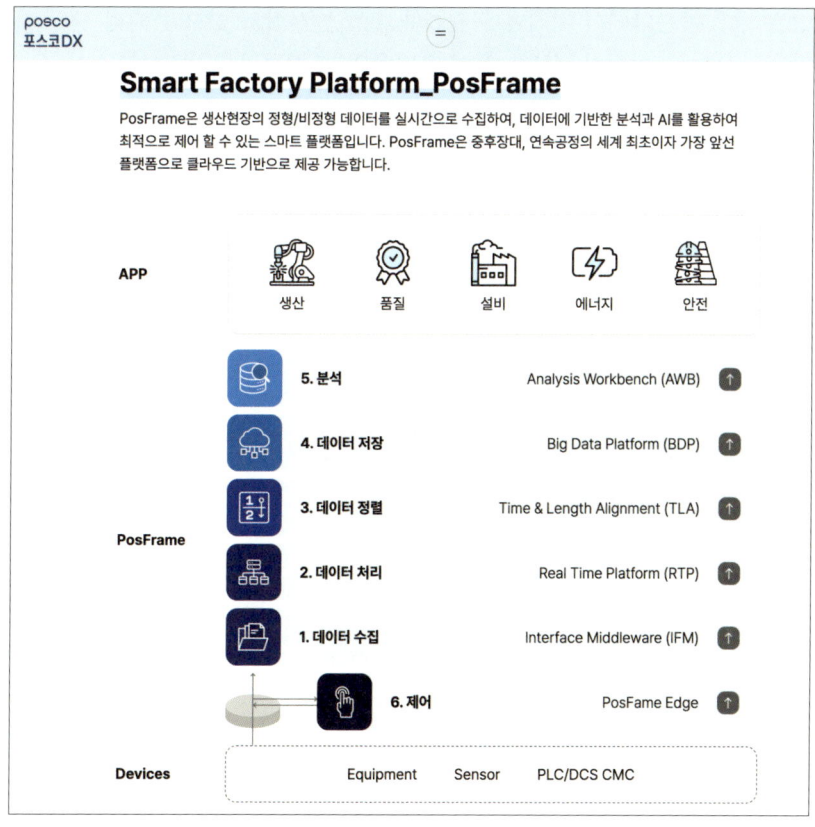

Fig 47. 포스코가 자체 개발한 스마트 팩토리 플랫폼, 포스프레임

포스코의 중심에는 철강 스마트팩토리 플랫폼인 "포스프레임"이 존재한다. 포스프레임은 세계 최초의 연속 제조 공정용 스마트팩토리 플랫폼으로, 포스프레임을 활용해 연속되는 전체 공장의 철강 공정 데이터를 수집하고 정형화한다. 이후 포스프레임이 인공지능, 사물인터넷, 빅데이터 등 첨단 기술을 활용하여 데이터를 스스로 학습하고 최적의 공정 조건을 산출해 공장을 컨트롤한다.

전세계 기업은 실제로 이런 스마트 팩토리 기술을 적용하면서 생산 공정의 완전한 자동화에 가까이 다가가고 있다. 생산 과잉과 과도한 경쟁으로 인해 많은 제조업 분야에서 위기가 도래한다고 보는 사람도 있지만 되려 상위 기업들은 무인화, 자동화 과정을 통해서 더욱더 그 경쟁력을 강화하고 있다.

스마트 팩토리에 적용되는 기술은 모두 스마트시티의 핵심 기술들이라 볼 수 있다. 일단 공정 과정에서 나오는 데이터들을 실시간으로 모아서 현재 생산 공정이 어떻게 진행되는지 실시간으로 관측해야 하고, 그 데이터에 따라 또 공정을 자동적으로 컨트롤하는 시스템을 갖춰야 한다. 시스템 구축에 드는 비용이 적지 않지만 일단 갖춰지면 사람보다 훨씬 더 정확하고 빠르게 공정이 진행된다. 이러한 과정에서 발생되는 데이터가 모니터링될 수 있도록 디지털 트윈이 만들어져 사용되기도 한다. 사람은 이 디지털 트윈을 보면서 안전하게 공장을 컨트롤할 수 있다. 이러한 IoT와 AI, 디지털 트윈 활용은 모두 스마트시티에 적용되는 핵심 요소이다.

스마트 팩토리가 더욱 발달하면 이후 생산되는 상품의 수요와 공급 예측 모델까지 연동하여 생산 수량의 예측과 조절도 최적화하게 된다. 생산품의 디자인과 공정 변화에도 AI를 통해 실시간으로 대응할 수 있을 것이다. 이러면 사실 공산주의자들이 꿈꾸었던 노동자들의 유토피아가 올 수도 있겠다. 다만 그 생산 수단을 소유하는 주체가 혁명가가 아닌 기업가, 또는 AI라는 점이 차이가 될 것이다. 이러한 자동화가 계속 진행되면 노동자들도 집안에 앉아 모니터를 보며 그냥 일하는 시대가 도래할 것이다.

● 스마트 농사 - 그린랩스의 팜모닝

현대 산업 국가에서 인구의 상당수는 도시에 거주하고 있기 때문에 혁신은 주로 도시에서 이뤄진다. 스마트도시라는 개념부터가 도시를 먼저 스마트하게 만드는 것 아닌가? 하지만 스마트 팩토리에서도 보았듯이 IT 기술과 빅데이터 활용, 그를 통한 효율성 향상은 도시인과 소비자에게만 필요한 부분이 아니다. 오히려 생산 과정에 더 필요한 부분이다.

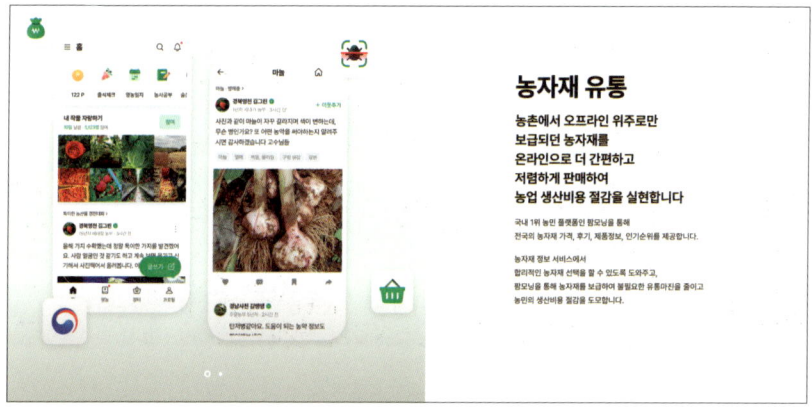

Fig 48. 그린랩스가 개발한 팜모닝에서 농민들은 농사 기법을 서로 공유한다.

그러한 면에서 그린랩스라는 한국의 농업 스타트업은 주목할 만하다. 그린랩스는 팜모닝이라는 앱을 통해서 농업인들이 동종업계의 데이터를 서로 공유하고 노하우를 서로 전해주면서 자발적인 커뮤니티를 형성하도록 돕는다. 또한 기존 농장을 스마트팜으로 전환하는 과정도 도우면서, 유통 과정 또한 농업인들에게 유리하게 혁신하려 시도하고 있다. 생산 과정의 고도화와 유통과 판매처 확보의 과정을 이제 농민들도 스마트하게 할 수 있도록 돕고 있는 것이다.

팜모닝은 현재 대한민국의 농부 85만명 이상이 사용하고 있는 농민 전용 어플리케이션으로, 농민들끼리 서로 농사 노하우를 공유할 수 있도록 돕는다. 농사 노하우를 공유하면서 판매처, 유통처 확보를 위한 다양한 정보도 공유한다. 이러한 정보 확대와 판로 개척은 농민들이 실질적으로 수익을 높일 수 있는 방법을 제공하고 있다. 원래 농민들이 수익을 높이기 어려웠던 이유는 판로 확보가 어렵고 도매상, 공급처에서 다량의 수익을 가져갔기 때문인데, 이제는 농민들이 온라인을 통해 직접 소매상에 농산물을 판매할 수 있기 때문에 더 높은 수익을 가져갈 수 있게 된 것이다. 물론 근본적으로 농산물이 풍부하여 가격 경쟁이 발생하는 것이지만, 그린랩스는 앱을 통해 각종 정부 정책과 경매가 정보를 제공하여 농민의 수익성을 높이는 데 일조하고 있다.

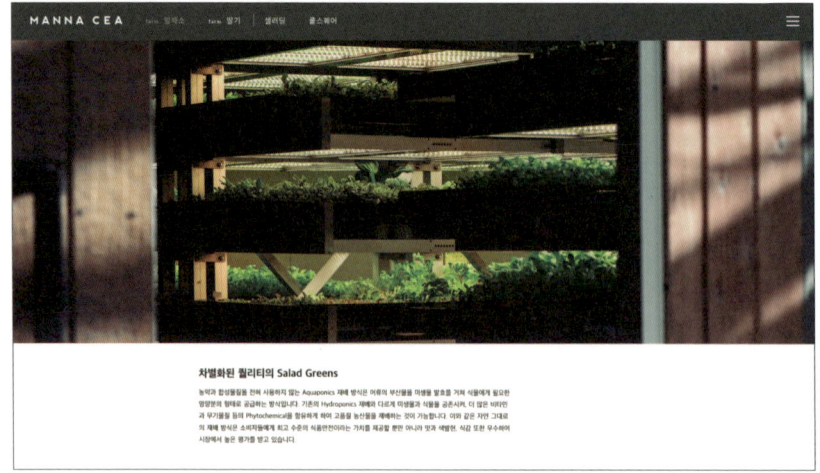

Fig 49. 스타트업 만나CEA에서는 스마트팜에서 키운 녹색채소를 소비자에게 구독형 모델로 공급하여 채소의 신선도를 매우 높게 유지하면서 판로도 안정적으로 확보한다.

이 외에도 실제 농업에 뛰어드는 스마트팜 관련 스타트업들이 조금씩 생겨나고 있다. 만나CEA는 아쿠아포닉스라는 친환경적 수경 재배 농법을 사용하는 스마트팜 스타트업이다. 물고기를 키운 물을 다시 수경 재배에 활용하면서 저절로 자연 비료로 식물을 재배하는 효과를 내고 있는데, 친환경적이면서도 신선한 농산물 공급으로 농업 생산성 향상을 이룩하여 상당한 유명세를 타고 있다. 이 기업은 스마트팜 관련 소프트웨어도 자체적으로 개발했는데, 이를 활용하여 자동화된 농장을 효율적으로 운영하고 있다. 또 소비자에게 앱을 통한 정기 배송을 실시해 판로 개척에도 성공하였다. 생산부터 판매, 배송까지 모두 스마트하게 실시하고 있는 것이다.

이러한 농촌의 스마트화는 다양한 스마트팜의 등장으로 각 지역에서 잘 진행되고 있다. 초기 투자 비용이 많이 들지만 정부의 지원과 청년 농부들의 학습과 실행으로 거점 지역별로 계속해서 들어서고 있다. 한 번 개설된 스마트팜은 이후 빅데이터를 통해 노하우를 축적하여 생산성을 향상시키게 된다. 이러한 스마트팜은 외부와 격리된 환경이기 때문에, 급격한 외부 기후 환경 변화에도 변함없이 농산물을 생산해낼 수 있다.

2. 스마트도시의 주요 분야

이러한 농촌의 스마트팜 전환과 관련된 IT 산업의 발전은 기후 위기의 시대에 사실 스마트시티보다 더 중요할 수도 있다. 기후 위기로 인해 예상치 못한 식량 위기가 올 수 있기 때문이고, 또 기후 위기를 막을 친환경적인 에너지 자급자족도 농촌에서 더 빨리 구현될 수 있기 때문이다. 스마트도시 전략을 웬만큼 발전시켜도 도시는 고에너지, 고자원 소모 때문에 환경에 긍정적인 영향을 끼치기 어렵다. 농촌 자체를 스마트 하게 만들면서 안정적으로 식량 수급을 이루는 동시에 도시에 편중된 부를 농촌에 또한 공정하게 배분하는 시스템이 필요하다.

　이처럼 스마트 빌리지의 발전을 통해 스마트 친환경을 더욱 빠르게 구축해 내는 것은 우리 사회 전체에 이로울 것이다. 에너지 자급을 이루기 좋은 쪽은 확실히 도시보다는 지방과 농촌이고, 생산자이자 소비자인 프로슈머가 등장하기 더 좋은 곳도 농촌이다. 어쩌면 스마트 경제는 지방과 농촌에서 더 진보된 모습으로 먼저 나타날 수 있는 것이다. 인프라의 불균등한 발전을 막기 위해서라도 스마트 빌리지는 우리에게 필요하다.

Fig 50. 스마트팜의 분야는 농작물 재배에 관련된 모든 분야를 망라한다. 이 때 사용되는 드론이나 중장비 같은 기계는 나중에 친환경 에너지원과도 연결될 것이다.

2.8 스마트 문화
- 디지털 콘텐츠 창작, 문화 인프라 활성화 등

스마트 문화는 스마트시티가 보유한 다양한 디지털 기술, 예컨대 가상현실(VR), 증강현실(AR), 3D 프린팅, 인터랙티브 아트 등을 활용하여 시민의 문화 생활을 고양시키는 디지털 인프라라고 할 수 있다. 스마트 문화 인프라는 시민의 창작 활동을 장려하고 공공 공간에 예술적 요소를 접목시켜 참여형 디지털 콘텐츠를 대폭 늘릴 것이다. 온라인 문화 플랫폼, 디지털 전시, 가상 공연 등을 통해 시민들이 물리적 한계를 넘어서 예술과 문화를 향유할 수 있도록 디지털 광장을 제공하는 것이다.

문화 인프라 활성화는 단순히 새로운 콘텐츠를 생산하는 것을 넘어서, 기존의 도시 공간과 건축물을 디지털 기술과 SNS 기반 마케팅을 통해 재조명할 수 있다. 디지털 컨텐츠를 바탕으로 현실의 도시 공간을 재창조하여, 시민의 생활 동선을 변화시키고 문화적 관심을 유도할 수 있을 것이다. 이는 서울 성수동처럼 오래된 공간이 온라인상의 문화와 연결되어 실제로 문화 소비의 장소로 재탄생한 사례로 잘 알 수 있다. SNS를 통한 골목길 상권, 핫플레이스의 재탄생은 디지털 기반의 문화 확장이 어떻게 도시의 문화 역동성을 끌어올릴 수 있는지를 잘 보여준다.

이처럼 스마트시티에서의 스마트 문화는 디지털 콘텐츠의 창작 지원과 도시 내 문화 인프라의 재해석 및 활성화를 통해 시민의 문화적 접근성을 높이고 삶의 질을 향상시킨다. 궁극적으로는 도시의 고유한 문화적 정체성을 강화하고 글로벌 도시 간 경쟁에서 문화 중심 도시로의 차별화된 위상을 구축하는 데 기여할 것이다.

● SNS가 만드는 문화 인프라

서울의 성수동은 겉으로 볼 때 스마트한 공간은 아니다. 하지만 이 공간과 거리가 현재 서울의 어느 지역보다 '힙'하게 바뀐 이유는 SNS를 통한 문화 공간의 전파 덕택이다. 인스타그램이라는 SNS 플랫폼을 통해서 카페나 상점 운영자들이 자신들의 공간을 홍보하면 SNS 상에서 이를 접한 사용자들이 외져 보이는 이 공간으로까지 일부러 흘러들어온다. 겉으로 보기에는 낡고 오래된 동네지만 들어가면 갑자기 분위기가 변하는 공간, 이상한 나라의 앨리스처럼 느껴지는 공간이 SNS를 통해 널리 홍보될 수 있었고, 이를 일부러 느끼고자 젊은 SNS 사용자들이 몰려들게 된 것이다. 이는 웹기술이 문화 접근성을 높이고 문화를 활성화한 예라고 할 수 있다.

Fig 51. 성수동이 서울에서 소위 '힙한' 동네가 된 것은 SNS의 공이 크다. 성수의 맛집을 SNS에서 찾은 MZ세대들이 집중적으로 모여 흥행을 이끌어냈다.

온라인 공간의 소셜 네트워크가 현실의 상권을 재창출하는 현상은 SNS의 시각적 즐거움이 현실로 구현된 것이다. SNS에서 본 그 광경을 찾기 위해 사람들은 스마트폰을 들고 현실을 누빈다. 성수동에서는 이제 팝업 스토어가 몇 개월 단위로 새로 생겼다가 사라지는 일이 반복되고 있으며, SNS를 통해

이 희소한 기간 동안 열리는 가게를 홍보하며 사람들을 집중된 시간 내에 이끌고 있다. 이제 현실의 가게의 흥행은 SNS 홍보에 달려있다 해도 과언이 아니다. 온라인에서 먼저 이미지를 만들고 현실에서 그 가게를 만드는 경우가 흔하다. 이는 모두 우리가 모바일을 보고 사는 포노 사피엔스이기에 가능한 현상이다.

Fig 52. 구글 지도는 사용자의 데이터를 통해서 계속 업데이트된다. 사용자는 자신이 올린 사진이 많은 조회수를 기록하면 그에 대한 감사 이메일을 구글로부터 받기도 한다.

   SNS를 통해 문화 인프라를 구축하는 주체는 주로 카페나 식당의 사업자이지만, 다수의 고객들 역시 리뷰와 경험담을 공유하며 문화 인프라의 빅데이터를 만들어 나가고 있다. 우리 모두가 문화 인프라 사용자로서 리뷰라는 데이터를 온라인에 업로드하며 빅데이터를 구축하고 있으니, 도시를 창조하는 데이터의 창조자로써 역할을 하고 있는 것이다. 구글 지도는 사용자의 이동 경로와 위치 데이터를 수집하여 지역 데이터를 축적하는데, 사용자가 한 번 동의하면 이후에도 계속해서 데이터를 수집한다. 이와 같이 구글이나 네이버와 같은 포털에서는 우리의 정보를 활용하여 빅데이터를 구축하고, 우리가 업로드하는 정보를 통해 도시 전체의 지도를 매일 새롭게 바꾸고 있다.

2. 스마트도시의 주요 분야

리뷰를 통해 시민들은 상권 지도를 지속적으로 갱신하고, 이에 따라 문화 지도를 새롭게 창출하고 있다. 카페나 식당을 운영하는 자영업자들은 지도 앱이나 소셜 미디어를 활용하여 자신의 업소를 경쟁적으로 홍보함으로써 고객들의 이동 경로를 변화시키고 있다. 성수동과 같은 오래된 지역이 새로운 인기 장소로 부상한 것은 이렇게 소셜 미디어의 영향력이 크게 작용한 결과이다. 이들은 디지털 마케팅을 통해 소규모의 광고 비용으로 큰 홍보 효과를 누리고 있으며, 이는 자영업자들의 경제 전략이 스마트도시 전략과 연계되어 있음을 시사한다.

● 스마트 중고 거래 앱, 당근마켓

당근마켓은 지역 내의 주민들을 모바일 앱으로 이어주는 중고 거래 연결 서비스다. '당신 근처의 마켓'으로 지역 내 중고 거래 장터로 시작된 서비스는 점차 지역 내 각종 모임을 주선해주는 서비스로 성장하고 있다. 인터넷과 모바일 시대에 현실 내의 만남은 오히려 소원해지고 있지만 당근은 역설적으로 오프라인 공간의 만남을 온라인으로 중개해 주고 있기 때문에 독특한 지위를 점하고 있다. 그런데 이러한 연결이 개인 간의 만남을 더욱 스마트하게 만들어주고 있기도 하다.

Fig 53. 당근마켓의 홈페이지. 당근마켓은 이웃 간의 무료 중고 거래를 주선하며 21세기 개인 간 즉석 장터를 제공하고 있다.

문화적인 현상은 사실 가장 기본적인 지역 내 모임에서 시작된다. 성수동의 문화도 SNS를 통한 상점 홍보로 시작되었듯이 지역 내 문화 모임도 당근마켓과 같은 앱을 통해서 활성화될 수 있다. 비대면 시대에 소원해지는 인간 관계를 이렇게 개인 간의 거래, 모임을 통해 다르게 풀어나갈 수 있다면 이 또한 신선한 문화적 현상이라 할 수 있다.

2. 스마트도시의 주요 분야

Fig 54. 당근마켓은 중고거래시에 중개 역할을 하나 따로 수수료를 가져가지 않는다. 모든 이가 편하게 쓰는 무료 앱으로 동네 커뮤니티 형성에 신선한 역할을 하고 있다.

   당근마켓의 김용현 대표에 따르면, 기업 철학으로 지역 내 커뮤니티의 활성화를 꼽고 있다. 중고거래를 넘어 무너진 지역 커뮤니티를 인공지능(AI)과 모바일 기술을 이용해 재건하는 게 당근마켓의 목표다. 그는 "동네에서 취향, 관심이 비슷한 사람과 연결되면 오프라인 활동으로 연계되는 등, 장점이 많을 것"이라며 "온라인상에서만 '좋아요'로 공감을 표하는 데 느끼는 허망함이 풍요로움으로 바뀔 수 있을 것"이라고 설명한다. 당근마켓에서 실제 사용자에게 표시하는 매너 온도는 이러한 대면 거래가 따뜻한 나눔으로 바뀌도록 유도하는 측면이 크고, 비정상 사용자도 필터링할 수 있다. 온라인과 오프라인 모두에서 따뜻하고 매너있는 사용자로 기능하게 앱이 돕는 것이다.

   민간 기업의 서비스는 정부 주도의 스마트도시 정책과는 별개로 문화 활성화에 주도적인 역할을 수행한다. 문화의 형성은 정부 주도로 이루어지기 어려우며, 오히려 역효과를 초래할 수 있다. 기업이 수익성만을 추구한다면 문화 형성에 기여하기 어렵지만, 당근마켓과 같은 기업은 커뮤니티 형성에 중점을 두고 있어 아직까지 긍정적인 기능을 수행하고 있다. 이러한 온라인 커뮤니티가 앞으로 어떻게 성장해 나갈지 그 귀추가 주목된다.

2. 스마트도시의 주요 분야

2.9 스마트 교육
- 맞춤형 교육, 온라인 교육, 평생 학습 시스템 등

Fig 55. 스마트 교육은 디지털 교육을 중심으로 하지만 전자책, 오디오북을 비롯한 기존 출판 산업도 총망라한다.

 미국 국방부에서 네트워크 단위에서 시작되었던 전자통신 연결망은 1990년 내 인터넷으로 세상에 공개되면서 급속히 발달하였고, 인류 전체 사회의 사회 문화, 산업 전체의 구조를 지속적으로 변화시켰다. 모든 사람이 정보의 소비자이면서 동시에 정보의 생산자로 변모했는데, 이러한 변화는 1998년 구글 검색의 등장과 함께 본격적으로 가속화되었다.

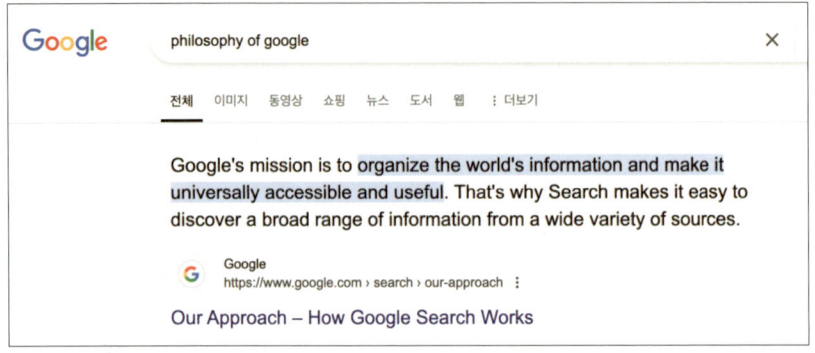

Fig 56. 구글의 목표는 모든 정보에 대한 모든 이의 접근을 가능하게 하는 것이다.

정보에 대한 필요는 모든 국경을 넘는다 - 라는 명제와 함께 정보의 공개와 초연결성을 강조하는 구글의 철학은 문자 그대로 실현되었다. 당시까지는 부족했던 기술, 곧 모든 웹상의 문서를 문장 단어 몇 개로 정확히 발견할 수 있게 해주는 구글의 기술은 인터넷 시대의 진정한 새로운 시작이었다. 자연어 처리 분야에서 독보적인 기술을 가졌던 구글 창업자 세르게이 브린과 래리 페이지는 정확한 데이터를 모든 사람이 찾게 해주는 길을 제공해주면서 새로운 시대를 열었다. 모든 사람이 모든 정보에 바로 접근할 수 있는 길을 만들었기 때문이다.

이러한 정보의 민주화(Democratization of knowledge)는 교육 분야에서도 크나큰 혁신을 일으키고 있다. 원래 교육 수요자인 학생들은 배움의 단계를 거치기 위해서는 반드시 학교에 다니면서 교육자, 강사, 교수로부터 수동적으로 교육을 받아야 했으나, 모든 정보가 웹상에 공개되어 있는 현시대에는 그러한 흐름이 점차 완화되어 가고 있다. 학습 기관을 거치지 않고서도 학생들이 능동적으로 정보를 배우고 탐구해나갈 수 있기 때문이다. 물론 정보 자체를 알지 못하기에 기본적인 교육 기관과 과정들은 그 형태를 대체적으로

2. 스마트도시의 주요 분야

유지하고 있지만, 학생들의 선택권과 지식의 접근성은 매우 폭넓게 확대되었다.

● 보편화된 디지털 교육

가장 직접적으로 체감할 수 있는 스마트 교육 분야는 온라인 강의 콘텐츠 플랫폼이다. 국내 사교육 시장의 전통적인 강자인 메가스터디는 국내 최고 수준의 수능 강사들의 강의를 온라인으로 제공하며, 입시생들에게 가장 인기 있는 교육 플랫폼으로 자리 잡았다. 기존 교육 시장이 온라인으로 확장되면서 유명 강사들의 교육 콘텐츠가 대중화되었고, 이에 따라 스타 강사가 연예인이나 재벌 못지않은 재력을 가지게 되기도 하였다.

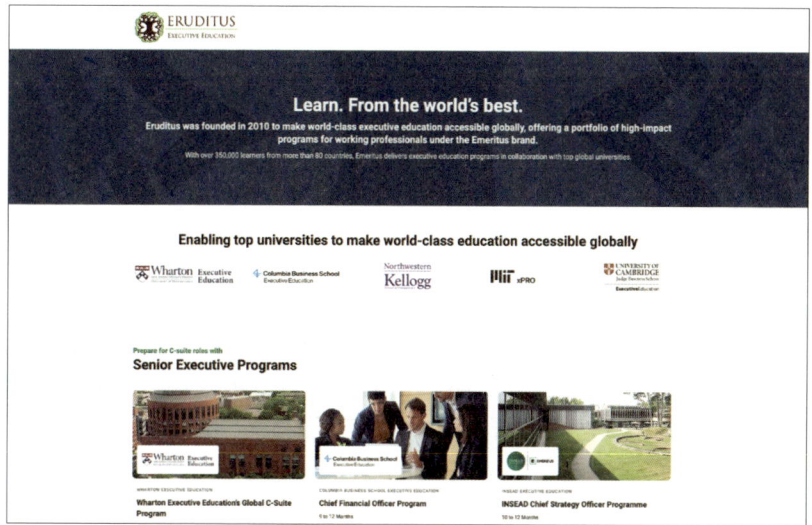

Fig 57. 인도 에듀테크 스타트업 에루디투스

이러한 추세는 세계적으로 유사하다. 2024년 타임지에서 에듀테크 부문 세계 1위로 선정된 인도의 스타트업 에루디투스는 세계 80개국의 학생들이 컬럼비아대, 버클리대 등 백여개가 넘는 대학 교육과정을 수강할 수 있는 온라인 코스를 제공하며 약 50만 명의 회원을 확보하고 있다. 이는 굳이 값비싼

학비를 지불하지 않아도 미국 대학의 고급 강의를 수강할 수 있는 기회를 제공한다. 이는 학생들이 해당 분야의 검색어만 알고 있다면, 그 정보에 접근할 수 있게 되었음을 시사한다.

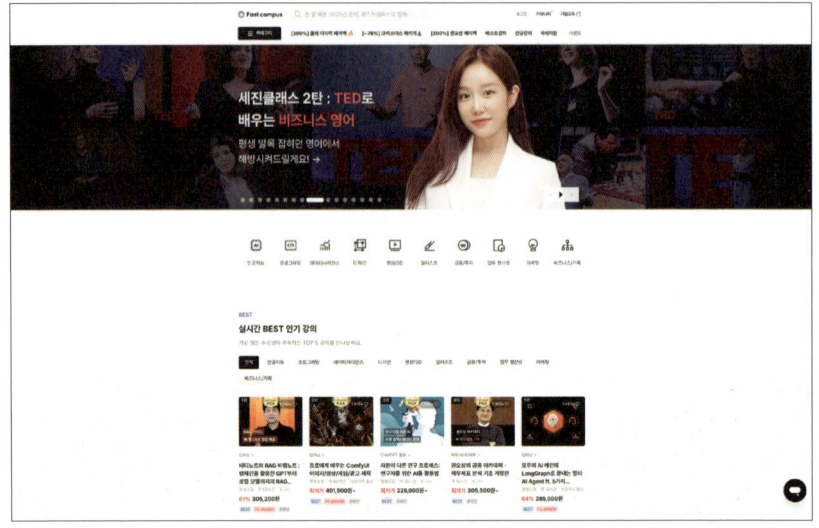

Fig 58. 국내 에듀테크 스타트업의 강자 패스트캠퍼스. 말 그대로 대학에서 배우지 못했지만 실무에 필요한 내용들을 빠르게 배울 수 있게 돕는다.

타임지에서 선정한 세계 최고 에듀테크 기업 중에는 국내 기업도 6개가 포함되어 있다. 그중 첫째는 데이터나 프로그래밍 위주의 실무 교육 기업인 데이원컴퍼니이다. 성인 교육 플랫폼 패스트캠퍼스를 운영하는 이 회사는 직장인이 실무에서 바로 사용할 수 있는 기술을 교육하는 데 중점을 두고 있으며, 이를 통해 큰 성공을 거두었다. 패스트캠퍼스에서 데이터 사이언스, 프로그래밍, 코딩 등을 교육받고 취업에 성공하거나 실제 직장 업무에서 높은 성취도를 보인 사람들이 적지 않다. 이는 대학교에서 다른 전공을 이수했으나 실제 실무에서는 다른 업무를 맡아 곤란을 겪는 일이 줄어들었음을 의미한다. 기술이 빠르게 변화하고 발전하는 시대에 평생 배움과 지식의 업데이트는 필수적인 일이 되었으며, 새로운 지식의 습득도 온라인 교육 플랫폼을 통해 과

2. 스마트도시의 주요 분야

거보다 훨씬 더 수월해졌다. 이제 대학교가 사실상 온라인으로 들어가 버린 셈이다.

온라인 교육 플랫폼은 다양한 분야로 대중화되어 강의 콘텐츠가 과도하게 증가하는 과열 양상을 보이고 있다. 한국의 대학 강좌를 온라인에서 제공하는 K-MOOC나 예체능 전문 클래스를 제공하는 클래스 101은 많은 수강생을 확보하고 있지만, 전체 콘텐츠 시장의 과도한 팽창으로 수익성이 악화되고 있다. 유튜브에 무료로 제공되는 교육용 콘텐츠가 넘쳐나기 때문이다. 이런 경쟁 상황에서 교육 콘텐츠 플랫폼이 어떻게 변화할지 그 귀추가 주목된다.

● AI와 메타버스 기술의 활용

온라인 강의를 넘어 기존의 학습지 교육 회사들도 스마트 기술을 활용하여 크게 변화하고 있다. 대표적인 학습지 회사인 눈높이나 구몬과 같은 초중등 대상의 회사들은 종이 학습지에서 디지털 학습지로 전환하고 있다. 학습지 구독자는 이제 종이 학습지 대신 학습지 전용 패드에서 콘텐츠를 구독하고, 풀이와 채점을 실시간으로 진행하며, 온라인으로 화상 과외를 받는다. 구몬학습과 빨간펜을 개발한 교원그룹은 40년 가까이 축적한 학습지 콘텐츠에 ICT 기술을 접목하여 다양한 에듀테크 상품을 출시하고 있으며, AI 기술을 활용한 개인별 맞춤 학습 문제 제공에 초점을 맞추고 있다. 이는 기존에 학생들에게 동일한 문제와 교과 과정을 제공하던 방식에서 벗어나 개인별 맞춤형 교육 과정이 등장하고 있음을 보여준다.

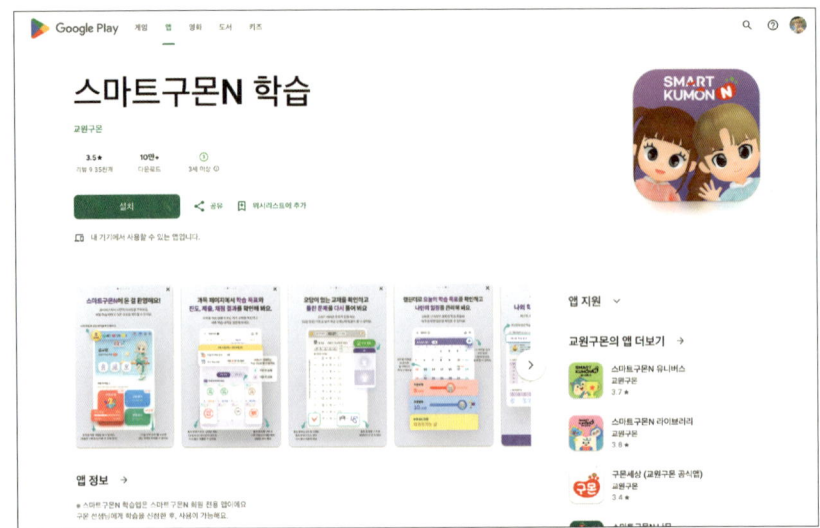

Fig 59. 스마트 구몬의 구글 플레이 스토어 앱. 예전에 종이 학습지로 배달되던 출판물이 온라인 앱으로 들어가버렸다.

교원, 웅진, 대교와 같은 교육 대기업이 스마트 교육에 진출하며 경쟁하면서 기성세대는 모르는 교육 앱이 개발되고 있다. 게임화(Gamification)나 메타버스 기술도 도입되어 사용되고 있다. 웅진씽크빅에서는 스마트올이라는 전 과목 디지털 문제집에 디지털 문고 앱을 개발하였으며, 스마트올 메타버스를 통해 게임 형태의 체험형 가상 현실을 제공하고 있다. 사용자들은 가상의 메타버스 교실에서 다른 학생들과 만나거나, 책을 읽거나, 바다 속이나 우주 공간, 달을 탐사하며 과학 공부를 할 수 있다. 이는 책에 글로만 적혀 있던 콘텐츠들이 디지털 세계로 확장되어 게임형 체험 콘텐츠로 제공되고 있음을 보여준다.

2. 스마트도시의 주요 분야

Fig 60. 메타피아가 네이버 제페토에 출시한 판문점 월드. 판문점이 실제 어떠한 공간인지 가보지 않고도 앱을 통해 실감나게 체험할 수 있다.

　가상현실 기술은 아직까지 월드 개발 비용이 많이 소요되지만, 네이버 제페토에 올라온 다수의 월드를 보면 이러한 가상현실 콘텐츠가 기하급수적으로 늘어날 것으로 예상된다. 메타버스 전문 기업인 메타피아에서 개발한 메타버스에서는 판문점이나 김구가 살던 시대의 대한민국 임시정부가 생생하게 재현되어 있어, 이를 여행하며 과거의 인물들과 대화하고 시대 상황을 학습할 수 있다. 코로나19가 확산되던 시기에는 비대면 수업이 널리 퍼지면서 학교 수업이 화상 통신 형태로 이루어졌고, 메타버스에서 캠퍼스가 개설되고 수업이 진행되기도 했다. 이러한 비대면 메타버스 학교는 앞으로도 활성화될 가능성이 있다.

　시각적으로 가장 첨단으로 보이는 메타버스 기술은 VR을 활용한 가상 세계 기술이지만, 예상보다 저조한 성과를 보이고 있다. 페이스북이었던 메타가 고전하는 이유도 VR 기술의 느린 확산 때문이다. VR 기기를 착용했을 때 느끼는 이질감과 어지러움을 아직 극복하지 못하고 있기 때문에 메타버스 기술의 확산 여부는 아직 미지수이다.

이러한 상황에서 가장 에듀테크로 국내 학생들에게 널리 퍼져 있는 앱은 수학 문제 풀이 앱인 콴다이다. 수학 문제를 스마트폰 카메라로 촬영하면 문제를 AI 기술로 분석하여 자동으로 풀어주고 답변을 제공하는 콴다는 한국을 비롯한 일본과 동남아시아에서도 널리 보급되어 있다. 수학 문제를 풀지 못할 때 선생님을 찾지 않아도 앱에서 바로 답을 알 수 있고 관련 콘텐츠까지 학습할 수 있어 학생들에게 인기가 높다. 현재 5000만 다운로드를 기록했으며, 콴다과외로 온라인 화상 과외 시장까지 확장을 계획하고 있다.

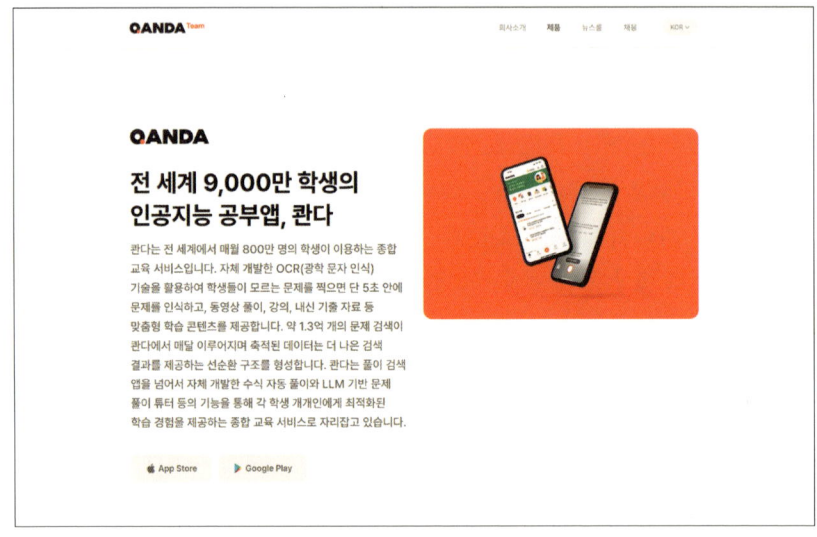

Fig 61. 수학 문제를 스마트폰 카메라로 찍으면 자동으로 풀어주는 앱, 콴다. chatgpt가 나오기 이전부터 비슷한 유형을 찾아 풀이를 제공하는 기능을 갖춰 많은 사용자를 확보했다.

콴다의 AI 기술은 개발사 메스프레소가 2016년부터 개발해온 독자적인 기술이지만, 2024년인 지금은 챗GPT의 등장으로 평범한 기술이 되어버리고 있는 상황이다. 챗GPT에서도 수학 문제를 보여주고 입력하면 그 풀이와 답을 알려주는데, 이를 통해 AI 기술의 발전이 얼마나 빠른지를 체감할 수 있다. 모든 교과나 문제에 대해서도 챗GPT가 답변을 해주는 세상이 되면서, 가까운 미래에 교육 종사자의 상당수가 직업을 잃어버릴 위기에 처한 것은 아닐

2. 스마트도시의 주요 분야

까 우려된다. 기술의 발달로 배움이 더욱 쉬워졌지만, 오히려 인간의 지위가 위협 받지 않을까 걱정되는 상황이다.

2.10 스마트 주거
- 집합건물 관리 및 입주민 관리 등

대한민국에서 아파트는 단순한 주거 공간 이상의 의미를 지니고 있다. 아파트는 전체 주거 형태 중 63%를 차지하며, 이는 단순한 비율을 넘어 아파트가 대한민국의 주요 주거 트렌드를 대표하고 있다는 것을 의미한다. 그러나 이렇게 많은 사람들이 생활하는 아파트에서도 여전히 아날로그적인 방식으로 이루어지는 불편한 행정 및 생활 서비스가 존재해 왔다. 특히, 관리사무소를 중심으로 이루어지는 주민투표, 시설 예약, 민원 처리 등 다양한 행정 서비스는 종종 비효율적이고 시간이 많이 소요되는 방식으로 운영되었다. 이로 인해 입주민들은 불필요한 불편함을 겪어왔고, 보다 스마트한 방식으로 이러한 문제를 해결할 필요성이 제기되었다.

Fig 62. 건물이 완성된 후, 거주민의 생활 관리에도 스마트 기술이 편의성 향상에 매우 중요한 역할을 한다. 그림은 AI로 생성된 아파트 주거도.

여기서 등장한 것이 스마트 건물 관리 솔루션이다. '아파트너', '오피스너'와 같은 많은 관련 스타트업들은 건물관리인 또는거주자들의 편의성을 높이기 위해 기존의 아날로그 방식을 혁신적으로 변화시키고 있으며, 특히 디지털 플랫폼을 통해 생활 편의 및 정보 제공 서비스를 더욱 효율적이고 쉽게 이용할 수 있도록 하고 있다. 이제 이러한 변화는 단순한 기술적 도입을 넘어, 입주민들 간의 소통을 강화하고, 관리 효율성을 높이며, 궁극적으로는 거주 환경의 질을 향상시키는 방향으로 나아가 스마트시티 구현에 한 발 더 나아가고 있다.

Fig 63. 아파트 거주민을 위한 스마트 거주 서비스, 아파트너.

● 생활 편의 지원 서비스

생활 편의 지원 서비스는 입주민들이 일상적으로 사용하는 아파트 내 다양한 시설과 서비스들을 스마트폰 앱을 통해 간편하게 이용할 수 있도록 돕는다. 이는 과거에 아파트 관리인이 주로 진행했었던 업무로 대부분의 업무를 수기로 관리하였다. 하지만 많은 생활 편의 지원 서비스들이 최신 기술의 도움을 받아 더욱 편히 사용할 수 있는 환경이 제공되고 있다. 주요한 서비스는 다음과 같다.

1. 커뮤니티 센터 예약 시스템

과거에는 커뮤니티 센터 내 골프연습장, 체육관이나 세미나실 같은 시설을 사용하기 위해 수기로 예약을 진행해야 했다. 이 과정에서 예약이 겹치거나 누락되는 문제가 빈번했으며, 입주민들은 직접 관리사무소를 방문해야만 하는 번거로움을 겪었다. 그러나 스마트 시스템 도입 후, 이러한 불편함이 해소되었다. 입주민들은 모바일 앱을 통해 실시간으로 시설 예약 현황을 확인하고, 간단한 절차를 통해 예약할 수 있다. 이는 시설 이용의 효율성을 크게 높였을 뿐만 아니라, 중복 예약이나 일정 혼선을 줄이는 데도 기여하고 있다.

2. 방문 차량 예약 및 관리

아파트 단지 내 방문 차량의 출입 및 통제는 항상 복잡한 문제 중 하나였다. 특히, 일일이 관리사무소를 통해 출입 승인을 받아야 하거나, 주차 공간 부족으로 인해 불편함을 겪는 경우가 많았다. 그러나 이제는 방문 차량 예약 역시 스마트폰 앱을 통해 손쉽게 관리할 수 있게 되었다. 입주민은 방문객의 차량 번호를 사전 등록하고, 실시간으로 출입 현황을 확인할 수 있어 방문객의 출입을 간소화할 수 있다. 이러한 시스템은 관리사무소의 업무를 줄여줄 뿐만 아니라, 입주민들에게도 편리한 방식으로 차량 출입 관리를 가능하게 한다.

3. 민원 게시판

아파트 입주민들은 일상 속에서 발생하는 다양한 문제를 민원 게시판을 통해 관리사무소에 전달하곤 했다. 과거에는 종이 서류로 작성해 제출했으나, 이제는 스마트폰 앱을 통해 간편하게 민원을 제기할 수 있다. 이는 입주민들이 언제 어디서나 문제를 즉각적으로 보고할 수 있게 해주며, 문제 해결의 신속도도 높였다.

4. 실시간 전력 사용량 확인

앱을 통한 실시간 전력 사용량 확인 기능을 통해 입주민들은 자신의 전기 사용량을 즉시 파악할 수 있게 되었는데, 이는 에너지 절약 의식을 고취시키고 관리비 절감에도 도움을 주고 있다. 과거 종이를 통해서만 전기 사용량을 확인할 수 있었던 불편함을 개선하였다고 볼 수 있다.

2. 스마트도시의 주요 분야

5. 공동 현관 보안 시스템

공동 현관 출입 시스템 또한 키패드를 직접 입력하는 것에서 한단계 더 발전하였다. 과거에는 공동 현관 출입 비밀번호가 유출되거나, 외부인이 쉽게 접근할 수 있는 보안 문제들이 빈번했다. 그러나 스마트 관리 솔루션을 통해 이제는 스마트폰의 블루투스 기능을 활용해 공동 현관 출입이 가능해졌다. 이를 통해 비밀번호 노출에 대한 걱정 없이 안전하게 출입이 가능하며, 번호를 입력하는 번거로움도 사라졌다. 이와 같은 스마트 보안 시스템은 입주민의 안전을 보장하는 중요한 요소로 자리 잡고 있다.

6. 전자 투표 / 설문조사

과거에는 주민 투표나 설문조사를 수기 방식으로 진행해야 했기 때문에 참여율이 저조했지만, 이제는 전자 투표 및 설문조사 기능을 통해 보다 쉽게 참여할 수 있다. 스마트폰을 이용한 간단한 절차로 투표에 참여할 수 있어, 입주민들의 참여율을 크게 높이고, 투명하고 효율적인 의견 수렴이 가능해졌다.

● 생활 정보 제공 서비스

생활 편의 서비스 외에도, 아파트너는 입주민들이 필요로 하는 다양한 생활 정보를 제공하는 데 중점을 두고 있다. 이러한 서비스들은 입주민의 생활을 보다 풍요롭게 만들고, 필요한 정보에 빠르게 접근할 수 있도록 돕는다.

1. 아파트 공지 알림

과거에는 아파트 공지가 전체 세대를 대상으로 음성 방송을 통해 전달되었다. 이는 때때로 소음 문제가 발생하거나, 청각 장애를 가진 입주민들이 공지를 놓치는 경우가 생기곤 했다. 그러나 이제는 스마트폰 앱을 통해 모든 공지를 개별적으로 전달받을 수 있어, 누구나 필요한 공지를 빠르고 명확하게 확인할 수 있다. 이러한 변화는 입주민들의 불편을 줄이고, 관리 측면에서도 효율성을 높이는 중요한 개선 사항이다.

2. 아파트 주요 일정 및 관리비 조회

　아파트 내 주요 행사나 일정 역시 앱을 통해 손쉽게 확인할 수 있다. 이는 입주민들이 아파트 내에서 진행되는 각종 행사나 회의를 놓치지 않게 도와주며, 더 나아가 중요한 일정들을 미리 파악해 일정을 조정하는 데 도움을 준다. 또한, 매달 지출되는 아파트 관리비 역시 앱에서 바로 확인할 수 있어, 과거에는 관리사무소를 통해 관리비를 일일이 조회해야 했던 불편함을 해소해 준다.

3. 아파트 주변 정보 제공

　아파트 주변의 생활 편의 시설 정보나 교통 정보도 앱을 통해 제공된다. 이는 입주민들이 주변의 생활 편의 시설을 빠르게 찾고 이용할 수 있도록 돕는 기능으로, 특히 새로 입주한 주민들에게 유용하다. 아파트 주변의 맛집, 병원, 상점 등 다양한 정보를 실시간으로 제공받음으로써 입주민들은 더욱 풍요로운 생활을 영위할 수 있다.

　스마트 건물 관리 기술은 단순한 생활 편의를 넘어서, 스마트시티로 나아가기 위한 핵심적인 기반이 된다. 특히, 많은 세대가 집단으로 거주하는 아파트와 같은 집합 건물은 이러한 기술을 적용하기에 가장 적합한 환경을 제공한다. 이러한 공간에서 에너지 관리와 교통 관리를 더욱 효율적으로 운영할 수 있도록 기술을 발전시키는 것이 스마트시티의 미래를 그리는 중요한 과제이다.

　우선, 아파트 내에서 실시간 전력 사용량 모니터링은 스마트시티로의 전환에서 중요한 출발점이 된다. 기존에는 각 세대의 전력 사용량을 주기적으로 검침하여 관리했지만, 실시간 모니터링 시스템을 도입하면 각 세대별 전력 소비 패턴을 정밀하게 분석할 수 있다. 이를 통해 입주민들은 자신의 전력 사용량을 즉시 확인하고, 에너지를 절약할 수 있는 정보를 제공받는다. 예를 들어, 특정 시간대에 사용량이 급증하는 경우 그 원인을 파악해 불필요한 전력

2. 스마트도시의 주요 분야

소비를 줄이는 조치를 취할 수 있다. 이러한 에너지 절약 인식을 높이는 것은 장기적으로 탄소 배출 감소와 지속 가능한 도시 발전에 기여하게 된다.

또한, 실시간 전력 사용량 모니터링은 윗 장에서 설명한 스마트 그리드(Smart Grid) 기술과 결합되면 더욱 강력한 에너지 관리 시스템을 구축할 수 있다. 스마트 그리드는 전력망과 정보통신기술을 융합하여 에너지의 공급과 수요를 실시간으로 조절할 수 있는 시스템으로, 아파트와 같은 집합 건물에서 이를 적용하면, 전체적인 에너지 소비를 최적화할 수 있다. 예를 들어, 특정 시간대에 전력 사용량이 높아지면 스마트 그리드는 즉시 에너지 분배를 조정해 과부하를 방지하고, 불필요한 에너지 낭비를 막는다. 또한, 재생에너지와 같은 분산형 에너지원을 아파트에 도입할 경우, 스마트 그리드는 효율적으로 에너지를 저장하고 분배하여 아파트 단지 내 에너지 자급자족을 가능하게 한다.

더 나아가, 이러한 시스템은 입주민들이 직접적인 에너지 관리 주체로서 역할을 하게 만들 수 있다. 각 세대별로 에너지 사용량에 대한 정보가 공유됨에 따라, 입주민들은 에너지 절감 목표를 설정하고, 아파트 단지 전체가 협력하여 에너지 소비를 줄일 수 있는 환경을 구축할 수 있다. 이를 통해 단순히 개인적인 절약뿐만 아니라, 커뮤니티 차원의 에너지 효율을 달성하는 데 기여할 수 있다.

다음으로, 입주민이 소유한 차량의 진출입 정보 역시 스마트시티의 교통 관리를 혁신하는 중요한 데이터 자원이 될 수 있다. 아파트 단지 내 차량 진출입 시스템은 현재 스마트폰을 통해 방문 차량 예약 및 출입을 관리할 수 있는 수준으로 발전하고 있지만, 이는 더 큰 가능성을 지닌 기술의 시작점이라 볼 수 있다. 이 데이터가 스마트시티의 스마트 교통 시스템과 연계되면, 보다 효율적인 교통 관리를 실현할 수 있다.

예를 들어, 아파트 단지 내 차량의 진출입 정보가 실시간으로 수집되면, 지역 교통 혼잡도를 예측하고, 특정 시간대에 차량이 몰리는 것을 방지하기 위한 대응책을 마련할 수 있다. 스마트 교통 시스템은 대형 아파트 단지에서 발생하는 차량 이동 패턴을 분석하여, 출퇴근 시간대의 교통 흐름을 조정하는 등의 맞춤형 교통 관리를 가능하게 한다. 더 나아가, 자율주행차량이나 카셰어링 서비스와 같은 미래 교통 수단이 도입되었을 때, 아파트 단지 내 차량 진출입 데이터는 이러한 서비스와 원활하게 연계되어, 입주민들의 교통 편의성을 극대화할 수 있다.

또한, 이러한 교통 데이터는 도시 전체의 교통망 효율성을 높이는 데도 중요한 역할을 할 수 있다. 아파트 단지와 주변 지역 간의 차량 이동 데이터를 실시간으로 분석하면, 시는 교통 신호 체계를 최적화하거나, 대중교통 노선을 조정하는 등의 조치를 통해 교통 혼잡을 줄이고 더 원활한 도시 교통을 구축할 수 있다. 입주민들 또한 스마트 교통 시스템을 통해 최적의 경로를 안내받고, 출퇴근 시간이나 주말 이동 시 교통 체증을 피할 수 있는 정보를 제공받게 된다.

결국, 스마트 건물 관리 기술은 단순히 아파트 단지 내 생활 편의를 넘어서, 스마트시티의 청사진을 그리는 데 필수적인 요소로 작용하고 있다. 에너지 관리와 교통 관리는 스마트시티의 핵심 축을 이루며, 이를 아파트와 같은 집합 건물에서 먼저 구현하고 발전시키는 것은 도시 전체로 확장될 수 있는 큰 잠재력을 지닌다. 기술적 도입과 발전이 이뤄질 때, 입주민들은 더 나은 생활 환경을 누리게 될 뿐만 아니라, 도시 전체가 효율적이고 지속 가능한 방향으로 나아가게 될 것이다.

2. 스마트도시의 주요 분야

Fig 64. 근래 수도나 가스, 전기는 실시간으로 측정되는 스마트 미터로 점차 개선되고 있다.

스마트 건물 관리 시스템이 입주민들의 생활 편의성을 극대화하고 다양한 서비스를 디지털화하는 데 기여하고 있지만, 아직도 개선해야 할 부분은 많다. 특히, 수도와 가스 사용량 검침 방식은 여전히 직접 수기 방식에 의존하는 경우가 많아, 스마트 관리의 완성도를 높이기 위해서는 추가적인 기술 도입과 개선이 필요하다.

현재 대부분의 아파트 단지에서는 수도와 가스 사용량 검침이 현장 검침원을 통해 이루어지고 있다. 검침원은 각 세대를 직접 방문해 계량기를 확인하고, 이를 바탕으로 사용량을 기록하는 방식이다. 이러한 현장 검침 방식은 여러 가지 문제를 발생시킬 수 있다. 우선, 검침원이 일일이 세대를 방문하여 계량기를 확인하는 과정에서 사생활 침해 논란이 불거질 수 있다. 특히, 사생활 보호가 중요한 현대 사회에서 외부인이 세대 내부에 접근하는 것에 대해 거부감을 느끼는 입주민들이 많아지고 있다. 또한, 검침원이 확인하는 수치는 사람이 직접 눈으로 보고 기록하는 방식이기 때문에 오류가 발생할 가능성도 있다. 사용량이 정확하게 기록되지 않으면 입주민들은 잘못된 요금을 지불해야 하는 상황에 놓일 수 있는 것이다.

이러한 아날로그 방식의 한계를 극복하기 위해서는 AMI(Advanced Metering Infrastructure) 기술을 도입하는 것이 필수적이다. AMI는 수도와 가스 계량기를 디지털화하여, 원격으로 실시간 데이터를 수집하고 관리할 수 있는 기술이다. 이를 통해 검침원 없이도 각 세대의 사용량을 정확하게 파악할 수 있으며, 사람이 일일이 확인할 필요가 없기 때문에 오류의 발생률도 현저히 낮아진다.

또한, AMI 기술을 통해 계량기 데이터를 실시간으로 모니터링할 수 있기 때문에, 입주민들은 언제든 자신의 사용량을 스마트폰 앱을 통해 확인할 수 있다. 이는 불필요한 낭비를 줄이고, 에너지 절약을 촉진하는 효과도 가져올 수 있다. 만약 가스나 수도 사용량이 비정상적으로 급증할 경우, 즉각적인 알림을 받아 빠르게 조치를 취할 수 있어 안전성도 향상된다. 예를 들어, 가스 누출이나 수도관 파열과 같은 긴급 상황에서도 빠른 대응이 가능해지는 것이다.

이외에도, AMI 기술은 단순히 사용량 검침의 디지털화를 넘어, 스마트시티의 핵심 인프라로 자리잡을 수 있다. 수도와 가스뿐만 아니라 전기, 난방 등 다양한 자원의 사용 데이터를 실시간으로 수집하고 분석할 수 있기 때문에, 보다 효율적인 에너지 관리와 친환경적인 도시 운영이 가능해진다. 이는 도시 전체의 자원 사용을 최적화하고, 탄소 배출량을 줄이는 데 기여하는 지속 가능한 발전의 필수 요소로 작용할 수 있다.

따라서, 아파트를 비롯한 공동주택의 스마트 관리가 한 단계 더 발전하기 위해서는 AMI 기술 도입을 통해 수도와 가스 관련 시스템의 완전한 디지털화가 이루어져야 한다. 이러한 기술적 개선은 단순히 편의성 향상을 넘어, 스마트

2. 스마트도시의 주요 분야

시티로 나아가는 중요한 선행 과제이며, 궁극적으로 더 나은 거주 환경을 만드는 데 필수적인 요소가 될 것이다.

　스마트 건물 관리 솔루션은 단순히 입주민들에게 편리한 서비스를 제공하는 것에 그치지 않는다. 이는 공동주택 거버넌스의 운영을 지원하는 중요한 도구로 자리매김하고 있으며, 더 나아가 커뮤니티 형성에까지 기여하고 있다.

　공동주택 거버넌스의 운영 지원 측면에서, 스마트 관리 솔루션은 투명하고 효율적인 의사결정 구조를 만들어낸다. 과거에는 주민회의나 관리위원회의 의사결정 과정이 수기나 대면 방식에 의존하여 비효율적이었고, 참여율도 낮았다. 하지만 이제는 전자 투표 시스템을 통해 입주민들은 시간과 장소에 구애받지 않고 중요한 결정에 참여할 수 있게 되었다. 예를 들어, 관리비 인상 여부, 시설 개보수 등 공동의 이익과 관련된 사항에 대해 보다 많은 입주민들의 의견을 수렴할 수 있게 된 것이다. 이는 거주민들이 보다 적극적으로 아파트 운영에 참여할 수 있도록 만들고, 민주적이고 투명한 거버넌스를 구축하는 데 기여한다. 관리사무소 또한 앱을 통해 모든 입주민들에게 정보를 신속하게 전달할 수 있어, 중재와 협의의 과정을 원활하게 진행할 수 있게 되었다.

　커뮤니티 형성의 활성화 측면에서도 큰 변화를 불러일으켰다. 아파트는 많은 사람들이 공동으로 생활하는 공간이지만, 입주민 간의 소통 채널은 제한적이었다. 그러나 스마트 관리 솔루션을 통해 입주민들은 다양한 채널을 통해 서로 소통할 수 있게 되었다. 예를 들어, 공지사항 외에도 이벤트나 지역 활동, 취미 모임 등을 알리는 게시판이 마련되어, 입주민들 간의 네트워킹이 자연스럽게 이루어지도록 돕고 있다. 이러한 커뮤니티 기능은 단순히 정보를 제공하는 데 그치지 않고, 아파트 내에서 사회적 관계를 형성하고 강화하는 데 중요한 역할을 한다.

특히, 입주민들은 같은 공간에 살면서도 서로 단절되어 있던 기존의 환경에서 벗어나, 앱을 통해 지역 커뮤니티 안에서 서로 교류하고 협력할 수 있는 기회를 얻었다. 이는 거주민들 간의 신뢰와 소속감을 증진시키며, 더 나아가 공동체 의식을 형성하는 데 기여한다. 단순한 생활 편의를 넘어, 입주민들이 함께 문제를 해결하고, 더 나은 생활 환경을 만들어가는 과정에서 커뮤니티의 역할은 더욱 중요해지고 있다.

결국, 이러한 스마트 아파트 관리 솔루션은 단순히 편리함을 제공하는 도구가 아니라, 공동주택의 거버넌스를 혁신하고, 커뮤니티를 활성화하는 핵심적인 역할을 하고 있다. 이로 인해 입주민들은 더 이상 수동적인 서비스 이용자가 아니라, 자신의 생활 공간을 능동적으로 관리하고, 더 나아가 공동체의 일원으로서 주체적인 역할을 하게 되었다.

이처럼, 기술의 발전으로 새롭게 제공되는 다양한 스마트 관리 서비스들은 아파트 입주민들의 생활 전반을 혁신적으로 변화시키고 있다. 과거의 불편했던 아날로그 방식에서 벗어나, 스마트폰 하나만으로도 모든 생활 편의 및 정보 서비스를 간편하게 이용할 수 있는 시대가 열렸다. 이러한 변화는 아파트 관리의 새로운 표준을 제시하며, 더 나아가 하이퍼 로컬 커뮤니티의 발전을 이끄는 중요한 변화의 시작점으로 볼 수 있다.

2. 스마트도시의 주요 분야

2.11 스마트 금융
- 핀테크, 블록체인, 디지털 화폐

  스마트도시는 다양한 금융 혁신을 통해 시민들에게 보다 효율적이고 안전한 금융 서비스를 제공하고 있다. 이 중에서도 핀테크, 블록체인, 디지털 화폐는 스마트 금융의 핵심 요소로 자리 잡고 있다. 각각의 기술이 금융 산업에 어떻게 혁신을 가져오는지 살펴보자.

Fig 65. 핀테크는 은행이나 정부의 중개를 거치지 않고 화폐 거래가 가능한 사회를 만들 수 있다.

● 핀테크(FinTech) 기술

핀테크(FinTech)는 'Financial Technology'의 약자로, 금융과 기술의 결합을 의미한다. 이는 전통적인 금융 서비스를 혁신적인 디지털 기술로 개선하고, 새로운 방식의 금융 서비스를 창출하는 것을 목표로 한다. 핀테크는 모바일 결제, 디지털 자산 관리, 인공지능(AI) 분석 등을 포함하는 광범위한 기술을 활용해 금융 산업을 더욱 편리하고 효율적으로 만든다.

모바일 결제는 NFC(근거리 무선통신), QR 코드 등의 기술을 기반으로 하여 사용자가 스마트폰만으로도 오프라인 매장에서 물리적인 카드나 현금을 사용하지 않고 상품과 서비스를 결제할 수 있도록 해주며, 이러한 방식은 결제 과정을 간소화하고 시간 절약은 물론 보안성 또한 향상시켜 핀테크 분야에서 가장 널리 활용되는 기술 중 하나로 자리 잡고 있다.

디지털 은행은 전통적인 은행 지점 없이도 스마트폰 애플리케이션이나 웹사이트를 통해 계좌 개설, 자금 이체, 대출 신청, 카드 발급 등의 다양한 금융 업무를 언제 어디서나 수행할 수 있도록 지원함으로써, 사용자는 물리적 방문 없이 신속하고 효율적인 금융 서비스를 누릴 수 있으며 은행 입장에서도 운영 비용을 크게 줄일 수 있다는 장점이 있다.

P2P 금융은 금융기관이라는 중개자를 거치지 않고 개인과 개인, 또는 개인과 기업이 온라인 플랫폼을 통해 직접 자금을 대출하거나 투자할 수 있게 하는 구조로, 대출자는 낮은 이자로 자금을 조달하고 투자자는 비교적 높은 수익을 기대할 수 있는 이점이 있지만, 제도적 보완 장치가 미흡할 경우 대출 상환 불이행 등으로 인해 투자자가 큰 손실을 입을 위험성도 존재한다.

인공지능(AI)과 빅데이터 기술은 고객의 금융 거래 데이터를 분석하여 신용도 평가, 사기 탐지, 맞춤형 금융 상품 추천, 자동화된 자산관리(로보 어드바이저) 등 정교하고 개인화된 서비스를 가능하게 하며, 특히 AI 알고리즘은 방대한 양의 비정형 데이터를 빠르게 처리하고 예측 모델을 고도화함으로써 금융 의사결정을 혁신적으로 변화시키는 동시에, 알고리즘이나 데이터가 유출될 경우 악용될 수 있는 보안상 리스크에 대한 대비도 필수적이다.

사물인터넷(IoT)은 스마트폰, 웨어러블 디바이스, 차량, 가전제품 등 다양한 기기들이 인터넷을 통해 서로 연결되고 데이터를 주고받는 기술로, 핀테크와 결합될 경우 실시간 소비 데이터 수집, 자동화된 결제 시스템, 위치 기반 금융 서비스, 그리고 고객 행동에 맞춘 정밀한 금융 마케팅 등이 가능해져 개인화된 금융 경험을 제공하는 동시에 금융 운영의 효율성과 정밀도를 크게 향상시킨다.

IoT 기술이 핀테크에 융합되면서, 자동화된 금융 거래와 스마트 금융 관리가 가능해졌다. 예를 들어, IoT 기술을 통해 스마트 계약(smart contract)이 실행되면, 이를 기반으로 다양한 기기 간의 자동화된 거래가 가능해진다. 스마트 계약은 블록체인과 같은 분산원장 기술을 사용하여 특정 조건이 충족되면 자동으로 계약이 실행되는 시스템으로, 금융 거래를 더욱 효율적이고 안전하게 처리할 수 있다. 예를 들어, 물류에서 IoT 센서가 배송 완료를 확인하면, 스마트 계약이 자동으로 트리거되어 결제가 이루어지거나, 보험금이 지급되는 프로세스가 실행될 수 있다.

Fig 66. 핀테크의 발달로 현대의 대금 거래 방식은 매우 다양해졌다. 우리나라는 신용카드 결제가 주류이나 중국은 QR결제가 대세가 되었고, 아프리카에서는 모바일 은행이 금융업의 주류가 되었다.

● 핀테크가 적용된 스마트도시의 모습

　핀테크가 스마트도시에서 중요한 역할을 담당하면서, 도시의 금융 서비스가 보다 혁신적이고 편리하게 변화하고 있다. 핀테크는 이러한 스마트도시의 금융 생태계를 뒷받침하며, 도시의 다양한 생활 영역에 적용되고 있다.

2. 스마트도시의 주요 분야

스마트도시에서는 로보 어드바이저를 통해 사용자가 자산을 자동으로 관리할 수 있다. 인공지능이 사용자의 소비 패턴과 금융 데이터를 분석해 최적의 투자 전략을 추천하며, 자동으로 투자 포트폴리오를 조정한다. 이를 통해 시민들은 별도의 금융 지식 없이도 안정적인 자산 관리를 받을 수 있다. 스마트도시는 P2P 금융 플랫폼을 통해 지역 내 자금 순환을 촉진한다. 개인이나 중소기업이 직접 대출을 받거나 투자할 수 있는 플랫폼을 활용해, 전통적인 금융 기관의 중개 없이 자금을 조달할 수 있다. 이를 통해 지역 경제는 보다 유연하게 활성화될 수 있으며, 핀테크 기술은 금융 접근성을 높이는 데 중요한 역할을 한다.

스마트도시는 공공 자금 관리에 블록체인 기술을 활용해 예산 사용 내역을 투명하게 공개한다. 이를 통해 시민들은 세금이 어디에 어떻게 사용되는지 실시간으로 확인할 수 있으며, 공공 서비스의 신뢰성을 높일 수 있다. 블록체인은 또한 공공 프로젝트의 자금 흐름을 추적하고, 불필요한 지출을 방지한다. 또한, 디지털 신원 확인 기술을 통해 공공 서비스 접근성을 높인다. 시민들은 블록체인 기반의 디지털 ID를 사용해 온라인으로 공공 서비스에 쉽게 접근하고, 각종 정부 행정 절차를 간편하게 처리할 수 있다.

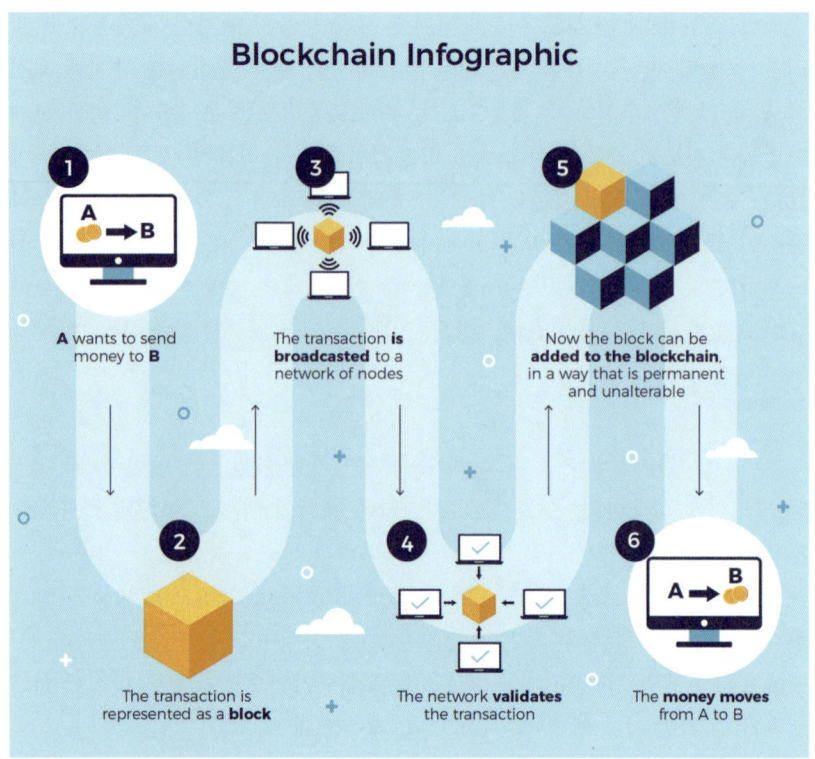

Fig 67. 하나의 거래가 일어나면 그 거래는 모든 네트워크의 블록체인에 보고되고, 네트워크 전체가 그 거래의 적합함을 보장한다.

● 블록체인(Blockchain) 기술

 블록체인은 데이터를 안전하고 투명하게 저장하고 관리할 수 있는 분산 원장 기술(Distributed Ledger Technology)이다. 블록체인은 정보를 블록 단위로 저장하고, 각 블록은 이전 블록과 연결되어 체인 형태로 이어지며, 모든 참여자가 동일한 원장 데이터를 공유하게 된다. 이러한 구조는 중앙 기관 없이도 거래의 신뢰성을 높이고, 데이터의 변조를 방지하는 데 큰 역할을 한다.

 블록체인의 분산 구조는 거래 정보를 중앙 서버가 아닌 전 세계에 흩어진 여러 노드에 동시에 저장함으로써, 특정 노드가 손상되거나 해킹을 당하더라도

2. 스마트도시의 주요 분야

다른 노드들이 동일한 정보를 유지할 수 있어 전체 시스템의 안정성과 보안성을 크게 높여주며, 이는 블록체인이 신뢰 기반 시스템으로 작동할 수 있는 핵심적인 기술적 토대가 된다.

블록과 체인으로 구성된 블록체인은 여러 개의 거래 정보가 담긴 데이터 블록들이 시간 순서대로 연결되어 하나의 체인을 형성하는 방식으로 운영되며, 각 블록은 고유의 해시 값을 지니고 있고 이전 블록의 해시 값을 포함하고 있기 때문에, 어느 하나의 블록이 변경되면 이후 모든 블록의 해시 값이 연쇄적으로 바뀌어 변조가 즉각 감지되며, 이를 통해 블록체인은 구조적으로 강력한 일관성과 보안성을 확보할 수 있다.

블록체인의 변조 불가능성은 데이터를 한 번 기록하면 변경할 수 없도록 설계된 구조에서 비롯되며, 각 블록이 이전 블록의 해시 값을 포함하기 때문에 어느 하나의 정보라도 조작되면 이후 모든 블록의 해시가 달라지고 이는 전체 네트워크에서 쉽게 탐지되어 승인되지 않으므로, 결과적으로 블록체인은 데이터를 신뢰할 수 있는 형태로 영구 저장할 수 있는 기술로 평가받는다.

스마트 계약은 블록체인 상에 조건 기반 자동 실행 기능을 부여한 프로그램으로, 특정 조건이 충족되면 중개자의 개입 없이 계약이 자동으로 이행되며, 이는 거래 과정의 투명성을 높이고 시간과 비용을 절감하는 동시에, 모든 계약 내역이 블록체인에 기록되기 때문에 신뢰성과 검증 가능성 또한 보장되는 혁신적인 기술이다.

● 블록체인이 적용된 스마트도시의 모습

스마트도시는 정보통신기술(ICT)을 활용해 효율적이고 지속 가능한 도시 환경을 조성하는 것을 목표로 한다. 블록체인은 이러한 스마트도시의 다양한 분야에서 핵심 기술이며, 도시의 운영 방식과 시민의 생활 방식을 획신적으로 변화시키고 있다.

스마트도시는 블록체인 기술을 공공 서비스에 적용함으로써 행정 절차의 투명성을 높이고 시민의 신뢰를 확보하며, 특히 투표 시스템에 이를 도입하면 투표 결과의 위변조를 방지하고 유권자가 자신의 투표 내역을 직접 확인할 수 있어 민주적 참여와 제도적 신뢰를 동시에 강화할 수 있다.

스마트도시는 스마트 계약 기술을 기반으로 주차 공간 예약, 전기 요금 청구, 에너지 사용량 조정 등 다양한 서비스를 자동화함으로써 행정 효율성과 사용자 편의를 동시에 향상시키며, 예컨대 사용자가 주차 공간을 예약하면 스마트 계약이 자동으로 결제를 수행하고 이용 권한을 확인하는 방식으로 실시간 서비스 제공이 가능해진다.

스마트도시의 공급망 관리에 블록체인을 적용하면 물품의 생산지, 유통 경로, 소비 시점까지 모든 과정을 투명하게 기록하고 추적할 수 있어, 예를 들어 식품의 경우 소비자는 농장에서부터 식탁에 오르기까지의 이력을 확인함으로써 제품의 신뢰도를 높이고 위조나 유통 과정의 조작을 방지할 수 있다.

에너지 관리 분야에서도 블록체인은 개인이나 기업이 생산한 태양광 등 재생 가능 에너지를 블록체인 기반 플랫폼을 통해 직접 거래할 수 있도록 지원함으로써, 에너지 생산과 소비의 분산화를 가능하게 하고 도시 전체의 에너지 효율을 높이는 동시에 탄소 배출 저감에도 실질적인 기여를 할 수 있다.

스마트도시는 시민들의 개인 데이터를 블록체인에 안전하게 저장하고 정보 제공 여부를 사용자의 동의에 따라 제어할 수 있는 시스템을 구축함으로써 개인정보 유출 위험을 최소화하고, 시민이 자신의 정보에 대한 통제권을 갖는 구조를 통해 전반적인 데이터 신뢰도와 시민 만족도를 향상시킬 수 있다.

블록체인은 스마트도시의 운영 방식을 혁신적으로 변화시키는 핵심 기술이다. 공공 서비스의 투명성과 효율성을 높이고, 개인의 안전한 데이터 관리와 스마트 계약을 통한 자동화를 가능하게 한다. 앞으로 블록체인이 더욱 발

2. 스마트도시의 주요 분야

전함에 따라 스마트도시의 다양한 분야에서 그 응용 범위가 더욱 확대될 것으로 기대된다. 이러한 변화는 시민들의 생활을 보다 편리하고 안전하게 만들어줄 것이다.

Fig 68. 국가가 발행하는 화폐는 국가의 가장 큰 권력 도구이자 통제 도구이다. 하지만 암호화폐는 국가의 통제를 벗어나면서도 신뢰와 안정을 담보할 수 있다.

● 디지털 화폐(Digital Currency) 기술

디지털 화폐는 전통적인 형태의 화폐가 아닌 전자적 형식으로 존재하는 통화로, 온라인 및 디지털 환경에서 거래와 저장이 가능하다. 이는 중앙은행에서 발행하는 중앙은행 디지털 화폐(CBDC, Central Bank Digital Currency)와 민간 기업이 발행하는 암호화폐(Cryptocurrency)로 구분된다. 디지털 화폐는 기존의 금융 시스템을 혁신적으로 변화시키고, 거래의 효율성과 안전성을 높이는 데 기여하고 있다.

중앙은행 디지털 화폐(CBDC)는 국가의 중앙은행이 직접 발행하고 법정 통화와 동일한 효력을 가지는 디지털 형태의 화폐로서, 현금과 연동되는 구조 속에서 금융 거래의 안전성과 효율성을 제고하며, 통화 정책 수단으로도 활용 가능한 동시에 정부와 중앙은행의 엄격한 관리 하에 사용자에게 직접 제공된다는 점에서 기존의 민간 디지털 자산과 구별된다.

암호화폐는 블록체인 기반의 분산원장 기술을 통해 중앙 기관 없이도 거래의 신뢰성과 투명성을 확보하는 디지털 화폐로, 비트코인, 이더리움, 솔라나, 리플 등 다양한 종류가 존재하며, 개인 간 직접 거래(P2P)를 가능하게 하여 금융 중개자의 역할을 축소하고 탈중앙화된 금융 생태계를 형성하는 핵심 수단으로 기능하고 있다.

디지털 화폐는 온라인 환경에서 즉각적인 거래가 가능하다는 점에서 송금과 결제 과정이 한층 더 빠르고 효율적으로 이루어진다. 특히, 국제 거래의 경우 중개 은행을 거치지 않고 직접 거래가 가능하여, 수수료 절감 효과가 크다. 이러한 특징은 소상공인과 소비자 모두에게 상당한 이점을 제공한다. 디지털 화폐의 거래 기록은 블록체인 또는 중앙 데이터베이스에 안전하게 저장되어 누구나 접근할 수 있으며, 이로 인해 거래의 투명성이 대폭 강화된다. 이는 자금 세탁 및 불법 거래 방지에도 크게 기여하며, 정부와 금융 기관이 이러한 데이터를 분석하여 더욱 정교한 정책 결정을 내리는 데 중요한 역할을 한다. 디지털 화폐는 강력한 암호화 기술을 통해 안전하게 거래되며, 해킹이나 데이터 변조의 위험을 크게 줄인다. 또한, 사용자 인증이 필요한 경우에도 보안성이 크게 강화되어 금융 거래의 신뢰성을 높이는 데 기여한다.

  디지털 화폐 기술은 스마트도시의 발전에서 핵심적인 역할을 하며, 주민들의 생활 방식을 혁신하고 경제 활동을 촉진하는 데 크게 기여한다. 디지털 화폐의 도입은 결제 시스템을 단순화하는 동시에 공공 서비스의 투명성을 강화하고, 경제적 효율성을 높이는 효과를 제공한다. 이러한 변화는 스마트도시의 목표인 지속 가능하고 효율적인 사회 구현에 중대한 기여를 할 것으로 기대된다. 디지털 화폐 기술의 발전은 앞으로 더욱 주목받을 것이며, 그 응용 가능성은 다양한 분야에서 무한히 확장될 것이다.

2.12 스마트 물류 - Smart Logistics

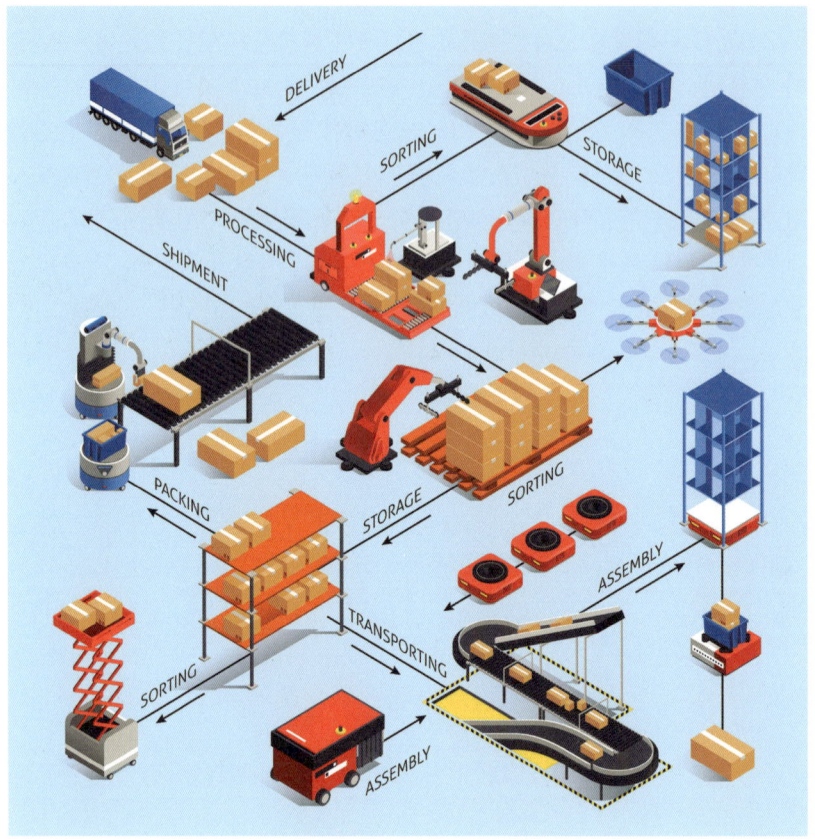

Fig 69. 스마트 물류는 사실 스마트 기술의 핵심이다. 우리가 집 밖에 나가지 않고 상품을 집에서 수령할 수 있는 건 전적으로 물류 시스템 덕분이기 때문이다.

● 스마트 물류의 정의 및 필요성

　스마트 물류는 물류의 효율성을 극대화하기 위해 정보통신기술(ICT), 사물인터넷(IoT), 인공지능(AI), 빅데이터(Big Data) 등의 첨단 기술을 접목한 물류 시스템을 의미한다. 전통적인 물류 시스템은 각각의 단계에서 비효율과 자원 낭비가 발생할 가능성이 크다. 그러나 스마트 물류는 이러한 비효율을 개선하고, 물류 프로세스 전반에 걸쳐 최적화를 이루어내는 것을 목표로 한다. 스마트 물류는 제조, 운송, 보관, 배송 등의 각 단계에서 실시간으로 수집된 데이터를 분석하여 수요 예측, 재고 관리, 물류 경로 최적화 등을 통해 비용 절감과 더불어 운영 효율성을 극대화할 수 있다.

스마트 물류는 특히 고객 맞춤형 물류 서비스 제공이 가능하다는 점에서 큰 장점을 지닌다. 데이터 분석을 통해 고객의 개별 요구 사항을 파악하고 이에 맞춰 물류 시스템을 조정할 수 있기 때문이다. 예를 들어, 특정 지역에서의 수요 변화를 예측하여 물류 자원을 그에 맞게 분배함으로써 빠르고 정확한 배송을 실현할 수 있다. 이러한 개인화된 대응은 물류 효율성을 높일 뿐만 아니라 고객 만족도 향상에도 기여한다.

하지만 스마트 물류의 확산과 함께 데이터 보안 문제 또한 중요하게 대두된다. 물류 단계에서 수집되는 데이터에는 민감한 개인정보나 중요한 정보가 포함될 수 있기 때문이다. 이를 해결하기 위해서는 블록체인 기술의 적용이 필수적이다. 블록체인 기술을 활용하면 각 물류 단계에서 발생하는 데이터를 안전하게 보호할 수 있으며, 물류망 추적과 거래 관계 확인 등을 더욱 투명하게 할 수 있다. 이를 통해 스마트 물류는 보안 강화와 더불어 공급망의 신뢰도를 높이는 데도 기여할 수 있다.

● 스마트 물류의 주요 기술

　스마트 물류의 핵심은 다양한 첨단 기술의 결합과 이를 효과적으로 활용하는 데 있다. 아래는 스마트 물류를 구성하는 주요 기술들이다.

사물인터넷(IoT)

　IoT는 물류 네트워크에 연결된 장비와 센서를 통해 물류 과정에서 발생하는 데이터를 실시간으로 수집하고 관리하는 데 필수적인 역할을 한다. 이러한 데이터는 화물의 위치 추적, 상태 모니터링, 환경 변화 대응 등에서 중요한 정보를 제공하며, 물류 시스템의 투명성을 높이고 운영 과정을 보다 정밀하게 관리할 수 있게 한다. IoT는 화물의 온도, 습도, 진동 등을 감지하여 상품의 손상 가능성을 줄이고, 이를 통해 물류의 품질을 높일 수 있다.

인공지능(AI) 및 머신러닝(Machine Learning)

　AI는 물류 시스템에서 발생하는 대량의 데이터를 분석하고, 이를 기반으로 물류 경로 최적화, 재고 관리, 비용 절감 등을 실현한다. 머신러닝은 데이터의 패턴을 학습하여 물류 네트워크 내에서 발생할 수 있는 병목 현상을 예측하고, 이를 사전에 해결할 수 있도록 돕는다. 예를 들어, AI는 교통 상황이나 날씨 데이터를 실시간으로 분석하여 가장 효율적인 경로를 선택하고, 도로 혼잡을 피하는 경로를 제안함으로써 배송 시간을 단축할 수 있다. 또한, 도로 통행량이 적은 시간에 배송을 집중시키는 유연한 요금 체계를 통해 물류량을 분산할 수 있다.

빅데이터(Big Data) 분석

　물류 시스템에서 발생하는 방대한 양의 데이터를 분석하는 빅데이터 기술은 스마트 물류에서 핵심적인 역할을 한다. 물류 과정에서 생성되는 데이터를 기반으로 수요를 예측하고, 이에 맞춰 재고를 관리함으로써 비용을 절감할 수 있다. 빅데이터 분석은 물류 경로 최적화에도 중요한 영향을 미치며, 이를 통해 불필요한 이동 경로를 줄이고 연료 소비를 최소화할 수 있다. 이는 결과적으로 운영 효율을 높이고, 물류 비용을 절감하는 데 기여한다.

자율주행 및 로봇 기술

자율주행 기술과 로봇은 스마트 물류에서의 자동화 수준을 크게 향상시킨다. 자율주행 차량은 장거리 및 중간 구간(미들마일) 물류에서 중요한 역할을 한다. 24시간 운행이 가능한 자율주행 트럭은 인간 운전자의 피로 문제나 근로 시간 제한을 해결하며, 물류의 신속성과 비용 효율성을 크게 높인다. 자율주행 기술은 특히 물류 허브 간 운송에서 중요한 역할을 하며, 물류망의 효율적인 연결을 가능하게 한다. 창고 내에서 로봇을 활용한 물류 자동화는 물품의 분류와 이동을 자동으로 처리함으로써 인력 의존도를 줄이고, 물류 처리 속도를 빠르게 하는 데 기여한다.

디지털 트윈(Digital Twin)

디지털 트윈은 실제 물류망을 가상 공간에 복제하여 다양한 실험과 시뮬레이션을 가능하게 하는 기술이다. 디지털 트윈을 활용하면 물류망에서 발생할 수 있는 잠재적 문제를 사전에 파악하고, 이를 해결하기 위한 최적의 전략을 마련할 수 있다. 또한, 새로운 기술이나 시스템을 안전하게 테스트할 수 있으며, 물류망의 운영 효율을 높이기 위한 다양한 시나리오를 시뮬레이션할 수 있다.

● 스마트 물류의 성공 사례

스마트 물류의 성공 사례로는 아마존(Amazon)과 DHL, 센디(Sendy)가 대표적이다.

아마존(Amazon)

Fig 70. 드론을 사용하여 상품 배송을 테스트하는 아마존 직원들의 모습.

아마존은 스마트 물류 시스템을 통해 전 세계적으로 빠르고 정확한 배송 서비스를 제공하고 있다. 아마존의 물류 창고에서는 Kiva 로봇이 물품을 자동으로 분류하고 이동시키며, 이를 통해 인력의 효율성을 극대화하고 있다. 또한, 아마존은 프라임 에어(Prime Air)를 통해 드론 배송 시스템을 도입하여 고객에게 신속한 배송 서비스를 제공하고 있다. 이러한 기술적 혁신은 고객의 만족도를 높이는 동시에 운영 비용을 절감하는 데 기여하고 있다. 아마존의 물류 시스템은 물류 과정을 효율적으로 관리하고, 고객 맞춤형 서비스를 제공하는 데 성공적인 모델로 자리 잡았다.

Fig 71. DHL의 물류 처리 로봇. 사람이 지게차를 몰 필요가 없어졌다.

DHL

DHL은 로보틱 프로세스 자동화(RPA)를 도입하여 물류 프로세스를 혁신적으로 개선한 사례이다. 특히 DHL Global Forwarding과 Freight 부문에서는 UiPath와 협력하여 글로벌 프로세스 자동화 허브를 구축하였다. 이를 통해 비행 데이터와 운영 데이터를 결합한 보고서를 자동으로 생성하는 "포스트 플라이트(Post Flight)" 시스템을 도입하여, 기존 인력이 수행하던 작업을 자동화하였다. 이로 인해 인력 절감과 더불어 물류 프로세스의 투명성을 높였으며, 고객 서비스의 질도 개선되었다. DHL은 RPA 도입 후 물류 프로세스에서 300명 이상의 인력이 처리하던 업무를 로봇으로 대체하였고, 이를 통해 직원들은 보다 창의적이고 전략적인 업무에 집중할 수 있게 되었다.

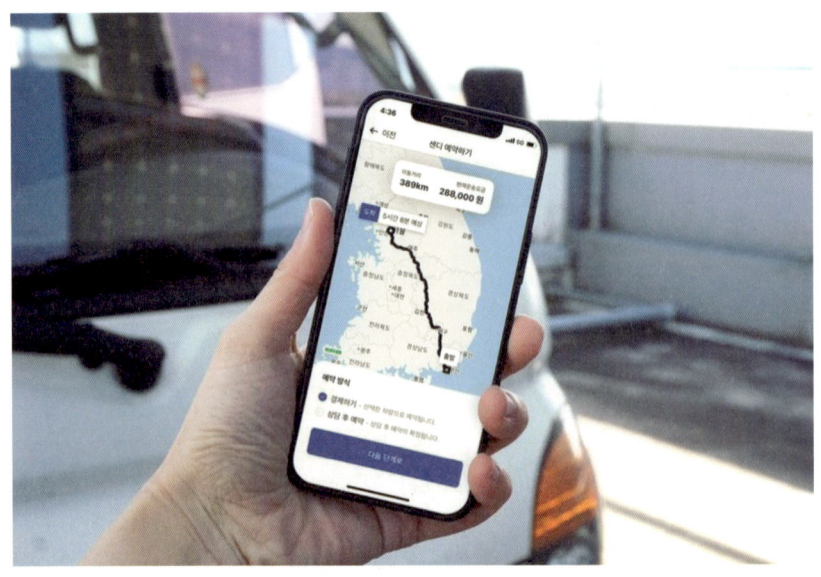

Fig 72. 화물트럭과 고객을 연결해주는 화물 물류 매칭 플랫폼, 센디. 전형적인 사용자-서비스 연결 플랫폼인데 물류의 전반적인 효율 향상을 이끌어낸다.

센디(Sendy)

  센디라는 스타트업은 1톤이상 화물트럭과 고객을 연결해주는 화물 물류 매칭 플랫폼 기업이다. 이 기업은 AI 컨텍스트 매칭 기술을 활용해 화물 트럭들의 차종, 차량 옵션 부터 선호 물품, 기사 활동 지역, 운행 스케쥴, 공차 정보 등의 데이터를 미리 파악하여 고객과 매칭해준다. 이로 인해 기사들은 공차로 이동 예정인 시간에 공차 경로에 맞춰 화물을 배차받아 운행을 할 수 있게 되고, 고객들은 10% 이상 싼 가격으로 물건을 운송할 수 있어 화주와 차주를 모두 만족시키는 결과를 만들어내고 있다.

● 자율주행 트럭과 미들마일 물류 혁신

  자율주행 트럭은 특히 미들마일 물류(Middle-Mile Logistics)에서 중요한 역할을 한다. 미들마일 물류는 대규모 창고나 분배 센터에서 소매점이나 지역 허브로 물품이 이동하는 과정으로, 이 구간의 효율성은 전체 물류 시스템의 생산성을 결정하는 중요한 요소이다. 자율주행 트럭은 이 구간에서 발생하는 인건비와 연료비를 크게 절감할 수 있으며, 24시간 운행이 가능하다는 점에서 인간 드라이버에 의존하는 기존 시스템의 한계를 극복할 수 있다.

Fig 73. 사람 없이 운행하는 자율주행트럭은 물류의 전반적인 효율을 크게 높인다.

자율주행 트럭의 대표적인 성공 사례로는 Gatik과 Walmart의 협력 사례가 있다. Gatik은 자율주행 트럭을 활용하여 Walmart의 대형 소매 물류망을 운영하고 있으며, 이를 통해 미들마일 구간에서의 운영 비용과 인건비를 절감하고 있다. 자율주행 트럭은 실시간 교통 상황과 날씨 데이터를 분석하여 최적의 경로를 선택함으로써 물류 프로세스의 신속성과 효율성을 크게 향상시킨다. 이로 인해 자율주행 트럭은 물류 네트워크의 중요한 연결 고리로 자리잡고 있으며, 장기적으로 허브-투-허브(Hub-to-Hub) 모델에서 더욱 널리 활용될 전망이다.

McKinsey의 연구에 따르면 자율주행 트럭은 장거리 운송에서 물류 비용을 45%까지 절감할 수 있으며, 이는 연료 효율성 향상과 사고 감소로 이어질 수 있다. 자율주행 트럭은 인간 운전자의 피로 문제를 해결하고, 운송의 신속성을 높이며, 24시간 운행이 가능해진다는 장점을 갖고 있다. 또한, 자율주행 트럭의 도입으로 인해 장거리 물류 과정에서 인건비와 연료비를 절감할 수 있을 뿐만 아니라, 교통 체증이나 도로 혼잡을 피하는 경로를 선택함으로써 전체 물류 시스템의 생산성을 더욱 극대화할 수 있다.

장기적으로 자율주행 트럭은 허브-투-허브(Hub-to-Hub) 물류 모델에서 핵심적인 역할을 할 것으로 예상되며, 이를 통해 물류 네트워크의 자동화 수준이 크게 향상될 것이다. 이러한 자동화는 미들마일 뿐만 아니라 라스트마일(Last-Mile) 배송에서도 자율주행 기술을 활용한 차량과 로봇이 적용될 가능성이 높아, 물류 전반의 효율성을 높이고 비용 절감을 가져올 것으로 보인다.

- **라스트마일 배송의 혁신**

라스트마일 배송은 물류 시스템의 마지막 단계로, 고객에게 물품을 직접 전달하는 중요한 과정을 포함한다. 이 단계는 전체 물류 비용의 41~53%를 차지할 만큼 큰 비중을 차지하며, 효율적인 운영이 필수적이다. 라스트마일 배송에서의 혁신은 특히 고객 만족도와 물류 효율성을 동시에 높이는 데 중점을 두고 있다.

라스트마일 배송의 혁신 요소 중 하나는 도심 물류센터와 마이크로 풀필먼트 센터의 도입이다. 이러한 시설은 도심에 위치하여 배송 시간을 단축하고, 빠른 서비스를 제공함으로써 고객 만족도를 높이는 데 기여하고 있다. 이 센터들은 물류 허브로서 기능하며, 대규모 창고에서 배송을 대기하는 물품들을 도심 가까이로 이동시켜 배송 속도를 높인다. 이는 특히 대도시에서 물류 프로세스의 효율성을 극대화하는 중요한 역할을 한다.

또한, AI 기반 실시간 추적 시스템의 도입은 물류 관리자가 데이터 기반의 의사 결정을 내릴 수 있도록 돕는다. 이 기술은 물류 경로를 실시간으로 모니터링하고, 예상치 못한 문제가 발생했을 때 빠르게 대응할 수 있도록 한다. 예를 들어, 물류 관리자는 배송 지연을 감지하고, 고객에게 실시간으로 상황을 알릴 수 있다. 이러한 시스템은 물류 운영의 투명성을 높이는 동시에, 고객에게 더 나은 서비스를 제공하는 데 기여한다.

라스트마일 배송의 또 다른 혁신 요소는 드론과 자율주행 차량의 활용이다. 드론은 교통 체증을 피하고, 험난한 지형이나 접근하기 어려운 지역에도 신속하게 물품을 배송할 수 있다. 아마존은 드론 기술을 대규모로 도입하여 라스트마일 배송의 선도적인 역할을 하고 있으며, 이를 통해 고객에게 더 빠른 배송 서비스를 제공하고 있다. 자율주행 차량은 택배 차량으로 활용되어 고객의 문 앞까지 물품을 안전하고 신속하게 전달하는 역할을 한다. 이는 특히 교통 혼잡이 심한 도심 지역에서 라스트마일 배송의 효율성을 크게 높일 수 있는 혁신적인 방법이다.

이와 같은 라스트마일 배송 기술의 발전은 기업에게 경쟁 우위를 제공하며, 고객 경험을 개선하는 데 중요한 역할을 한다. 물류 시스템에서 라스트마일 배송이 차지하는 중요성을 고려할 때, 이러한 혁신적인 기술 도입은 물류 산업의 전반적인 발전에 큰 영향을 미칠 것이다.

● 스마트 물류의 지속 가능성

스마트 물류는 지속 가능성을 실현하는 데 중요한 역할을 한다. 물류 시스템에서 불필요한 단계를 줄여 탄소 배출을 줄이고, 친환경적인 물류 운영을 실현하기 위한 다양한 기술이 도입되고 있다. 그 중 대표적인 기술로는 전기 화물차와 자율주행 트럭, 공차문제 해결이 있으며, 이는 기존 내연기관 차량을 대체하면서 물류 시스템의 환경적 영향을 줄이는 데 기여하고 있다.

전기 화물차는 기존의 화석연료를 사용하는 내연기관 차량과 달리, 탄소 배출이 거의 없다는 점에서 친환경적이다. 전기차는 충전 인프라가 구축됨에 따라 물류 과정에서 에너지 비용을 절감할 수 있으며, 전력의 재생 기능 에너지원 사용을 통해 물류의 친환경성을 더욱 강화할 수 있다. 또한, 전기 화물차는 도심 내에서 저소음 운행이 가능하기 때문에 도심 물류에서도 더욱 적합한 선택이 될 수 있다.

자율주행 트럭 역시 스마트 물류에서 지속 가능성을 강화하는 핵심 요소이다. 자율주행 트럭은 연료 소비를 최적화함으로써 불필요한 에너지 낭비를 줄이고, 연료 효율성을 높이는 데 기여한다. 예를 들어, AI 기반의 경로 최적화 기술을 통해 가장 효율적인 경로를 선택하고, 차량의 공회전을 줄이는 방식으로 에너지 소비를 최소화할 수 있다. 이러한 기술들은 장기적으로 물류 시스템의 환경적 영향을 크게 줄일 수 있으며, 기업의 비용 절감에도 긍정적인 영향을 미친다.

또한, AI와 빅데이터를 활용한 물류 경로 및 재고 관리의 효율화는 불필요한 자원의 낭비를 줄이고, 탄소 배출을 감소시키는 데 기여한다. 예를 들어, 수요 예측을 통해 재고를 적절하게 유지함으로써 물류 이동 횟수를 줄이고, 이를 통해 물류 과정에서 발생하는 탄소 배출을 최소화할 수 있다. 이와 같은 기술적 개선은 물류 시스템의 전반적인 지속 가능성을 높이고, 기업들이 ESG(Environmental, Social, Governance) 경영 목표를 달성하는 데 기여할 수 있다.

또한, 자율주행 트럭은 기존 내연기관 차량보다 탄소 배출량이 현저히 적다. 이는 장기적으로 환경 친화적인 물류 시스템을 구축하는 데 기여할 수 있으며, 물류 기업들은 이를 통해 사회적 책임을 다하는 동시에 비용 절감 효과를 누릴 수 있다. 전기차와 재생 가능한 에너지를 적극적으로 활용하는 물류 시스템은 장기적으로 물류 산업의 환경적 영향을 줄이는 데 기여할 뿐만 아니라, 지속 가능한 발전을 이루는 데 중요한 역할을 할 것이다.

디지털 트윈을 활용한 물류 시스템 개선도 지속 가능성 향상에 기여한다. 디지털 트윈을 통해 가상으로 물류 시스템을 시뮬레이션하여 에너지 소비를 줄일 수 있는 방법을 모색하고, 효율적인 경로를 선택함으로써 탄소 배출을 최소화할 수 있다. 이는 물류 시스템에서 발생하는 에너지 낭비를 줄이고, 지속 가능한 물류 운영을 가능하게 하는 데 중요한 기술적 도구로 활용될 수 있다.

Fig 74. 스마트 물류가 완성되면 문자 그대로 모든 상품의 가장 효율적인 경로를 따라 모든 이에게 전달될 것이다.

● 스마트 물류의 미래 전망

스마트 물류의 미래는 디지털 트윈, AI, 블록체인, 자율주행 기술 등 첨단 기술의 발전에 크게 영향을 받을 것이다. 이러한 기술들은 물류 시스템의 효율성을 극대화하고, 물류 서비스의 신속성과 정확성을 높이는 데 중요한 역할을 할 것이다.

먼저, 디지털 트윈 기술은 물류 시스템을 가상으로 시뮬레이션하여 운영 효율성을 높이고, 잠재적인 문제를 사전에 해결할 수 있는 기술로 각광받고 있다. 디지털 트윈을 통해 물류 과정에서 발생할 수 있는 다양한 시나리오를 테스트하고, 최적의 SCM(Supply Chain Management) 경로를 찾아낼 수 있다. 이는 물류 시스템에서 발생할 수 있는 리스크를 줄이고, 에너지 소비를 최소화하는 방법을 찾는 데 중요한 역할을 할 것이다. 특히, 복잡한 물류망에서 발생할 수 있는 병목 현상이나 비효율적인 경로 선택을 미리 파악하고, 이를 해결할 수 있는 해결책을 제시할 수 있다.

또한, AI 기술은 물류에서 실시간 추적과 예측 분석을 가능하게 하여 물류 경로 최적화와 비용 절감에 큰 기여를 할 것으로 기대된다. AI 기반의 물류 경로 최적화는 연료 소비를 줄이고, 배송 시간을 단축하며, 고객에게 더욱 신속하고 정확한 서비스를 제공하는 데 중요한 역할을 한다. 예를 들어, AI는 실시간 교통 데이터와 날씨 정보를 분석하여 최적의 경로를 제시하고, 물류 관리자는 이를 바탕으로 효율적인 의사 결정을 내릴 수 있다.

블록체인 기술은 물류망에서의 투명성과 보안을 강화하는 데 핵심적인 역할을 할 것이다. 물류 프로세스에서 발생하는 거래 정보를 블록체인에 기록하면, 거래 내역을 쉽게 역추적할 수 있으며, 이 정보는 변조될 수 없기 때문에 보안이 강화된다. 블록체인은 특히 글로벌 물류망에서 중요한 역할을 하며, 물류 과정에서 발생할 수 있는 위조, 데이터 조작 등의 문제를 방지하는 데 기여할 것이다. 이를 통해 물류 시스템의 신뢰성을 높이고, 공급망 전체의 투명성을 강화할 수 있다.

미래의 스마트 물류는 자율주행 기술과 드론을 활용하여 더욱 자동화된 물류 시스템이 구현될 것이다. 자율주행 트럭은 물류 네트워크에서 중요한 역할을 할 것이며, 특히 장거리 운송과 허브 간 물류에서 큰 효율성을 가져올 것이다. 드론은 라스트마일 배송에서의 교통 혼잡을 줄이고, 빠른 배송을 실현하는 데 기여할 것이다. 이와 같은 자율주행 기술은 물류 산업의 자동화 수준을 높이고, 인력 의존도를 줄여 비용 절감과 더불어 신속한 서비스를 가능하게 할 것이다.

2. 스마트도시의 주요 분야

결론적으로, 스마트 물류는 다양한 첨단 기술의 발전에 따라 계속해서 진화하고 있으며, 물류 시스템의 효율성과 지속 가능성을 높이는 데 중요한 역할을 할 것이다. 이러한 기술들은 물류 운영의 투명성을 강화하고, 물류 프로세스를 자동화하며, 물류 시스템의 신뢰성을 높이는 데 기여할 것이다. 첨단 기술의 융합을 통해 스마트 물류는 미래 물류 시스템의 핵심 요소로 자리 잡을 것이며, 환경 친화적이고 비용 효율적인 물류 서비스의 제공이 가능해질 것이다.

3. 스마트도시의 사회적 쟁점

3.1 정보 권력과 빅브라더의 가능성

 스마트도시의 개발과 운영은 방대한 데이터를 수집하고 분석하는 과정에 크게 의존하고 있으며, 이로 인해 개인정보 보호와 관련된 윤리적 문제가 중요한 사회적 쟁점으로 부상하고 있다. 스마트도시 기술의 궁극적인 목적은 시민의 삶의 질을 향상시키는 것이지만, 그 이면에는 개인의 사생활 침해 가능성과 데이터의 오남용이라는 위험 요소가 존재한다.

 스마트도시 운영의 핵심은 도시 전역에서 데이터를 실시간으로 수집하고 이를 바탕으로 도시 시스템을 시민의 편의와 안전을 위해 정밀하게 제어하는 데 있다. 그러나 이 구조에서 가장 본질적인 질문은 '누가' 이러한 시스템을 운영하고 결정하는가에 있다. 데이터를 기반으로 의사결정을 내리는 주체에 따라 도시의 방향과 시민의 삶은 크게 달라질 수 있기 때문이다.

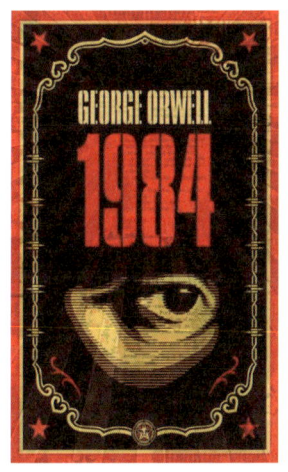

Fig 75. 조지 오웰의 작품 1984. 독재 국가의 감시 시스템에 대해 그린 소설이다.

 이러한 이유로, 시스템의 운영 주체는 반드시 시민을 대표할 수 있는 인물이어야 하며, 더 나아가 도시 전체를 책임지고 이끌 수 있는 자격을 갖춘 인물이어야 한다. 아무리 시스템이 자동화되고 고도로 기계화되었다 하더라도, 그 근간에는 인간의 설계와 운영이 자리하고 있다. 설령 완전한 AI 시스템이 등장한다 하더라도, 이를 완전히 가치 중립적으로 만드는 일은 쉽지 않다. 왜냐하면 시스템에는 그것을 설계하고 구축한 사람의 의도와 가치관이 자연스럽게 반영될 수밖에 없기 때문이다.

따라서 '누가' 스마트도시의 운영 체계를 설계하고 실행하느냐는 스마트도시 운영에서 매우 중요한 과제가 된다. 만약 시민의 손으로 선출된 민주적인 정부의 공직자들이 언론의 감시 아래 도시를 운영한다면, 비교적 안정적인 운영이 가능할 것이다. 우리나라는 IT 강국이자 언론의 자유가 보장된 국가로, 도시 시스템에서 문제가 발생하면 언론이 이를 적극적으로 보도하는 경향이 강하다. 이러한 구조는 도시 관리자에 대한 감시와 견제를 가능하게 하며, 시민의 권익 보호에 일정한 역할을 하고 있다.

그러나 만일 민주주의가 제대로 작동하지 않거나, 시민들의 도시 운영에 대한 관심과 참여가 저조하다면 문제는 복잡해진다. 더 나아가 선전과 대중조작에 능한 지도자가 권력을 독점하고, 독단적인 방향으로 도시 시스템을 운영하게 된다면, 이는 심각한 통제 사회로 이어질 가능성도 존재한다.

조지 오웰의 디스토피아 소설 『1984』에 등장하는 '빅브라더'는 이러한 우려를 상징적으로 보여주는 존재이다. 소설 속 국가 '오세아니아'의 지도자인 그는 텔레스크린과 도청장치 등을 통해 국민을 상시 감시하며, 특정 이데올로기를 강요하고 개인의 일탈을 허용하지 않는 절대 권력자로 묘사된다. 이는 전체주의의 극단적 형태를 경고한 사례로, 당시 소련의 독재 체제에서 영감을 받았다는 평가가 지배적이다.

오늘날에도 일부 국가에서는 정보의 독점과 통제를 통해 유사한 권력 구조가 형성되고 있다는 지적이 있다. 예를 들어, 외부 정보를 철저히 차단하고 지도자의 권위를 절대적으로 선전하는 폐쇄적인 통치 방식은 『1984』와 유사한 측면을 보여준다. 특정 드라마나 콘텐츠를 시청한 것만으로도 처벌받는 사례는 정보 접근의 자유가 얼마나 제한될 수 있는지를 단적으로 보여준다.

 이처럼 정보가 소수의 권력 집단에 집중될 경우, 기술은 사회를 더욱 투명하고 효율적으로 만드는 수단이 아니라, 오히려 감시와 통제의 수단으로 전락할 위험이 있다. 고도로 발전한 IT 기술은 정보의 수집과 분석을 통해 사회 전체를 통제할 수 있는 가능성까지 열어놓고 있다. 결국 스마트도시의 기술적 진보는 그 기술을 누가, 어떤 목적을 가지고 활용하느냐에 따라 시민의 자유와 권리를 지키는 도구가 될 수도, 반대로 이를 침해하는 도구가 될 수도 있다.

Fig 76. 중국은 개혁개방 후 자본주의를 도입하였으나 여전히 사회주의 시장 경제 체제를 주장하며 공산당 일당 독재를 유지하고 있다.

 중국은 현재 전통적인 제조업을 넘어 정보통신 기술, 인공지능(AI) 분야까지 급속한 발전을 이루며 첨단 기술 국가로 변화하고 있다. 그러나 정치 체제는 여전히 공산당 중심의 일당 체제를 유지하고 있으며, 2025년 현재는 시진

평 국가주석을 중심으로 한 강력한 중앙집권적 통치 구조가 자리 잡아가고 있다. 이러한 정치·기술 환경 속에서, 중국 정부는 '그레이트 파이어월(Great Firewall)'이라 불리는 인터넷 통제 시스템을 국가 전반에 걸쳐 구축해왔다.

이 시스템은 인터넷 공간에 존재하는 외부 정보 유입을 차단하고, 동시에 온라인 상의 정보를 감시하는 방식으로 운영된다. 중국 내 이용자들은 구글, 페이스북 등 글로벌 플랫폼을 자유롭게 사용할 수 없으며, 대체로 자국 내 플랫폼을 이용해야 한다. 그러나 이들 자국 플랫폼 역시 정부의 엄격한 검열 아래 운영되며, 정치적 민감 사안에 대한 발언이나 공산당 정책에 비판적인 내용이 게시될 경우 계정 정지, 차단은 물론 실제 법적 처벌로 이어지는 사례도 보고되고 있다.

이러한 인터넷 통제는 시민 개개인의 표현의 자유에 일정한 제약을 가하는 동시에, 온라인 여론 형성에 대한 정부의 영향력을 강화하는 수단으로 기능하고 있다. 공산당은 실시간으로 온라인상에 유통되는 정보를 감시하고 있으며, 체제에 반하는 정보는 조기에 차단함으로써 사회적 파장을 사전에 차단하는 구조를 갖추고 있다. 결과적으로, 디지털 기술은 여론 형성과 정치 참여의 영역에서도 국가 통제력을 강화하는 도구로 활용되고 있다.

시진핑 주석의 통치 체제가 안정적으로 공고화된 데에는 이러한 디지털 기반 여론 관리가 일정한 역할을 했다는 분석도 있다. 정보의 흐름이 엄격히 통제되는 환경에서는 대중이 다양한 의견을 접하기 어렵고, 이에 따라 정책에 대한 공개적 비판이나 반대 목소리 역시 제한될 수 있다. 이러한 정보 환경은 민주적 소통보다는 체제 유지와 권력 집중을 우선시하는 방향으로 작동할 가능성이 있다.

Fig 77. 중국은 전세계에서 CCTV가 가장 많은 나라이다.

중국에서는 온라인 공간뿐만 아니라 오프라인 환경에서도 광범위한 감시 체계가 작동하고 있다. 도시 전역에 설치된 CCTV와 이를 기반으로 한 인공지능 기술은 개인의 이동 경로와 행동을 실시간으로 파악할 수 있도록 설계되어 있다. 얼굴 인식 기술이 적용된 이 시스템은 특정 인물의 신원을 식별할 수 있을 뿐 아니라, 법규 위반 여부까지 자동으로 탐지할 수 있는 수준에 이르렀다. 이는 스마트도시 기술이 정교하게 구현되었으나, 그 인프라가 권력에 의해 독점적으로 활용되는 사례로 볼 수 있다.

중국 정부는 이러한 기술 기반의 감시 체계를 사회 신용 제도와 연계하여 운영하고 있다. 사회 신용 점수는 개인의 행위와 공공질서 준수 여부 등을 종합적으로 평가하여 부여되며, 점수가 낮을 경우 금융 거래, 취업, 교육, 해외여행 등의 영역에서 제한을 받을 수 있다. 이는 시민 개개인의 생활 전반이 실시간으로 평가되고, 규범에서 벗어날 경우 실질적인 불이익으로 이어지는 구조를 의미한다.

이 제도는 법질서 유지를 위한 수단으로 해석될 수도 있지만, 모든 사회 영역에서의 감시와 평가가 광범위하게 이루어지는 현실은 개인정보 보호와 사생활의 자유라는 측면에서 논란이 될 여지를 남긴다. 감시의 목적과 범위가 적절하게 규정되지 않거나, 그 권한을 가진 주체가 시민의 대표성을 지니지 못할 경우, 기술이 자유를 제한하는 방향으로 작동할 가능성도 배제할 수 없다.

특히 감시와 통제를 실행하는 주체가 동시에 규범을 설정하고 그 기준을 독점할 경우, 해당 규범이 공공의 이익이 아닌 권력의 유지를 위한 수단으로 작용할 우려가 있다. 이는 '절대 권력은 반드시 부패한다'는 고전적인 통찰을 다시금 떠올리게 한다.

감시 체계의 운영은 궁극적으로 적법성과 정당성을 갖춘 통치 주체에 의해 이루어져야 한다. 그러나 만일 그 권력이 부패하거나 시민의 통제를 벗어날 경우, 기술은 권력 집중의 도구로 전락할 수 있다. 실제로 중국에서는 일부 정보통신 기술이 정권의 통제력을 강화하는 방향으로 활용되고 있다는 평가도 있다.

대표적인 사례로, 중국의 대형 전자상거래 기업인 알리바바의 창업자 마윈은 과거 금융당국의 정책을 비판한 연설 이후 오랜 기간 공개석상에서 모습을 드러내지 않았으며, 그가 설립한 앤트 그룹의 경영권에서도 물러난 바 있다. 이는 기술과 자본을 보유한 민간 기업조차 공공 권력과의 갈등 속에서 제약을 받을 수 있음을 보여주는 사례로 해석될 수 있다.

3.2 기술 독점과 빈부 격차의 심화

● 정보 독점, 기술 독점

　스마트시티의 발전은 도시의 효율성을 극대화하고, 시민의 삶의 질을 향상시키는 데에 큰 기여를 할 수 있다. 교통, 환경, 에너지, 보건 등 다양한 도시 기능을 통합하고 최적화함으로써 보다 안전하고 편리한 도시 생활이 가능해진다. 그러나 이러한 기술적 진보는 한편으로 정보의 독점과 '빅브라더'와 유사한 감시 체제로의 전환 가능성이라는 중대한 우려도 동반하고 있다.

　실제로 중국의 사례를 보면, 스마트시티 기술이 정교하게 구현되고 있음에도 불구하고, 그 운영 권한이 독점적 정치 권력에 집중되면서 기술이 감시와 통제의 도구로 활용되고 있는 모습을 확인할 수 있다. 대규모의 정보가 단일한 중앙 서버에서 통제되며, 해당 정보가 정치적 목적으로 활용되는 경우 시민의 권리와 자유는 크게 위협받을 수 있다. 정보가 권력에 의해 일방적으로 관리되고 해석되는 구조는 곧 정보 남용의 위험을 내포하고 있다.

　스마트시티는 근본적으로 대규모 데이터를 기반으로 작동하는 시스템이다. 이 데이터는 교통 흐름, 에너지 사용량, 공공안전, 환경정보, 시민의 건강 및 생활 패턴 등 일상생활 전반에서 발생한다. 스마트시티의 효율적 운영을 위해 데이터 수집과 분석은 필수적이지만, 이러한 정보를 특정 권력 주체가 독점적으로 활용할 경우, 이는 심각한 개인정보 침해 및 인권 침해로 이어질 수 있으며, 결과적으로 시민의 자유를 제한하는 방향으로 작동할 우려가 있다.

　그렇다면, 민주주의 체제를 갖춘 국가들은 이러한 위험으로부터 자유로울 수 있을까? 한국이나 미국처럼 제도적 감시 체계와 언론의 자유가 보장된 국가라 하더라도 정보 독점의 가능성을 완전히 배제하기는 어렵다.

대한민국 서울의 경우, 스마트시티 관련 정보들은 비교적 개방적이고 투명하게 관리되고 있다. 시민들은 언론 보도나 정부의 정보공개 시스템을 통해 정책 추진 과정을 확인할 수 있으며, 대중교통 관련 정보나 도시 인프라 데이터 역시 웹이나 앱을 통해 실시간으로 접근이 가능하다. 시민이 자신이 이동한 경로를 확인할 수 있는 시스템도 갖춰져 있으며, 전자정부 시스템 역시 공공인증과 보안 체계를 기반으로 운영되고 있다. 무엇보다도 한국의 경우, 여야 정치세력이 상호 견제를 통해 권력의 과도한 집중을 방지하는 구조가 마련되어 있으며, 언론 또한 정부의 정보 관리에 대해 활발히 감시하고 있는 편이다.

그러나 이러한 제도적 안정성에도 불구하고, 정보 독점 문제는 여전히 존재한다. 특히 민주주의 국가라 하더라도 자본주의 시스템 안에서는 '정보'가 곧 자본으로 전환되는 핵심 자산이기 때문이다. 4차 산업혁명 시대에 이르러, 전통적으로 자본주의를 구성하던 토지, 노동, 자본이라는 요소에 더해, '데이터'가 새로운 생산요소로 부상하고 있다. 이 과정에서 대규모 데이터를 보유하고 분석할 수 있는 역량을 가진 기업이나 기관이 새로운 형태의 권력을 행사하게 되었으며, 이는 기술 독점과 정보 독점이라는 또 다른 불균형을 초래하고 있다.

결과적으로, 정보가 자본이 되는 시대에는 정보 접근과 활용의 공정성을 확보하는 것이 단지 개인정보 보호의 차원을 넘어, 사회 정의와 민주주의의 지속 가능성을 위한 핵심 과제가 된다. 스마트시티의 발전이 시민의 자유와 권리를 확대하는 방향으로 나아가기 위해서는, 정보의 주체가 시민임을 분명히 하고, 그 통제권이 민주적 절차를 통해 행사되어야 한다.

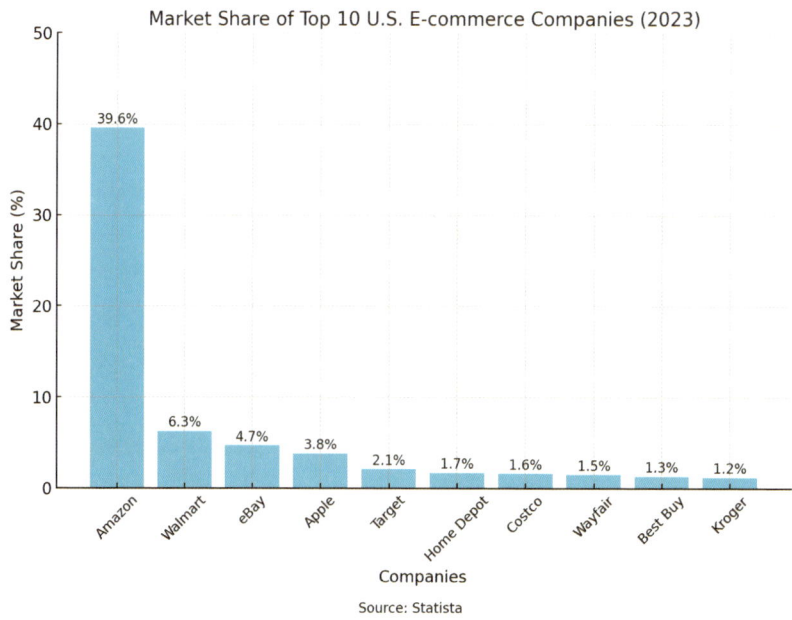

Fig 78. 미국 전자상거래 시장 점유율 그래프. 2위부터 10위까지 다 합쳐도 아마존을 따라잡을 수 없다.

　미국의 대표적인 이커머스 기업인 아마존(Amazon)은 2024년 현재, 미국 내 이커머스 유통 거래액의 약 40%를 차지하는 초대형 다국적 기업으로 성장하였다. 1994년, 제프 베이조스(Jeff Bezos)에 의해 온라인 서점으로 시작한 아마존은, 1997년부터 VHS, DVD, 음악 CD, 비디오 게임, 의류, 가구, 식료품, 장난감 등 다양한 제품군으로 확장하면서 급격한 성장을 이뤄냈다. 이는 전통적인 오프라인 상거래 활동을 온라인 플랫폼으로 옮기는 혁신적 전환의 시작이었으며, 아마존은 세계 최초의 전자상거래 사이트 중 하나로서 글로벌 유통 시장에 중대한 영향을 미쳤다.

　아마존은 오늘날 전자상거래 분야뿐 아니라, 데이터 기반 산업 전반에서도 가장 주목받는 기업 중 하나로 꼽힌다. 그 중심에는 아마존의 클라우드 컴퓨팅 서비스인 AWS(Amazon Web Services)가 있다. AWS는 전 세계에서 가장 많은 서버를 보유하고 있는 클라우드 플랫폼으로, 다양한 기업과 기관이 자신들의 서비스를 온라인상에서 구축하고 운영할 수 있도록 컴퓨팅 자원을 임대하는 서비스를 제공한다.

아마존은 2006년, 세계 최초로 클라우드 컴퓨팅 사업을 본격화하였다. 이 서비스는 기업 고객이 직접 서버를 구축하지 않아도, 아마존이 보유한 데이터 센터의 인프라를 활용해 손쉽게 가상 서버를 개설하고 운영할 수 있도록 한 것이 핵심이다. '클라우드'라는 용어는 이러한 서버들이 물리적으로 특정한 장소에 고정된 형태로 존재하지 않고, 분산된 데이터 센터 인프라를 통해 네트워크상 어딘가에 '가상'으로 존재한다는 개념에서 유래한다.

실제 AWS의 데이터 센터는 전 세계 주요 도시에 분산되어 있다. 사용자들은 보통 자신과 물리적으로 가장 가까운 데이터 센터에 연결되며, 서비스의 속도와 안정성을 높일 수 있다. 특히 AWS의 강점은 수많은 고객의 서버들이 동시에 서로 다른 데이터 센터에서 운영될 수 있도록 설계되어 있다는 점이다. 이는 하나의 서버를 복수의 지역에 분산 배치해 안정성을 극대화하는 동시에, 다양한 국가의 규제와 환경에 적응할 수 있도록 하는 기술적 기반을 의미한다.

이러한 인프라의 혁신 덕분에 AWS는 오늘날 수많은 글로벌 기업과 스타트업의 핵심 기술 파트너로 자리 잡았으며, 아마존은 단순한 유통 기업을 넘어 글로벌 ICT 산업 전반에서 중요한 역할을 수행하고 있다.

3. 스마트도시의 사회적 쟁점

Fig 79. AI가 생성한 데이터 센터 예시. 웹사이트나 게임을 운영하는 회사는 더이상 서버를 자신들이 구축하지 않는다. AWS나 Azure의 데이터 센터에서 가상 서버를 대여해 사용한다.

오늘날 전 세계 수많은 기업의 서버와 데이터는 아마존이 구축한 클라우드 인프라, 즉 AWS(Amazon Web Services)에 가상화된 형태로 존재하고 있다. 데이터는 특정한 물리적 공간이 아닌, 마치 구름처럼 분산된 환경에 저장되어 사용자 입장에서는 그 위치를 정확히 알 수 없지만, 광범위하게 존재한다. 이러한 클라우드 서비스의 등장으로 인해, 대용량의 데이터를 저장하고 분석할 수 있는 환경이 본격적으로 마련되었으며, 이는 빅데이터 산업의 본격적인 출발점으로 평가되기도 한다.

아마존은 자체 구축한 클라우드 인프라를 통해 전 세계 기업에 컴퓨팅 자원을 임대하고 있으며, 이를 통해 막대한 수익을 창출하고 있다. 단순히 유통 기업의 영역을 넘어서, 데이터 기반의 수익 구조를 갖춘 세계적 ICT 기업으로 자리매김한 것이다. 실제로 아마존은 2019년 시가총액 세계 1위에 올랐으며, 2024년 현재에도 여전히 상위 5위권을 유지하고 있다. 이는 AWS의 수익성과 시장 지배력이 상거래 부문을 뛰어넘는 영향력을 발휘하고 있다는 방증이기도 하다. 이커머스 부문이 높은 점유율에도 불구하고 상대적으로 낮은 마진

구조를 보이는 반면, AWS는 높은 수익성과 안정적인 수요를 기반으로 아마존의 핵심 수익원이 되어 왔다.

그러나 이와 같은 클라우드 인프라의 급속한 확산과 집중은 또 다른 문제를 야기하고 있다. AWS의 서비스가 세계적으로 압도적인 비중을 차지하면서, 하나의 장애가 광범위한 글로벌 서비스 중단으로 이어질 수 있기 때문이다. 예를 들어, 2021년 12월 북미 지역의 AWS 서버에 통신 장애가 발생했을 때, 트위치, 디스코드, 넷플릭스, 리그 오브 레전드 등 주요 서비스가 동시다발적으로 접속 장애를 겪었다. 한국에서도 2018년 11월 서울의 데이터 센터 장애로 인해 쿠팡, 마켓컬리, 배달의민족, 이스타항공, 나이키, 야놀자, 업비트, 코인원 등 다수의 서비스가 일시적으로 마비된 사례가 있다.

이러한 경험은 대중에게 한 가지 중요한 사실을 각인시켰다. 오늘날 일상생활의 상당 부분이 아마존의 클라우드 인프라에 의존하고 있으며, 단일 기업의 기술적 장애가 전 세계 경제 및 사회 시스템에 실질적인 영향을 미칠 수 있다는 점이다. 이는 음식 배달부터 항공 운항, 금융 서비스까지 다양한 산업이 클라우드 인프라에 기반하고 있음을 보여준다. 나아가 스마트시티와 같은 도시 운영 시스템 역시 클라우드 기반으로 운영된다면, 서버 장애나 사이버 공격이 발생할 경우 도시 전체가 일시적으로 정지하는 사태도 상상할 수 있게 된다.

더욱 중요한 문제는, 이처럼 막대한 영향력을 가진 인프라가 국가나 공공기관이 아닌, 아마존이라는 다국적 민간기업에 의해 운영되고 있다는 사실이다. AWS는 글로벌 정보통신망의 핵심 기반으로 작동하고 있지만, 언론이나 시민사회로부터 직접적인 감시를 받기 어려운 구조에 놓여 있다. 더불어, 아마존은 다국적 기업의 성격상 각국의 법률 체계를 완전히 적용받지 않으며, 조세 회피나 독점적 시장 지배에 대한 비판도 지속적으로 제기되어 왔다.

3. 스마트도시의 사회적 쟁점

예컨대, 아마존은 2020년 유럽에서 약 440억 유로의 매출을 기록했음에도 불구하고, 법인세를 납부하지 않았다는 사실이 알려지며 논란이 되었다. 그러나 이미 유럽의 이커머스 시장을 상당 부분 점유하고 있는 상황에서 소비자들이 이를 적극적으로 문제 삼기 어려운 현실이 존재한다. 기업의 책임을 묻기에는 그 영향력이 이미 너무 커져 있는 것이다.

이러한 현실은 우리가 기술과 정보의 집중이 초래할 수 있는 새로운 권력 구조에 직면해 있음을 시사한다. 특정 소수의 초대형 테크 기업이 기술과 데이터를 독점하는 시대에 진입한 지금, 이들 기업은 기존의 정부나 국가 기관 못지않은 영향력을 행사할 수 있는 위치에 있다. 기술과 정보는 더 이상 단순한 산업 자원이 아니라, 사회 전반을 통제할 수 있는 힘으로 작용하고 있으며, 이에 대한 민주적 통제와 제도적 견제가 필요하다는 목소리가 커지고 있다.

Fig 80. 전세계 기업 시가총액 순위 1위부터 10위까지의 그래프. 2024년 12월 기준, Happist.

현재 세계 시가총액 상위권에 위치한 기업들은 대부분 정보기술(IT) 대기업이며, 이들 중 다수는 빅데이터를 핵심 기반으로 삼아 막대한 수익을 창출하고 있다. 예외적으로 사우디아라비아의 아람코(Aramco)는 전통적인 에너지 산업, 특히 석유 부문을 기반으로 한 기업이지만, 그 외의 기업들은 대부분 데이터 기술을 중심으로 성장해왔다. 마이크로소프트(Microsoft), 아마존

(Amazon), 구글(Google)은 모두 글로벌 클라우드 컴퓨팅 시장을 선도하며, 전 세계 수많은 기업과 개인에게 컴퓨팅 자원을 제공하고 있다.

　이와 동시에 마이크로소프트, 구글, 애플(Apple)은 각기 고유의 운영체제(OS)를 통해 디지털 생태계를 구축하고 있다. 마이크로소프트는 '윈도우(Windows)', 구글은 '안드로이드(Android)', 애플은 'iOS'라는 OS를 제공하고 있으며, 이는 컴퓨터와 스마트폰 사용자들이 일상적으로 사용하는 필수적인 소프트웨어이다. 사실상 OS 시장에서 이들 세 기업이 독점적 지위를 차지하고 있는 상황으로, 사용자들이 선택할 수 있는 현실적인 대안은 매우 제한적이다.

　운영체제를 사용하는 순간, 이용자는 해당 기업이 구축한 데이터 생태계에 자연스럽게 진입하게 되며, 이 과정에서 다양한 사용자 정보가 기업 측에 수집된다. 단순한 기기 사용 정보뿐 아니라, 프로그램 이용 패턴, 검색 이력, 위치 정보, 결제 내역, 콘텐츠 소비 내역 등 폭넓은 데이터가 포함된다. 이러한 데이터는 기업의 제품 개선, 광고 최적화, 신규 서비스 개발 등 다양한 목적으로 활용된다.

　문제는 이처럼 방대한 데이터가 소수의 대형 플랫폼 기업에 집중되면서, 그들이 데이터 기반 시장을 장악하는 구조가 형성되고 있다는 점이다. 사용자는 특정 서비스를 이용하기 위해 해당 플랫폼에 의존할 수밖에 없고, 기업은 그 기반 위에서 막대한 영향력을 행사할 수 있게 된다. 이는 기술적 편의성과 생태계의 효율성이 뒷받침되는 한편, 결과적으로는 경쟁을 저해하고, 정보의 다양성과 소비자 선택권을 제한할 수 있는 시장 독점 구조로 이어질 가능성도 함께 내포하고 있다.

　오늘날 우리는 일상 속 대부분의 정보 소비와 물질 소비를 특정 IT 대기업에 의존하고 있다. 유튜브를 통해 미디어 콘텐츠를 시청하고, 구글의 플랫폼을 통해 모바일 애플리케이션을 이용하며, 아마존에서는 전 세계의 상품을 손쉽게 구매한다. 개인용 컴퓨터나 노트북 역시 대다수는 마이크로소프트(MS)나 애플(Apple)의 제품으로, 이들의 서비스를 사용하지 않고는 디지털 사회에서 생활하기 어려운 것이 현실이다.

Fig 81. 구글, 애플, 아마존, 페이스북, 마이크로소프트, 이런 빅테크 회사는 인류 전체를 사실상 지배하고 있다.

특히 미국의 경우, 아마존은 유통 시장에서 압도적인 점유율을 확보한 절대적 강자로 자리하고 있다. 이는 곧 많은 미국 소비자들이 아마존의 물류 시스템 없이는 일상생활을 유지하기 어렵다는 의미이기도 하다. 아마존은 편리한 서비스를 제공하는 동시에, 사용자 데이터를 수집·분석하여 개인 맞춤형 서비스를 제공한다. 이러한 알고리즘 기반 서비스는 사용자 편의성을 높이는 반면, 소비자의 구매 선택지를 실질적으로 제한할 가능성도 내포하고 있다. 사용자는 자신의 소비 결정이 자율적인 것처럼 느낄 수 있으나, 실제로는 알고리즘이 유도하는 방향에 따라 행동하게 되는 경우가 많다.

이러한 영향력은 'To be Amazoned'라는 신조어로도 표현된다. 이는 아마존이 특정 산업에 진입하면, 기존 기업들이 경쟁에서 밀려 도태되고 결국 아마존만이 살아남게 된다는 뜻을 담고 있다. 실제로 미국 내 장난감 유통업체 토이저러스, 스포츠용품 전문점 오서리티(Sports Authority), 그리고 전통적인 백화점 체인인 시어스(Sears), 메이시스(Macy's) 등의 많은 오프라인 매장이 폐점하거나 구조조정을 겪었다. 아마존은 자사의 클라우드 컴퓨팅 사업인 AWS에서 확보한 막대한 수익을 활용해 이커머스 부문에서 공격적인 가격 전략을 펼칠 수 있었고, 이는 유통 업계 전반에 치열한 출혈 경쟁을 유도하였다.

이러한 현상은 미국에만 국한되지 않는다. 한국의 경우, 쿠팡은 아마존을 벤치마킹하며 유사한 방식으로 국내 전자상거래 시장에서 빠르게 점유율을 확대하고 있다. 이로 인해 전통적인 오프라인 유통업체들, 예컨대 이마트, 롯데마트 등은 심각한 수익성 위기에 직면하고 있다. 소비자들은 점차 더 빠르고 편리한 온라인 유통을 선호하게 되었고, 스마트시티의 한 축인 '스마트 유통 시스템'이 확산되면서 오프라인 유통의 비중은 점점 줄어들고 있다. 그 결과, 기존 산업의 중심이었던 오프라인 유통 구조는 빠르게 쇠퇴하고 있으며, 시장 구조는 기술 기반의 신흥 기업 중심으로 재편되고 있다.

물론 이러한 유통업체 간 경쟁은 자본주의 시장에서 흔히 나타나는 현상이며, 소비자에게는 더 나은 서비스와 더 낮은 가격이라는 긍정적인 결과로 이어질 수 있다. 경쟁이 촉진되면서 물류 기술과 스마트 유통 인프라가 급속도로 발전하게 된 것도 사실이다. 하지만 문제는 이러한 경쟁의 끝에 기술과 데이터를 모두 독점한 소수의 거대 기업만이 살아남는 구조가 형성되고 있다는 점이다. 이들은 단순한 유통업체가 아닌, 정보와 기술을 기반으로 한 새로운 형태의 지배 권력을 가지게 된다.

결국 우리는 기술 기반 경쟁이 자유 시장의 원리에 따른 자연스러운 흐름인지, 아니면 거대 플랫폼 기업의 정보 독점과 권력 집중으로 이어지는 새로운 형태의 불균형인지에 대해 진지하게 고민할 시점에 도달해있다.

3. 스마트도시의 사회적 쟁점

● 빈부 격차의 심화

21세기의 저명한 미국 사회학자 제러미 리프킨(Jeremy Rifkin)은 그의 저서 『한계비용 제로 사회(The Zero Marginal Cost Society)』에서 자본주의가 스스로를 무너뜨리는 내재적 모순을 지니고 있다고 지적한다. 자본주의의 본질은 경쟁을 통해 생산성을 극대화하고, 규모의 경제를 실현하여 궁극적으로 이윤을 확대하는 데에 있다. 즉, 더 나은 품질의 상품과 서비스를 더 낮은 비용으로 제공함으로써 시장 우위를 점하려는 경쟁이 자본주의를 움직이는 핵심 동력이라는 것이다.

그러나 이러한 경쟁이 지속되면 생산자들은 단위당 생산 비용을 점차 낮추는 방향으로 압박을 받게 되고, 이 과정에서 이윤율은 점점 축소된다. 최종적으로는 마진을 가장 낮게 유지할 수 있는, 곧 생산 단가를 거의 제로에 가깝게 낮출 수 있는 극소수의 기업만이 시장에서 살아남게 된다. 리프킨은 이 지점에서, 자본주의가 오히려 자신의 기반을 무너뜨리는 아이러니한 상황을 초래한다고 본다.

지속되는 경쟁의 결과, 마지막까지 살아남은 최후의 생산자는 시장을 사실상 독점하게 되며, 나머지 생산자들은 경쟁에서 밀려나 도태된다. 즉, 자본주의는 경쟁을 통해 효율을 극대화하지만, 그 결과로 극소수의 독점자만이 생존하는 구조적인 모순을 내포하고 있다는 것이다. 이는 장기적으로 보았을 때, 자유롭고 다원적인 시장 생태계를 위협하고, 소비자의 선택권과 가격 결정 구조에도 중대한 영향을 미칠 수 있는 문제로 연결된다.

Fig 82. 제레미 리프킨의 저서, 한계비용제로사회. 자본주의 경쟁의 결과 상품과 서비스의 가격이 최적화되어 원가에 가까워진다면 역설적으로 자본주의는 그 원동력인 마진을 상실케 될 것을 예상하였다.

제레미 리프킨은 '한계비용 제로 사회'라는 개념을 통해, 자본주의 체제 내부에 내재한 구조적 모순을 지적하였다. 자본주의는 이윤, 곧 마진(margin)을 창출하기 위한 시스템이지만, 끊임없는 경쟁과 효율 추구는 오히려 이윤을 잠식하고 마침내 자본주의의 기반 자체를 붕괴시킬 수 있다는 것이다. 한계비용이 0에 수렴하는 경제 구조에서는 상품이나 서비스의 생산 단가가 거의 무의미해지며, 이로 인해 시장 경쟁은 극단적인 독점 구조로 귀결될 가능성이 크다. 리프킨은 이러한 흐름이 자본주의의 종말을 내포한다고 보았다.

이론적으로 설명되는 이러한 전개는 사실상 이미 현실 속에서 체감되고 있다. 특히 정보 상품의 경우, 그 복제와 유통에 드는 비용이 거의 제로에 가까워지면서, 실제 시장에서는 정보의 가격이 무료화되는 현상이 확산되고 있다. 유튜브를 통해 우리는 동영상을 무료로 시청하며, 뉴스나 음악, 각종 콘텐츠 역시 무료로 접근할 수 있는 시대에 살고 있다. K-팝과 같은 글로벌 콘텐츠조차도 소비 행위 자체에는 별도의 비용이 요구되지 않으며, 팬덤 활동이나 굿즈 구매 등의 부가적 소비를 통해 수익이 발생할 뿐이다.

3. 스마트도시의 사회적 쟁점

결과적으로, 콘텐츠 산업 전반에서는 '한계비용 제로 사회'가 이미 도래한 셈이다. 전통적인 콘텐츠 생산자들—신문사, 출판사, 영화사 등—은 수익 모델의 붕괴 속에서 쇠퇴를 겪고 있으며, 광고 수입에 의존하고자 하나 광고 시장 역시 구글, 유튜브 등 소수의 글로벌 플랫폼에 집중되고 있는 실정이다. 다수의 콘텐츠 제공자들은 광고 수익의 파편만을 얻을 뿐이며, 지속 가능성을 확보하기 점점 더 어려워지고 있다.

이러한 현상은 콘텐츠 산업에만 국한되지 않는다. 앞서 살펴본 아마존의 시장 지배 구조 역시, 리프킨이 예견한 '한계비용 제로 사회'의 대표적 사례로 평가할 수 있다. 아마존의 창립자 제프 베이조스가 강조한 '플라이휠 효과(Flywheel Effect)'는 가격을 지속적으로 낮춤으로써 고객 만족도를 제고하고, 이를 기반으로 더 많은 고객을 유치하여 규모의 경제를 실현한 뒤, 다시 생산 비용을 낮추는 순환 구조를 가리킨다. 이는 본질적으로 한계비용을 줄이는 방향으로 기업 구조를 최적화하는 전략으로, 아마존은 이 모델을 통해 전 세계 이커머스 시장을 장악하는 데 성공하였다.

결국, 베이조스의 전략은 리프킨의 경고처럼 자본주의가 자신을 갉아먹는 방향으로 진화하고 있음을 실증적으로 보여준다. 경쟁을 통해 효율을 추구하던 자본주의는, 이제 효율의 극단에 도달한 소수의 초거대 기업만을 남기고 나머지를 도태시키는 체제로 이행하고 있다. 이는 기술적 진보와 시장 논리에만 맡기기에는 지나치게 위험한 구조적 변화를 내포하고 있으며, 이러한 흐름에 대한 비판적 인식과 제도적 대안이 요구되는 시점이다.

Fig 83. 아마존의 성장 추구 모델 플라이휠. 가격을 낮춰 소비자를 더 유치하고 판매자를 더 이끌어 연쇄적으로 경쟁 유도, 가격 하락 유도를 또 유도하며 성장한다.

아마존의 '플라이휠(Flywheel)' 전략은 전 세계 소비자들을 자사의 플랫폼으로 유입시키는 데 성공하였고, 그 결과 아마존은 세계 최대 규모의 전자상거래 사이트로 자리매김하였다. 그러나 더욱 주목할 만한 점은, 아마존이 단순한 이커머스 기업에 머무르지 않고, 자사의 클라우드 컴퓨팅 서비스인 AWS(Amazon Web Services)를 통해 전 세계 데이터 인프라를 장악하게 되었다는 사실이다. 오늘날 거의 모든 산업이 서버-클라이언트 기반의 플랫폼 구조로 재편되는 가운데, 서버 인프라를 아마존이 선점함으로써 글로벌 데이터 흐름의 중심에 서게 된 것이다.

아마존의 영향력은 여기서 그치지 않는다. AWS를 통해 형성된 데이터 기반 위에 자사가 제작한 콘텐츠를 유통하는 OTT 플랫폼까지 운영함으로써, 이제는 콘텐츠 공급자이자 광고 수익의 수혜자로까지 확장되었다. 즉, 아마존은 상품 거래, 데이터 임대, 콘텐츠 배급이라는 세 축을 모두 장악한 초국가적 독점 기업으로 진화하였다. 이 같은 위치에 도달한 기업은, 아무리 공정한 운영 원칙을 지향한다 하더라도 시장 지배 구조상 필연적으로 '부의 독식'이라는 비판에서 자유롭기 어렵다.

3. 스마트도시의 사회적 쟁점

더 나아가, 독점적 시장 지위를 획득한 기업은 그 위치를 유지하기 위해 외부의 혁신을 억압하거나 경쟁자의 시장 진입을 차단하는 방향으로 권력을 행사할 가능성이 높다. 이는 결과적으로 사회 전체의 혁신 역량을 저해하고, 다양한 기업 생태계의 건강한 순환 구조를 무너뜨리는 결과로 이어질 수 있다. 생존 가능한 생산자가 소수로 줄어들고, 나머지는 시장에서 도태되는 이윤 제로의 디스토피아가 도래하는 것이다. 미국 사회의 심화되는 빈부 격차는, 이러한 '한계비용 제로 사회'의 전개 양상이 실제로 구현되고 있다는 하나의 단면이라 할 수 있다.

자유시장 경제 체제를 표방하는 미국조차도, 아마존·구글·마이크로소프트와 같은 초대형 테크 기업의 자본과 정보 독점에 따라 새로운 형태의 권력 집중을 경험하고 있다. 이는 공산당 일당 체제에서 정부가 모든 정보를 독점하여 권력을 유지하는 중국의 정치 구조와는 방식은 다르나, 본질적으로는 '정보의 독점'이 가져오는 권력 집중이라는 점에서 유사한 문제를 안고 있다. 현재 미국에는 약 4천만 명의 국민이 빈곤층에 속하며, 도시 곳곳에서 노숙자와 비주택 거주자가 증가하고 있는 실정이다. 이는 단순한 경기 불황의 결과라기보다는, 고도화된 자본주의 체제에서 부의 집중과 정보 독점이 결합한 구조적 결과라고 해석할 수 있다.

이와 같은 현상은 미국과 중국에만 국한되지 않는다. 한국에서도 유사한 양상이 감지되고 있다. 쿠팡은 '한국의 아마존'을 자처하며 시장 점유율 확대를 위해 이른바 '치킨 게임'식 경쟁 전략을 채택하고 있고, 여기에 중국의 알리익스프레스와 테무(Temu) 등이 가세하여 초저가 경쟁을 벌이고 있다. 이는 단순한 기업 간 경쟁을 넘어, 국내 유통 산업 전체가 글로벌 가격 전쟁과 한계비용 압박 속에 구조적 전환을 강요받는 형국이다. 결과적으로, 한국 사회 역시 점점 '한계비용 제로 사회'로 떠밀려 가는 모습이다.

요컨대, 21세기 디지털 자본주의는 전통적인 국가권력과 자본권력의 구도를 재편하고 있으며, 빅데이터와 플랫폼을 독점한 소수의 기업들이 새로운 권력 중심으로 부상하고 있다. 이러한 흐름에 대응하기 위해서는 정보의 공공성과 플랫폼 경쟁의 공정성에 대한 사회적 논의와 제도적 대안이 절실히 요구된다.

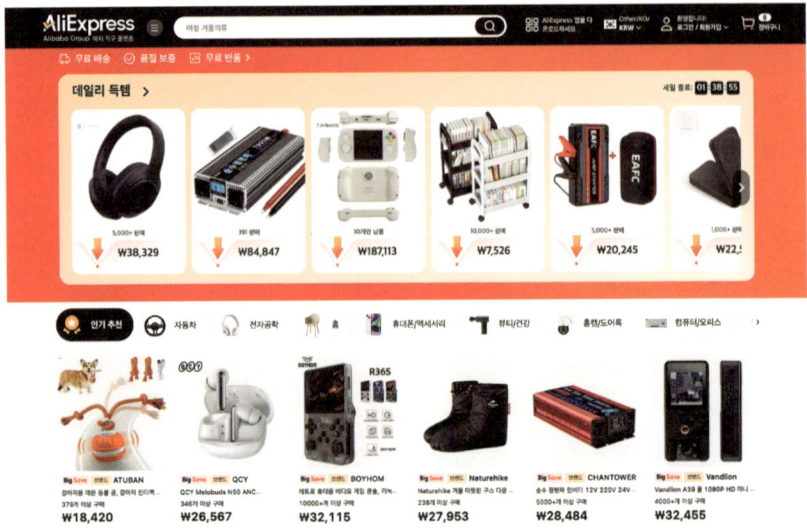

Fig 84. 중국의 이커머스 알리익스프레스는 중국 내수 시장을 장악한뒤 압도적 물량을 기반으로 한국 역시 저가 공략하고 있다.

오늘날 스마트 물류 시스템의 비약적 발전에는 온라인 이커머스 시장의 경쟁이 촉진적 역할을 한 측면이 존재한다. 대표적으로 쿠팡의 등장은 전통적인 오프라인 대형마트 중심의 장보기 문화를 온라인 중심으로 전환시키는 계기를 제공하였다. 소비자들 또한 점차 스마트폰 애플리케이션을 통한 주문 방식을 선호하게 되었으며, 이는 유통 구조 전반의 디지털 전환을 가속화하고 있다.

그러나 이와 같은 기술 기반 유통 혁신은 경제 구조 자체를 IT 기업 중심으로 재편하는 방향으로 나아가고 있다. 특히 고도화된 스마트 물류망을 보유한 소수의 대형 플랫폼 기업이 전체 물류 인프라를 지배하는 독점적 구조로 발전할 가능성이 높아지고 있다. 더욱이, 이 소수 기업이 국내 기업이 아닌 중

3. 스마트도시의 사회적 쟁점

국의 알리익스프레스나 테무(Temu)와 같은 해외 업체일 가능성도 배제할 수 없는 현실은 국가 경제 주권 차원에서도 우려스러운 상황이다.

이커머스 기업 간의 경쟁은 일반적으로 규모의 경제를 실현하면서도 가격 인하 경쟁, 이른바 '치킨게임' 양상으로 전개되는 경우가 많다. 이는 플랫폼 내부에서 판매자들 간의 출혈 경쟁을 유도하고, 결과적으로 상품의 마진율을 극단적으로 낮추는 방식으로 진행된다. 이러한 가격 구조는 소비자에게는 일시적인 혜택이 될 수 있으나, 판매자 입장에서는 생존을 위협받는 구조로 작동하며, 전통적 유통 채널인 재래시장과 대형마트 역시 점차 경쟁에서 밀려나고 있는 실정이다. 그 결과, 유통 구조 전반이 소수의 초거대 플랫폼 기업에 의해 독점되는 '초독점' 체제로 수렴될 위험성이 존재한다.

더 나아가, 만일 이러한 유통 플랫폼의 지배권이 중국계 기업에 집중될 경우, 단순한 시장 문제를 넘어 국가 경제의 대외 의존성 심화와 부의 해외 유출이라는 구조적 문제로 확대될 수 있다. 이는 스마트시티 구현을 위한 기술 혁신의 긍정적인 효과 이면에, 자본과 데이터의 집중이라는 부정적 결과가 동시에 나타날 수 있음을 시사한다.

뿐만 아니라, 인공지능(AI)의 발달로 인해 유통뿐 아니라 제조업, 지식산업 등 모든 산업 영역에서 소수의 기술 집약적 기업이 주도권을 쥘 것이라는 우려가 제기되고 있다. 자동화와 알고리즘 기반 운영이 확산되면서, 경제 활동 전반이 극소수의 운영 계급에 의해 통제되는 반면, 다수의 노동 계층은 역할이 축소되고 경제적 소외로 이어질 수 있다는 비관적 전망도 나오고 있다. 이는 정보와 기술의 독점이 단순한 산업구조의 재편을 넘어, 사회 전반의 계층 구조까지 심화시키는 결과로 이어질 수 있다는 점에서 보다 심도 깊은 성찰과 정책적 대응이 요구된다.

Fig 85. [SDF2023] 디지털전환기 액화노동과 한국의 불안정노동자, 이승윤 중앙대학교 교수.

● 프레카리아트의 등장

프롤레타리아는 자본주의 사회에서 생산 수단을 소유하지 못하고 자본가에게 자신의 노동력을 제공하며 살아가는 노동 계급을 뜻하는 용어다. 이는 마르크스가 자본가, 부르주아에 대비하여 대중 노동 계급을 일컬을 때 사용한 말이었다. 그런데 마르크스가 지적한 자본주의 사회의 빈부 격차 심화는 아직도 상당 부분 해결되지 못했는데, IT 혁명으로 자동화가 고도로 진행되면서 오히려 심화될 기미를 보이고 있다. 이제는 프레카리아트(precariat)란 용어가 새로 등장했는데, 이는 이탈리아어 '프레카리오(precario;불안정한)'가 본래의 노동자를 뜻하는 독일어 프롤레타리아와 결합해 탄생한 것이다. 신자유주의 경제 체제에서 고용 불안정과 저임금에 일상적으로 시달리는 비정규직 노동자를 뜻한다.

기업은 비용 최소화를 위해 보통 유연하게 노동자를 고용하고 비정규적으로 채용하는 걸 선호한다. 특히 기술을 발전시키면서 생산 공정을 끊임없이 바꿀 때에 임시직을 고용하는 경우가 많다. 아직 기계화되지 않는 과정에 대해서만 임시적으로 노동자를 고용하고 자동화가 이뤄지면 해고하기 때문이다. 기업 입장에선 비용 절감에 효과적이지만, 그러면 노동자 입장에서는 항상 자신을 채용해줄 플랫폼을 찾아 다니며 떠돌아다니게 된다. 비숙련, 저임금 노동자의 삶이 지속되는 것이다.

우리 주변의 예를 생각해보자. 배달의 민족이 발달하면서 배달 기사들은 한 중국집에 속하지 않고 모두가 다 배달의 민족 플랫폼에 종속되게 되었다. 그런데 배달의 민족에서 자동화된 배달 로봇을 만든다면 어떻게 될까? 배달 기사들은 직업을 잃게 될 것이다. 공유 택시 서비스를 표방했던 '타다'도 기존 택시 기사의 일자리를 뺏을 가능성 때문에 거센 반발에 부딪혀 결국 사업이 무산되었다. 이는 프레카리아트로 전락하는 걸 경계한 기존 노동자들의 항의 때문이라 할 수 있다.

하지만 이런 플랫폼화, 디지털화는 벌써 상당 부분 진전되었다. 쿠팡에서는 이미 대량의 택배 기사가 사실상 비정규직에 해당하는 대우를 받고 있고, 지나친 노동 강도 때문에 지탄을 받고 있는 형편이다. 이런 노동자 착취는 아마존의 스마트 물류 센터에서도 일어나고 있다. 하지만 비숙련자도 쉽게 할 수 있는 일이기 때문에 노동자들은 해고가 두려워 쉽게 저항하지 못한다. 어차피 디지털 플랫폼을 통해 개별적으로 모이는 사람들이기 때문에 조직화도 쉽지 않다.

고도화된 스마트 물류망이 아마존의 독점화를 이뤘듯이, 자동화 기술과 AI의 발달은 대다수의 생산자를 생산망에서 배제시킬 가능성을 안고 있다. 앞으로 스마트시티가 발달하면 택시나 버스도 모두 자동화될 것이고 상점이나 식당도 모두 자동화될 수 있다. 농업이나 농수산물 가공업 등 모든 경제 부분에서 자동화가 급속히 진행된다면 자동화 시스템을 고안하고 운영하는 소수의 상위 계층을 제외하고는 전부 프레카리아트로 전락해 버릴 수도 있다. 아마존이 노동자들을 엄격하게 감시하면서 비용절감을 위해 착취하는 행태가 전분야로 확산될 가능성이 있는 것이다. 이러한 상황에서는 빈부격차의 심화를 막기 어렵다. 99%의 노동자, 프레카리아트는 그럼 어떻게 살아야 할까?

이런 소외된 생산자의 문제, 실업자의 문제는 이미 전세계적으로 심각하게 대두되고 있다. 특히 사회에 이제 막 진입하는 청년들의 실업 문제는 전세계적으로 심화되고 있다. 나라마다 추세는 조금씩 다르지만 전세계적으로 GDP는 증가해도 실업률 문제는 그다지 해결되지 않고 있는데, 이는 기술 발달의 결과 규모의 경제를 실현한 상위 기업에 부가 독점되는 이유가 크다.

Fig 86. 중국에서 유행하는 탕핑족의 졸업식 사진 예시. 졸업해도 취업이 어려워 실업자로 몰락하는 현실을 표현하고 있다.

특히 중국의 경우, 청년 실업 문제가 공산당 통치 기반에 영향을 미칠 정도로 심각한 사회적 문제로 부상하고 있다. 중국 국가통계국은 2023년 6월 청년 실업률이 21.3%에 이르자 이후 관련 통계 발표를 중단하였다. 그러나 같은 시기 베이징대학교 국가발전연구원 소속 장단단 교수는 중국의 유력 경제 매체 차이신(財新)에 기고한 글을 통해, 실제 청년 실업률은 공식 수치보다 훨씬 높은 약 46%에 달할 것이라고 주장하였다. 이는 청년층의 절반 가까이가 실질적으로 일자리를 갖고 있지 않다는 충격적인 분석이다.

성균관대학교 중국대학원의 안유화 교수는 이러한 청년 실업률의 구조적 원인으로 중국 내 이커머스 플랫폼의 급속한 독점을 지목한다. 중국은 다른

3. 스마트도시의 사회적 쟁점

선진국에 비해 기술 발전 속도가 빠르며, 이에 따라 플랫폼 경제의 독점화 현상도 조기에 나타났다. 테무(Temu)와 알리익스프레스와 같은 초대형 이커머스 플랫폼이 시장을 빠르게 장악함으로써, 전통적인 오프라인 유통 채널은 급속히 쇠퇴하였고, 온라인에서도 규모의 경제를 실현한 일부 대형 플랫폼만이 생존하는 구조가 고착화되었다. 다시 말해, 스마트 기술의 진보가 오히려 상위 1%의 생산자를 제외한 다수 경제 주체를 배제하는 결과로 이어졌다는 것이다.

더불어, 중국 정부가 '공동부유(共同富裕)'라는 슬로건 아래 빅테크 기업, 부동산업, 사교육 산업에 대한 규제를 강화한 점도 민간 부문의 일자리 축소를 초래하는 원인으로 지적된다. 자본주의적 요소에 대한 감독 강화를 통해 사회적 형평성을 제고하려는 목적이 있었으나, 결과적으로 민간 기업들은 정부 개입에 대한 부담으로 인력 채용과 사업 확대에 소극적인 태도를 보이게 되었다. 그 와중에도 고등교육을 이수한 고학력 청년층은 지속적으로 노동시장에 유입되고 있어, 고용 수요와 인력 공급 사이의 불균형이 심화되고 있는 실정이다.

이에 대한 대응책으로 중국 정부는 '신하방(新下放)' 정책을 통해 청년들에게 지방 및 농촌 지역으로의 이동을 권장하고 있으나, 이는 높은 교육 수준을 가진 청년층의 기대와 사회적 지향에 부합하지 않는다는 비판을 받고 있다. 고학력자가 늘어나고 있음에도 대기업을 포함한 양질의 일자리는 줄어들고 있는 상황에서, 청년 실업 문제는 단순한 경기 부진 차원을 넘어 구조적 위기로 발전하고 있다.

이러한 현상은 중국에만 국한되지 않는다. 전 세계적으로 고등교육 이수자 비율이 증가함에 따라 많은 청년들이 대기업, 특히 빅테크 기업에서의 고용을 선호하게 되었지만, 이러한 기업의 일자리 증가는 한정적일 수밖에 없다. IT 분야의 고용이 일정 부분 확대되고 있음에도, 이는 청년층 전체의 실업 문제를 해소하기에는 역부족이다.

결국 스마트 기술이 인류 전체를 먹여 살릴 수 있을 정도의 생산성과 효율성을 지닌다 하더라도, 그 혜택이 모든 사회 구성원에게 공평하게 분배되지 않는다면 기술 진보는 오히려 불평등을 심화시키는 결과를 초래할 수 있다. 글로벌 차원에서 부의 재분배 문제에 대한 적극적이고 제도적인 대응이 이루어지지 않는다면, 이 변화의 충격을 세계는 감당하지 못할 가능성이 높다.

3.3 인프라 운영과 비용, 경제성의 문제

　스마트시티 구축과 유지 관리에는 상당한 경제적 비용이 들어간다. 이 비용은 기술 인프라 구축, 서비스 개발, 시스템 유지 보수 등 다양한 분야에서 발생하며, 이러한 투자가 경제적으로 어떻게 지속될 수 있는지, 또 어떻게 나중에 그 비용을 회수할 것인지가 중대한 과제로 대두된다. 또한 스마트도시가 건설된 후에 에너지, 환경성 측면에서 어떻게 안정적으로 시스템을 유지할지도 문제가 된다. 그 편리성이 높다 하더라도 투용 대비 효율성이 떨어지거나, 유지보수에 지나친 에너지가 소모된다면 환경적, 경제적 측면에서 언젠가 쇠퇴의 길을 걷게 될 것이다. 때문에 시스템을 계속 개선, 성장시키면서도 지속 가능성을 유지하고 환경과 어떻게 조화를 이룰 수 있을지가 스마트시티 설계에 중대한 고려 사항이 된다.

　현재 우리나라의 경우 스마트도시 건설은 민관 합동으로 이뤄지는 경우가 많으며, 초창기 투입 비용은 정부나 공영 기관에서 나오는 경우가 대부분이다. 정부 자체에서 도시를 스마트하게 업그레이드하는 경우는 더욱 그러하다. 이명박 서울 시장 당시 추진된 대중교통 개선 사업은 서울시 차원에서 강력하게 추진되었으며, 이 과정에서 서울시의 예산이 먼저 사용되었다. 나중에 인천시나 경기도로 대중교통개편이 확대되면서 협력적 거버넌스가 순차적으로 이뤄졌고 수도권 단위로 예산 사용처가 확대되었는데, 지방자치단체의 예산이 일차적으로 사용되었다.

　중국의 경우 공산당 차원에서 중국 전역의 도시에 스마트도시 인프라를 설치하고 있는데 이 역시 국가 차원에서 비용을 대고 있는 경우다. 중국이 친환경 에너지 인프라를 빠르게 갖추고 있는 것도 정부 차원에서 태양광이나 풍력을 추진하고 있기 때문이다. 물론 각 도시에 CCTV를 조밀하게 설치하고 인터넷망을 감시하는 것 역시 공산당이 추진하고 있기 때문에 빠르게 진행되는 경우가 된다. 이럴 때는 정부 예산이 사용되기 때문에 재정 확보에 큰 문제는 없다.

Fig 87. 중국의 급속한 스마트도시화는 공산당의 기술 감시 정책과 무관치 않다.

하지만 모든 스마트시티의 인프라가 정부 차원에서 구축되는 것은 아니다. 현재 우리나라의 택배 시스템은 스마트 물류 시스템으로 진화하고 있는데 이는 대개 기업 차원에서 구축하고 있는 것이다. 미국의 아마존이나 중국의 알리바바 역시 그 나라의 물류 체계를 구축하는데 중점적인 역할을 하고 있는데 이는 다 기업의 이윤 추구 과정에서 나온 결과이다. 생산자와 판매자의 중개 플랫폼으로써 가장 효율적이고 가장 빠르게 상품을 운송하려는 목적에서 스마트 물류 시스템을 갖추게 되었다. 이런 기업의 시스템 투자는 물류가 상업 전반 효율성 향상에서 매우 중요한 부분이기 때문이다.

물류 뿐만 아니라 스마트 교통에서도 공유 차량이나 자율 주행, 또 친환경 전기 차량으로의 전환은 보통 기업이 주도하고 있다. 정부에서도 친환경적인 이유로 전기 차량 구입에 보조금을 제공하는 추세이고, 공유 차량의 경우 정부가 스마트 교통 시스템을 설계하면서 대중교통 시스템의 일부로 차용하며 도입하는 경우가 있긴 하지만, 대체로 교통 시스템의 진보는 기업에 의해 주도되고 있다. 우리나라의 경우 공유 차량은 쏘카가, 자율 주행이나 전기 차량은 현대자동차가 개발의 선두에 서있다.

3. 스마트도시의 사회적 쟁점

이렇게 기업이 스마트도시의 인프라를 만드는 것 자체가 문제가 되진 않는다. 하지만 우리가 바로 앞에서 살펴본 바와 같이 스마트 인프라를 건설할 때에 기술 독점이나 정보 독점, 또 부의 독점이라는 문제가 발생할 가능성이 분명히 있기 때문에 인프라의 주체가 누가 되느냐 하는 것은 중요한 문제가 된다. 스마트도시의 인프라를 장악하는 주체가 어떤 사적 소유 집단이 된다면 그 사적 집단이 사회 전체를 통제할 수 있는 힘을 갖게 되기 때문이다. 그러면 반드시 권력의 집중이 문제로 떠오르게 된다. 더군다나 재정 확보가 기업 입장에서는 매우 중요하기 때문에 수익이 나지 않는 경우는 사업 자체에 차질이 생기게 된다.

사적인 이윤 추구가 목적일 수 밖에 없는 기업이 인프라 전체를 건설하고 또 통제한다면 통제 권력이 사유화되는 문제가 발생하는 동시에, 비용 절감의 이유로 시민의 동의 없이 예산이 삭감되거나 인프라가 조정되는 문제가 발생할 수 있다. 인프라가 시민의 예상과 다르게 건설되거나 최악의 경우는 운영이 중지될 수도 있는 것이다. 따라서 어느 정도까지 민간이 운영하고 정부가 개입해야 하는지, 또 지속적인 성장과 운영을 위해 어떻게 경제성을 담보할지를 따져보아야만 한다.

● 인프라 운영 주체

Fig 88. 스마트도시 인프라의 핵심은 자체적으로 데이터를 주고받는 IoT, 사물인터넷이다.

 2017년 10월, 캐나다 총리 쥐스탱 트뤼도는 토론토를 스마트시로 개발하기 위한 공공-민간 파트너십을 발표했다. 온타리오주 수상과 토론토 시장이 참석한 가운데 구글의 회장 에릭 슈미트가 참여했는데, 그 자리에서 슈미트는 캐나다 정부에 감사를 표하면서 "누군가가 우리에게 도시를 제공하고 책임을 맡겨 주길 갈망하던 꿈"이 실현되었다고 말했다. 도시 전체에 방대한 규모의 센서들을 설치하여 완벽한 IoT 신경망으로 이뤄진, 캐나다 최초의 스마트도시를 건설하여 상거래와 사회생활, 거버넌스의 효율성과 편의성을 높일 데에 대한 원대한 꿈에 부풀어 올랐던 것이다. 구글은 지금도 그렇지만 데이터 수집과 가공, 처리에 세계 어디보다도 앞서나가는 기술력이 있었고 노하우가 있었다. 도시 모든 구역의 에너지 소비, 건물 사용, 교통량 등을 수집하여 효율적이고 또 친환경적인 인프라를 구축하는 것은 기술적으로 충분히 가능했다. 자율주행 배달기계, 경전철, 친환경적인 고층 목조 건물 등등 미래지향적인 토론토의 장밋빛 청사진이 제시되었다.

3. 스마트도시의 사회적 쟁점

Fig 89. 사이드워크랩스에서 제시한 스마트시티 토론토의 상상화.

하지만 1년 후 프로젝트는 삐걱대다가 2020년 5월 결국 좌초해버리고 말았다. 문제는 바로 시스템 구축 과정에서 필요한 데이터 수집이었다. 구글의 스마트시티 자회사 사이드워크 랩스는 기술적 역량에서는 충분했지만, 시민과의 협의를 잘 이끌어내지 못했다. 무엇보다 캐나다 시민들은 자신들의 데이터를 구글이 활용하게 될 때 그 데이터가 보호될지에 대해 확신할 수 없었다. 만일 데이터 수집에 동의하지 않을 때 어떻게 그 도시에서 살아갈지 염려치 않을 수 없었던 것이다.

사생활 침해와 개인 정보 보호의 문제에 대해 캐나다 시민들은 이의를 제기했고, 2019년 4월 정부를 상대로 스마트시티 무효 소송을 제기했다. 캐나다 자유인권협회는 "캐나다는 구글의 실험용 쥐가 아니"라면서 광범위한 데이터 수집이 이뤄질 때 감시 카메라에 찍힌 사람으로부터 정보 동의를 받을 방법이 실제론 없다는 점을 언급하면서 스마트시티 반대 여론을 이끌어냈다. 사이드워크 랩스는 1500여쪽에 이르는 거대한 보고서를 제시하며 데이터 보안 방책을 제시했으나, 결국 프로젝트는 무산되었다.

민간 기업이 우월한 기술적 역량을 갖고 있는 경우 당연히 스마트도시 개발에 참여할 수 있다. 하지만 문제는 그 데이터가 안전하게 보안 속에서 처리되느냐 이다. 사기업의 가장 첫 번째 목적은 이윤 창출이며, 구글 역시 이윤을 위해 데이터를 활용한다. 소비자들은 구글을 공짜로 사용한다고 생각하기 쉽지만 사실 이용 과정에서 발생하는 사용자의 데이터를 구글에 지불한다. 사용자의 데이터를 바탕으로 구글은 타겟 광고를 실시하고, 이 광고를 통해 돈을 번다.

이렇게 데이터를 바탕으로 수익을 올리는 사기업이 스마트도시를 개발한다면 결국 도시와 시민의 데이터는 운영 주체의 이윤 창출을 위해 사용될 것이다. 스마트 인프라의 운영 주체는 수익 창출을 위해 최적의 광고를 광고자에게 제공할 것이고, 그렇다면 자연히 높은 비용을 지불한 광고주가 도시의 주요 자리를 차지하게 된다. 시민들이 꺼리지 않는 방식으로 광고가 진행된다고 하더라도 시민들이 동의하지 않는 광고나 광고 인프라를 맞닥뜨리게 될 것은 불보듯 뻔하다. 기업은 이윤 창출이라는 목적에서 벗어날 수 없기 때문이다.

결국 문제는 스마트도시를 개발하고 운영하는 주체를 누가 관리, 감독하느냐이다. 미국이 민주주의 국가라고 해도 자본이 실질적인 권력이 되어 사법권력보다 더 막강한 힘을 행사하는 경우도 많다. 의회에서조차 로비스트들이 자본으로 현안을 좌지우지하는 경우가 많다. 스마트도시 또한 민간 기업에 의해 운영된다면 똑같은 부작용을 겪을 것이다.

3. 스마트도시의 사회적 쟁점

Fig 90. 중국 통신 장비 업체 화웨이는 스마트도시 기술에서 최선두를 달리는 인프라 회사다.

중국의 경우 스마트시티 건설의 비용은 중앙과 지방 정부에서 일차적으로 대고, 그 외에 민간 기업의 참여를 받는 경우가 많다. 하지만 정부의 예산을 통해 건설되는 인프라는 공산당의 일당 독재를 강화하는 방향으로 만들어지기 쉽다. 이런 우려가 이미 현실이 되고 있음을 우리는 앞에서 살펴보았다. 세계 최대 통신 장비 업체인 중국의 화웨이는 스마트시티 분야에서 세계적인 선도 기술을 보유하고 있는데 이 기술로 도시 전체의 빌딩을 3차원 디지털 세계로 구현하고, 맥도날드의 고객 수와 빅맥 판매량까지 실시간으로 파악한다. 안면 인식 기술로 길 위를 나란히 걷는 쌍둥이까지 파악할 수 있다. 그러나 이런 정보 관리는 사실 시민의 동의 없이 이뤄지고 있다.

스마트시티는 구축과 운영 과정에서 불가피하게 막대한 정보를 수집하고 사용하여 인프라를 제어해야 한다. 이 때 이 정보와 데이터는 반드시 안정적으로, 공정한 감시자가 보는 가운데 관리되어야만 한다. 하지만 여기에 또 비용을 공정하게, 지속적으로 투입하는 주체가 있어야 하는 문제가 남는다. 시민의 세금으로 도시를 건설할 때 그 비용을 가장 효율적으로, 또 손실없이 가장 잘 관리하면서도, 권력을 남용하지 않을 주체는 누가될까?

● 인프라 경쟁과 독점의 문제

인프라를 만드는데는 많은 자본과 노하우가 필요하다. 그리고 끊임없는 개선을 통해 효율성을 높여야 최적의 비용으로 가장 좋은 인프라를 구축할 수 있다. 이러한 과정은 자본주의에서 그래도 지난 몇 백년 동안 경쟁 과정을 통해서 잘 이뤄져 왔다. 재화와 서비스, 시스템을 구축하는데 가장 효율적인 생산자가 승리하는 시스템이었기 때문에 자본주의는 지금의 효율적인 시스템 구축에 성공해왔다. 최소 비용으로 최대 효율을 내는 것이 사실 사업의 핵심이기 때문이다.

이런 면에서 보면 스마트시티의 인프라를 구축하는데에도 자본주의 경쟁 과정이 유효하다 할 수 있다. 지금 상거래의 핵심이 되고 있는 이커머스도 마찬가지다.

Fig 91. 쿠팡의 대규모 물류 시스템 구축, 자동화는 거대 자본의 뒷받침 덕에 가능했다.

3. 스마트도시의 사회적 쟁점

현재 스마트 물류의 중심에는 이커머스계의 치열한 경쟁이 그 바탕에 자리 잡고 있다. 아마존이 독점한 미국과 달리 우리나라는 전통적 강자인 신세계나 네이버에 쿠팡이 도전하면서 치킨 게임을 벌이고 있는 모양새다. 처음 사업을 시작할 때부터 쿠팡은 수조원 대의 누적 적자를 감수하면서 공격적으로 시장에 진출하며 기존 유통사들을 압박해왔다. 결국 출혈 경쟁을 통해 1위 자리를 탈환했으나, 그러면서 멤버십 회비 인상으로 고객들의 반발을 사고도 있다. 흑자로 전환하는데 성공하기는 했으나 그동안 지나친 원가 절감 과정에서 노동 착취라는 비난을 듣기도 했다. 한마디로 경제적 비용 소모가 너무나 컸다. 손정의나 미국 주식 시장의 자본이 없었다면 이런 스마트 물류 시스템이 가능했을까?

Fig 92. 티몬과 위메프를 소유한 큐텐은 미국 나스닥 상장을 목표로 무리하게 출혈 경쟁을 벌이다가 대규모 미정산 사태를 터트리며 파산해버렸다.

문제는 출혈 경쟁이 아직 끝이 아니라는 점이다. 중국 이커머스 업체의 등장으로 쿠팡은 계속해서 출혈 경쟁을 지속해야 하는 상황이다. 아직 쿠팡이 1위라고 해도, 이러한 치킨 게임은 언제 끝날지 모르고, 순위는 언제든 바뀔 수 있다. 게임이 진행중일 때 가격은 계속 낮아지므로 이는 소비자들에게 좋은 일일 수도 있지만, 절감된 생산비로 누적된 적자는 나중에 소비자에게 부메

랑으로 되돌아가 막대한 피해를 안겨줄 수도 있다. 이커머스 기업이 누적 적자로 크게 파산해버린다면 돈의 흐름 전체가 막힐 수도 있기 때문이다.

2024년 7월말 치킨게임에서 밀린 티몬과 위메프는 대규모 미정산 사태를 일으키며 파산해버렸다. 모기업인 큐텐이 나스닥 상장을 목표로 계속해서 무리하게 적자 이커머스 기업을 인수하다가 누적적자를 감당치 못하고 무너져 내린 것이다. 큐텐이 미국 주식 시장에서 자금을 조달하는데 성공했더라면 이런 파산 사태까지는 가지 않았겠지만, 쿠팡에 알리, 테무같은 외국계 이커머스까지 한국에 진출한 마당에 티메프같은 이커머스 기업은 사실 더 버틸 수가 없었다. 이 미정산 사태로 티메프에 입점했던 수많은 셀러들, 소상공인들은 대금을 정산받지 못해 연쇄 부도의 위기에 직면해있다. 이 위기는 과연 티메프의 파산으로 끝날지, 더 번질지 모르는 상태다.

Fig 93. 알리익스프레스나 테무는 지속적인 할인가 정책으로 한국 시장을 공략하고 있다.

3. 스마트도시의 사회적 쟁점

이커머스 기업들의 치킨 게임의 결과 최종적으로 남는 독점 기업이 만일 국내 기업이 아니라 외국 기업이 된다면 우리나라가 그 기업의 실질적 식민지가 될 수도 있다. 외국계 이커머스가 국내를 점령한다면 어떻게 될까? 2024년 5월 우리나라 정부는 해외 직구를 금지하는 정책을 발표했다가 많은 사람들의 반발을 사고 있다. KC인증마크가 붙지 않은 해외제품의 직구를 금지하려 했으나 이미 해외직구에 익숙해져버린 소비자들이 크게 반발하는 모양새다. 중국의 초저가 상품을 사지 못한다면 그만큼 손해가 발생한다고 보기 때문이다. 소비자 입장에서는 맞는 말이지만 사실 알리나 테무와 같은 중국의 저가 쇼핑몰이 국내를 그대로 장악하게 놔둔다면, 그것도 국내 시장을 교란시킬 수 밖에 없다. 중국의 거대한 생산력과 이미 독점의 경지에 이른 대륙의 인프라가 국내를 장악한다면, 나중에 어떻게 될까? 쿠팡이 지금은 손정의와 미국 주식 시장의 대규모 투자금으로 버티고 있지만, 미래에 그 적자를 다 메우지 못하고 새로운 신흥 강자에게 패배한다면, 경제적으로 어떤 결과가 초래될까?

정부 입장에서는 국내 상업과 생산자도 보호해야만 한다. 자본주의에 익숙해진 소비자와 그래도 시장 질서와 장기적으로 인프라 주권을 생각하는 정부 간에 이견이 있을 수 밖에 없다. 하지만 다시 2024년 5월 말에 열린 한중일 정상 회담에서 한국과 중국은 또 FTA를 재개한다는 성명서를 발표했다. 이러면 국제적인 인프라 형성이 더 가속화될 수 밖에 없다.

거대한 대륙의 기업이 그 노하우로 효율적인 인프라를 구축하면 물론 우리나라에도 초고효율의 스마트 인프라가 깔린다는 이야기일 수 있다. 하지만 그 인프라의 주권은 해외 기업이 가져가게 되고, 인프라의 운영 주체와 데이터 관리 주체는 우리나라가 아니게 된다. 그리고 경쟁의 끝에서 독점 기업은 결국 사회적 비용을 폭증시키면서 소비자의 유토피아를 디스토피아로 바꿔버릴 것이다. 한국 시민들의 세금이 중국 기업의 인프라에 대한 비용 지불로 대거 소모된다면, 그러한 시스템이 괜찮다고 말할 수 있을까? 인프라 운영 주체가 비용을 맘대로 올려버린다면 완벽한 디스토피아가 된다.

Fig 94. 아이폰이나 안드로이드폰 사용자는 모두 애플이나 구글 플레이의 앱 생태계에서 벗어날 수 없다.

  그런데 사실 이러한 인프라 장악 현상은 우리 일상에 벌어지고 있기도 하다. 전세계인들은 이미 사실 구글 안드로이드를 사용하면서 자신의 데이터를 구글에 넘기는 동시에 앱 사용료의 일부를 수수료로 구글에게 지불하고 있다. 안드로이드에서 앱을 출시하고 운영하는 사업자는 구글에 돈을 내지 않을 수 없다. 이 때문에 우리나라는 2021년 8월 구글 갑질 방지법(인앱결제강제 금지법)을 통과시켰고, 미국에서도 비슷한 반독점 판결이 23년 12월에 나왔다. 이와 같은 독점방지법안으로 구글을 견제할 수 있지만, 그래도 인프라 독점의 기업 횡포는 언제든 현실이 될 수 있다.

  일본 같은 경우는 국민의 대다수가 한국의 라인을 사용하고 있는데, 일본 정부도 네이버의 인프라 장악에 대해 상당히 경계하고 있기에 라인의 지배권을 네이버에서 빼앗아 일본의 소프트뱅크로 가져오려고 노력하고 있다. 24년 4월 일본 총무성이 라인야후에 행정지도를 한 내용을 보면 이러한 의도 때문에 네이버 지분을 매각하라는 경고가 강하다. 이는 한일 외교 문제로까지 비화될 조짐을 보이고 있다.

결론적으로 인프라를 효율적으로 구축하는데 성공한 건 자본주의와 그 주역인 기업들이지만, 그 기업들은 바로 그 이윤창출의 논리 때문에 인프라의 주체로 부적당하다는 평가를 받고 있다. 정부와 민간이 협력해야 하는 이유는 여기 있다. 효율적으로 민간 기업이 인프라를 구축해도 운영은 시민들이 관리할 수 있는, 민주적인 정부에서 하는 것이 이상적인 모양새가 되는 것이다. 정부가 컨소시엄을 구성하고 민간 기업이 참여하는 우리나라의 모델은 그래도 여기에 잘 맞는다 할 수 있다.

● 경제성과 지속가능성

스마트도시의 인프라를 건설하는 데에는 상당한 비용이 소모된다. 먼저 초기 인프라 구축에 천문학적인 돈이 들어간다. 기존 인프라를 그대로 둔 상태에서 업그레이드하는 경우라 하더라도 많은 부분을 새로 손보아야 하고, 데이터 관련 인프라는 초창기 새로 설치해야 한다. 여기에는 센서, 네트워크 시스템, 데이터 센터 구축 등의 비용이 포함된다.

스마트 교통이나 스마트 에너지 시스템의 경우에는 시스템 자체를 사실상 완전히 새로 깔아야 한다. 공유자동차는 기존의 차량을 활용할 수 있다 해도 자율주행자동차나 전기자동차는 새로 투입되어야 하고, 자동 관제 시스템도 새로 구축해야 하기 때문이다. 재생 에너지인 태양광이나 풍력발전기도 다 새로 제작해야 한다. 이렇게 인프라가 녹색 에너지로 넘어가면서 화석연료를 사용하던 구시대의 교통 수단이나 화력 발전소, 원자력 발전소는 점진적으로 폐기 절차를 밟게 된다.

스마트시티 건설에서 이렇게 하드웨어의 경우는 초기 비용이 많이 들어가지만 이후에는 소프트웨어 관련 비용이 계속 발생하게 된다. 운영 및 유지 보수 비용은 상당 부분이 빅데이터를 관리하는 프로그램 관련 부분에서 발생할 것이다. 기술 시스템의 지속적인 운영과 유지 보수에 비용이 들어갈 것이고, 소프트웨어 업데이트, 데이터 센터의 하드웨어 교체, 보안 관리 등에도 지속적으로 예산이 들어갈 것이다. 여기에 교육 및 인력 양성 비용도 추가된다.

문제는 이 예산을 어디에서 어떻게 조달하느냐이다. 누가 이 비용을 댈 것인가? 당연히 초기에는 정부와 지자체 예산이 투입된다. 하지만 정부 예산만으로 모든 인프라 비용을 댈 수는 없다. 여기에는 정부 외의 민간 분야의 투자도 필수로 들어간다. 이 때문에 스마트도시 건설 과정에 경쟁적으로 기업을 유치하는 경우가 많다. 우리나라의 송도 신도시가 가장 대표적인 경우다.

Fig 95. 인천경제자유구역청에서는 바이오 단지 토지 계약에 다수 성공하였다. 현재는 바이오 단지에 부지가 부족할 지경이나, 이는 송도 신도시란 특수 케이스의 경우이다.

참여 정부 시절 노 전 대통령이 추진한 대표 정책은 지방 분산 정책이었으며, 거기에 지방 혁신도시를 비롯해 송도 신도시라는 대규모 지방도시 건설 계획이 들어 있었다. 송도신도시의 경우에는 중국 상하이에 버금가는 '동북아 허브'를 목표로 한 경제자유구역으로 처음부터 계획되었다. 중국이 상하이 푸

3. 스마트도시의 사회적 쟁점

등 지구를 개척해 막대한 외국 자본을 유치했듯 송도에도 대규모 외국 자본을 유치하겠다는 것이었다. 2003년 시작된 인천경제자유구역은 2025년인 현재에도 계속 개발중이며, 다행히 국제 허브라 할만한 대기업들의 유치가 지속적으로 이뤄지고 있다. 송도시는 이러한 민간 기업들로부터 투자를 유치하고, 또 토지를 매각한 대금으로 재정을 충당하면서 시정을 지속해나가고 있다.

송도의 경우는 이렇게 다국적 기업이 잘 들어오고 있어 도시 경영에 큰 문제가 없다. 하지만 모든 도시가 이런 식으로 기업 유치에 성공할 수는 없다. 서울은 이미 국제적인 대도시이고 인천 송도도 그럴 예정이지만, 다른 도시의 경우에는 어디서 예산을 조달해야 할까?

2022년 연세대와 케임브리지대에서 발표한 스마트시티 인덱스 보고서에서 서울은 1위를 차지했다. 그만큼 우리나라의 전자정부 인프라나 서울의 스마트 교통 체계, 디지털 서비스 시스템은 월등하다. 하지만 표에서 보면 알 수 있듯이 전세계 스마트시티는 모두 각국의 수도에 집중되고 있는데, 스마트 인프라 건설에 예산을 무리없이 확보할 수 있는 곳이 각국의 수도이기 때문이다. 기업들도 수도와 주요 도시에서부터 인프라 설치를 시작하니 이는 당연한 일이다.

그러나 앞으로 스마트시티를 지속적으로 건설하고, 또 유지해야 한다고 하면 난제가 발생한다. 지방은 어떻게 비용을 조달하고 확보할 것인가? 지금과 같은 상황이라면 빈익빈 부익부로 지방과 도시의 격차만 더 커지진 않을까? 수도권 집중 현상은 비단 우리나라 뿐만의 문제가 아니라 전세계적인 문제이며, 이는 스마트 인프라의 집중과도 무관하지 않다.

3.4 인프라 구축과 환경 파괴

● 스마트도시와 지구 온난화

이 글을 쓰는 2024년 8월 현재 지구 전체의 도시는 계속된 폭염으로 어쩔 줄을 몰라하고 있다. 밤이 되어도 온도가 27도, 28도를 유지하는 이상 고온 현상이 이제는 일상이 되어버렸다. 올여름 한반도의 경우는 북태평양 고기압과 티베트 고기압의 중복된 영향으로 달궈진 열돔에서 벗어나지 못하고 있으며, 이런 열돔 때문에 태풍마저 일본 동쪽으로 빗겨가고 있다. 일본에서는 40도에 육박하는 맹렬한 폭염으로 일사병 환자도 계속 발생하고 있다.

서울에서 기온이 35도 이상 치솟은 날을 30년 전부터 10년 단위로 살펴보면 1994~2003년 폭염 일수는 9일에 불과했다. 하지만 2004~2013년은 17일로 늘었고, 2014~2023년은 58일에 달했다. 94년 이후 10년보다 6.4배나 증가한 것이다. 이와 같은 현상은 서울 뿐만 아니라 전세계 주요 도시 모두에서 나타나고 있다.

Fig 96. 안토니오 구테흐스 유엔 사무총장은 "지구온난화(global warming) 시대는 끝났다. 지구 열대화(global boiling)가 도래했다."라고 언급했다.

3. 스마트도시의 사회적 쟁점

산업화 이후 계속된 이산화탄소 배출 증가로 지구 온난화 시대는 이제 지구 끓음의 시대가 되었다. 안토니우 구테흐스 유엔 사무총장은 2023년 7월 미국 뉴욕 유엔본부에서 "지구 온난화(global warming)의 시대가 가고 지구 끓음(global boiling)의 시대가 왔다"고 선언했다. 유럽연합 기후변화 감시기구가 7월 중순까지의 온도가 역대 최고치를 찍었다는 데 대한 언급이었다. 하지만 1년이 지난 지금 기온은 여전히 오르고 있는 상황이다.

18세기 영국에서 산업혁명이 시작된 이후 인류는 계속해서 화석연료를 사용하며 온실가스를 배출하여 지구 전체의 평균 온도를 상승시켜왔다. 지질학자들의 연구에 따르면 산업화 이전 지난 1만년 동안 지구 온도는 4도가 상승했는데, 산업화 이후 약 200년 동안 1.45도나 온도가 상승했다. 지구상 대기의 이산화탄소 농도가 0.03%였는데 화석연료 사용으로 농도가 0.04%로 올라가 전체 지구의 온도가 상승한 것이다.

이러한 급격한 온도 변화는 지구 생태계 전체에 치명적인 영향을 끼친다. 벌써부터 우리는 극단적인 이상 고온과 겨울철의 극한 날씨를 경험하고 있다. 더군다나 북극과 남극의 빙하가 녹으면서 해수면이 상승하는 까닭에 섬나라 상당수는 문자 그대로 사라지고 있다. 대기층에서 차가운 공기를 북극에 가둬두는 제트기류가 무너진 까닭에 겨울에는 오히려 더 추운 북극의 공기가 광범위하게 내려와서 서울이나 뉴욕에 극한의 추위를 안겨주고 있고, 반대로 여름에는 시베리아같은 곳에서도 40도에 달하는 폭염이 펼쳐지며 영구동토층이 녹아내리고 있다. 이렇게 녹은 동토층에서 탄저균 바이러스가 나와 순록이 떼죽음을 당하는 기현상까지 벌어졌다.

문제는 이러한 지구 온난화를 해결할 시간이 정말 얼마 남지 않았다는 것이다. 산업화 이후 1.45도가 상승했는데 과학자들이 제시하는 마지노선은 1.5도이다. 1.5도를 넘는 기온 상승이 일어나면 지구가 탄성력을 잃고 생태계 회복력을 잃어버린다. 지구 생물 전체가 멸종의 위기에 들어선다는 이야기다.

하지만 마지노선에 거의 도달한 현재에도 우리는 화석연료 사용을 줄이지 못하고 있다.

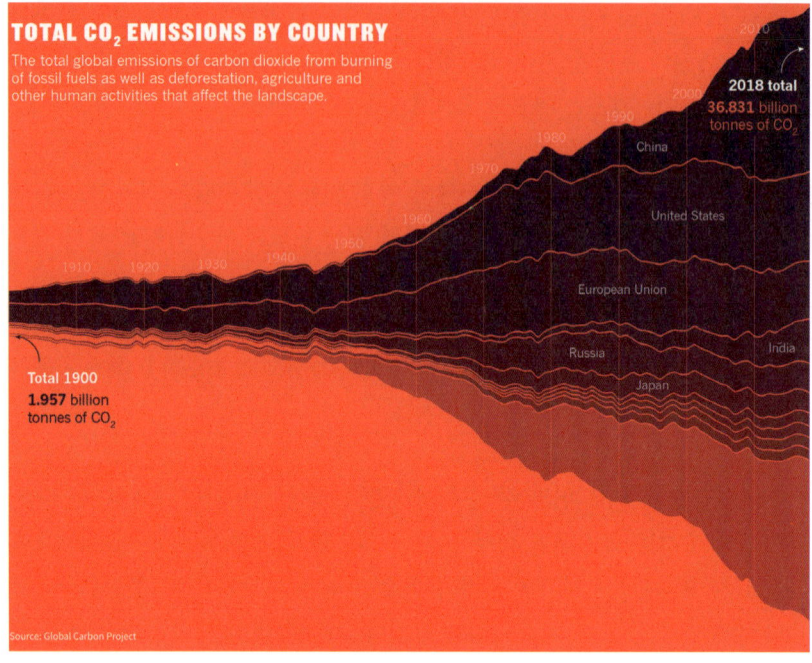

Fig 97. 1900년부터 2018년까지 탄소배출 증가량 그래프

우리나라는 전세계 탄소배출 7위권의 국가로 탄소배출의 책임에서 결코 자유롭지 못하다. 우리나라의 5대 산업은 철강, 자동차, 조선, 반도체, 석유화학인데 모두 탄소배출이 막대한 산업들이다. 철강, 석유화학은 본래 석탄과 석유 사용이 엄청난데 반도체 같은 경우도 전기가 너무나 많이 소모된다. 원자력을 많이 쓴다고 하지만 전기 생산의 35~40%는 여전히 석탄이며, LNG의 비중도 25%에 달한다. 60%는 여전히 화석연료를 사용하고 있는 것이다! 이러면 전기 자체도 탄소배출의 주범이라고 밖에 할 수 없다.

3. 스마트도시의 사회적 쟁점

문제는 스마트도시가 이러한 탄소배출을 더욱더 늘리는 주범이란 것이다. 많은 사람이 스마트도시하면 깨끗하고, 효율적이면서 에너지나 자원 소모가 최소화되는 공간을 생각한다. 컴퓨터의 효율화된 로직으로 물론 많은 자원분배, 쓰레기 처리가 깔끔하게 이뤄질 수는 있겠지만, 그러나, 문제는 IT 자체가 녹색이 아니라는 데 있다. 전기 사용량을 계속해서 늘릴 수 밖에 없는 것이 스마트시티인데 어떻게 친환경적이라 할 수 있겠는가?

여기에는 반드시 상세한 계산 과정이 들어가야 한다. 기존의 내연기관보다 전기차가 더 친환경적이기 위해서는 전력을 생산하는 과정에 소모되는 화석연료의 양이 필수적으로 줄어들어야 한다. 배터리 생산, 자동차 생산에 들어가는 탄소의 양 역시 줄어야 한다. 내연기관차의 경우는 주행중에 발생하는 탄소의 양이 많기 때문에 확실히 전기차가 친환경적이지만, 그래도 전기 생산에 들어가는 화석연료의 양이 많다면 탄소 저감 효과는 상당히 줄어든다.

스마트시티 역시도 전체적인 계산 과정이 그려져야 한다. 스마트시티에 필수적인 데이터망 구축과 사물 인터넷 구축에는 벌써부터 대량의 희귀자원과 전력이 소모된다. 게다가 프로그램은 계속해서 업그레이드 되어야 하는데, 이 과정에서 로직은 더 복잡해지고 고도화되면서 처리해야 하는 데이터의 양은 자동적으로 늘어난다. 이 때 데이터 센터 역시 늘려야 하기 때문에 전력 사용량이 매우 빠르게 증가한다.

여기에 2022년 11월 등장한 생성형 인공 지능 chatgpt는 전력 사용 증가에 기름을 부었다. 대량의 데이터를 학습하면서 인간처럼 말하고 대화할 수 있는 인공 지능의 등장은 빅테크 기업들에게 새로운 IT 혁명 경쟁을 촉발시켰다. 구글과 마이크로소프트 모두 AI의 도입에 열을 올리고 있는데 사람이 하던 정보 창출 작업을 이제 기계가 대신하는 시대가 도래했기 때문이다. 글쓰기, 그림그리기, 문서의 음성화 작업, 영상 제작까지 이젠 사람이 아닌 AI가 할 수 있다. IT산업의 핵심인 컨텐츠 생산 자체를 인공지능이 할 수 있게 되었으므로 사람은 빠르게 해고되고 그 자리를 AI로 채우게 될 것이다. 그런데 AI

의 데이터 학습 과정에 천문학적인 계산 능력이 요구되고 있고, 이는 엄청난 데이터센터의 증설과 전력망 증설을 요구하고 있다.

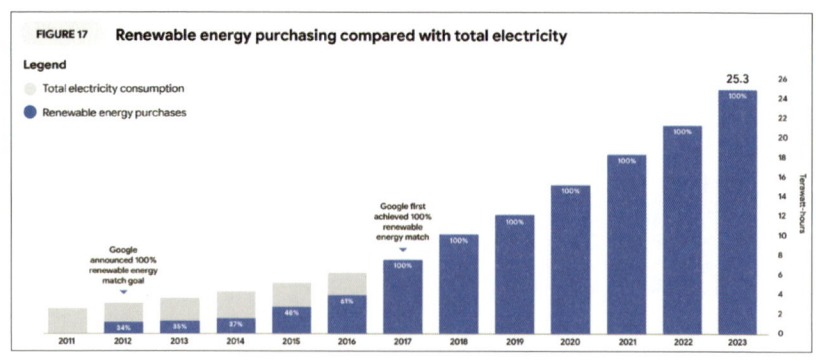

Fig 98. 2024 구글 환경보고서에 제시된 연도별 구글 전기량 사용량 그래프. 구글의 전력 소모량이 계속 증가함을 볼 수 있다. 다만 재생에너지로 생성된 전기를 구입하는 것일 따름이다.

2024년 구글이 발간한 연례 보고서에서 구글은 자신들의 온실가스 배출량이 23년 한해에만 1430만톤으로, 2019년에 비해 48%나 증가했음을 인정했다. AI 사용으로 데이터센터의 증설이 불가피해졌고 이 때문에 전력 사용이 급격히 증가한 탓이다. 마이크로소프트 역시 23년 온실가스 배출이 20년보다 29.1% 증가했다고 보고했다. 빅테크 기업 전부 넷제로라는 탄소저감목표에서 멀어져 버렸다.

이제 문제는 돈이 아니라 우리의 생존 자체가 되었다. 빅테크 기업들은 전 세계의 돈을 흡수하는 다국적 기업이기 때문에 데이터센터 구축이나 IT 인프라 구축에 돈이 부족할 일은 없을 것이다. 하지만 인프라 구축을 잘 한다 해도 탄소배출을 줄이지 못한다면 우리 지구 전체 생태계는 망가져버린다. 지구상 대부분의 지역이 황폐화된다면, 스마트시티라 해도 살아남을 수 없을 것이다.

3. 스마트도시의 사회적 쟁점

3.5 기술 의존성 및 인간성 상실

● 스마트폰의 등장

Fig 99. 2007년 1월 9일 스티브 잡스는 첫번째 아이폰을 세상에 공개했다.

 스마트시티는 사실 스마트폰의 등장과 동일한 맥락상에 존재한다. 스마트시티의 핵심은 데이터의 수집과 형성, 사용에 있는데 그러한 빅데이터 형성이 가능하게 된 건 모든 개개인이 스마트폰을 들고 다니기 시작했기 때문이다. 모든 사람이 스마트 기기를 들고 다닐 수 있게 되면서 모두가 각 개인에 최적화된 소형 컴퓨터로 세상과 소통하게 되었다. 곧 개인의 정보를 모두에게 보내는 동시에 모두의 정보를 개인이 받게 되었으니, 스마트폰이 등장하면서 우리는 스마트도시를 시작하게 되었다고도 할 수 있다. 물본 노시 운영에 ICT기술을 사용하기 시작한 건 스마트폰 등장 이전이었지만, 진정한 정보 수집이 시작된 건 스마트폰의 등장 후로 볼 수 있다.

이런 스마트폰의 첫 탄생신호는 아이폰이었다. 휴대폰을 소형 컴퓨터로 만들어 휴대폰을 새로 발명해버린 아이폰의 등장은 우리가 휴대폰을 사용하는 방식을 완전히 바꿔버렸다. 그냥 전화하는 용도, 문자를 보내는 용도로만 휴대폰을 쓰다가 아이폰 이후 수많은 앱을 사용하는 모바일 컴퓨터로 휴대폰을 쓰게 된 것이다.

구텐베르크의 금속 활자 발명에 비견될만한 이 혁명은 2007년 1월 9일, 애플의 CEO 스티브 잡스가 아이폰을 소개하면서 시작되었다. 잡스는 샌프란시스코에서 개최된 맥월드 행사에서 기존 휴대폰을 혁신적으로 개선한 새로운 모바일폰, 아이폰을 소개하면서 이전에 별도의 기기로 제공했던 휴대폰, mp3 음악 플레이어, 인터넷 기기를 하나의 디지털 기기로 통합한 스마트폰을 세상에 선보였다. 2007년 6월 29일에 출시된 첫 아이폰은 3개월만에 112만대가 판매되면서 폭발적인 인기를 누렸다. 이 해에 아이폰은 미국의 타임지에 '올해 최고의 발명품'으로 선정되었다.

우리 대한민국의 삼성에서는 2010년 삼성 갤럭시 S를 출시하면서 본격적으로 스마트폰 시장에 뛰어들었는데, 구글이 개발한 개방형 OS인 안드로이드를 채택하면서 애플의 강력한 경쟁자로 부상하였다. 이후 연이은 갤럭시 시리즈를 성공시키면서 아이폰을 뛰어넘어 전세계 시장을 석권하게 된다. 안드로이드는 구글과 연동하여 사용자 데이터를 주기적으로 백업하면서 구글 크롬 브라우저와 각종 앱을 pc와 모바일 모두 동일하게 사용할 수 있는 기능을 제공하였는데, 이로써 사용자들은 pc와 모바일 모두에서 정보를 저장, 교환하면서 진정한 소형 컴퓨터를 갖고 다닐 수 있게 되었다. 게다가 개방형 플랫폼인 안드로이드의 특성상 누구나 자신의 앱을 제작해서 구글의 플레이스토어에 출시할 수 있었고, 따라서 수많은 개발자들이 자신들의 앱을 안드로이드에 출시하여 수익을 창출하면서 프로그램의 넓은 풀을 형성할 수 있었다. 거대한 오픈 생태계가 탄생한 것이다.

3. 스마트도시의 사회적 쟁점

스마트폰이 셀 수 없이 많은 앱들의 실행 기기, 무한한 웹을 서핑하는 개인 디바이스, 언제 어디서나 디지털 사진을 찍을 수 있는 정보 수집 기기가 되면서 사무실이나 집에 위치하던 데스크탑의 기능은 우리 모든 개개인과 항상 동행하게 되었다. 인간 감각의 무한한 확장이 이뤄진 셈인데, 그러나 역설적으로 이 때문에 우리는 이 모바일 기기에 붙잡히게 되었다. 스마트폰이 없으면 아무 것도 할 수 없는 세대가 된 것이다.

● 소통 공간의 온라인화

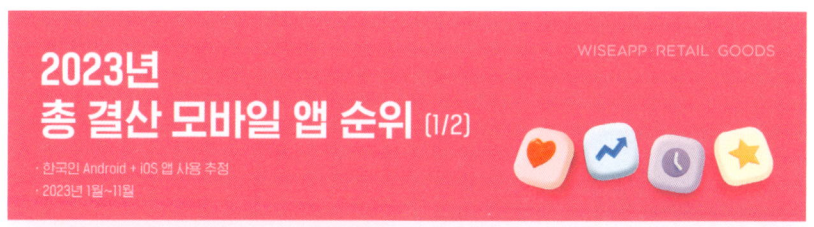

Fig 100. 2023년 한국인이 가장 많이 사용한 앱 순위 1위부터 10위 (와이즈앱)

2023년 우리 한국인이 스마트폰에서 가장 많이 사용하는 앱을 살펴보면 메신저 카카오톡과 소셜 미디어 유튜브가 최상위에 있다. 그 다음이 대한민국 최고 포털 사이트인 네이버이고, 4위는 한국의 아마존인 쿠팡이다. 5위는 네이버 지도, 6위는 근래 가장 유명한 SNS 인스타그램이 위치한다. 7위는 O2O 서비스로 음식을 배달해주는 배달의 민족 앱이 있다. 8위는 다시 사회관계망 서비스로 모임을 주재하는 네이버 밴드가 있고, 9위는 중고거래 물품 거래 앱인 당근마켓이 위치한다. 10위는 온라인 은행 앱인 토스이며, 1위부터 10위까지의 순위를 살펴보면 우리나라 사람들이 어떤 스마트 기술을 많이 사용하는지 대략적으로 파악할 수 있다.

　우리는 사람들과 소통하기 위해 카카오톡을 사용하고, 미디어를 소비하기 위해 유튜브를 킨다. 쿠팡으로 물품을 주문하고 네이버 지도에서 길을 찾으며, 다른 사람들의 일상이나 흥미로운 컨텐츠를 보기 위해 인스타그램을 들어간다. 때로는 음식을 시키기 위해 배달의 민족을 쓰고, 온라인에서 모임을 하기 위해 네이버 밴드에 접속하고, 가끔 중고 물품을 내놓거나 사기 위해 당근을 쓴다. 또 가끔은 돈을 송금하거나 받기 위해 토스를 사용한다.

　이 앱들을 사용 시간 측면에서 분석하면 가장 많이 사용하는 앱은 첫째 유튜브이다. 와이즈앱의 자료에 따르면 2023년 10월 월 평균 사용시간이 1,044억 분에 달해 카카오톡 사용시간 319억분보다 약 3배, 네이버 사용시간 222억분보다 약 5배나 많았다. 모든 매스 미디어의 기능이 사실 유튜브에 다 모인 셈이니, 개인 방송이나 공영 방송이나 모두 유튜브로 시청하는 형국이다. 가족들이 원래 같이 거실에 모여 TV를 보던 것은 이제 과거의 모습이고, 지금은 모든 사람들이 개인 디바이스를 통해 각자 좋아하는 컨텐츠를 소비하는 시대가 된 것이다. 소통도 이제는 카카오톡과 같은 메신저를 활용하고 인스타그램, 밴드와 같은 SNS를 사용하니 어쩌면 우리는 대면 모임보다 비대면 모임에 더 익숙해진 시대로 나아가고 있는 셈이다.

지금은 이렇게 스마트폰과 소셜 미디어가 없으면 살 수 없게 되었지만 커뮤니케이션에 이렇게 많은 전력을 소모하게 된 것은 불과 반 세기도 되지 않았다. 인터넷과 소셜미디어가 나타난 것 자체가 그다지 오래되지 않았기에 이런 급격한 변화는 인간이 미디어에 얼마나 쉽게 중독되는지 알려주는 지표라고도 할 수 있다.

대한민국은 일찍이 1980년대부터 빠른 웹기술의 발달에 동참한 나라로 급속하게 IT 강국으로 진입하였다. 1980년대 중반 개발된 PC 통신 때부터 사실상 소셜 미디어가 시작되었다고 할 수 있는데, 전화망을 거치는 모뎀 통신을 이용하여 PC통신에 가입한 회원들이 게시물을 올리고 소통하는 형식으로 커뮤니티가 형성되었다. 하이텔, 천리안, 유니텔 같은 PC통신이 상당한 인기를 끌었는데 당시의 동호회, 채팅 서비스는 고정 비용을 내는 사람들끼리만 사용가능한 폐쇄적인 전자 게시판 형태였다.

이러한 온라인 커뮤니티는 1990년대부터 다양한 인터넷 서비스가 보급되면서 급속히 성장하기 시작했다. 모뎀 대신 광대역 통신망이 전국에 설치되고 야후, 다음, 네이버, 프리챌과 같은 포털 사이트가 등장하며 인터넷 붐을 불러일으켰다. 당시에는 다음 카페가 동호회, 팬클럽 같은 커뮤니티 서비스로 엄청난 회원수를 확보했다. 1999년에는 다모임이나 아이러브스쿨과 같은 초중고, 대학교 동문을 찾아주는 서비스도 큰 인기를 끌었는데 현실의 커뮤니티를 웹에 카피하는 온라인 커뮤니티의 성격을 띠었다. 프리챌 역시 이 때 동아리 기능으로 가입자 1000만명을 유치하며 큰 인기를 끌었다.

그런데 2000년 이후에는 싸이월드와 네이트가 급부상하면서 1세대 포털 상당수가 후퇴하게 된다. 싸이월드는 사용자 개개인이 일기를 기록하고 사진을 저장하는 미니홈피 기능과 일촌을 통해 친구 관계를 형성하는 사회관계망 서비스로 사회적으로 큰 반향을 불러왔다. SNS는 싸이월드에서 시작되었다고 해도 과언이 아닐 만큼 당시 싸이월드의 위상은 대단했다. 싸이클럽을 통해 대학생들은 동아리 활동을 운영했고 싸이와 연동된 네이트온 메신저를 통해 사람들은 소통했다. 2000년대 초반 디지털 카메라의 보급과 함께 급속히 데이터를 불려갔던 싸이월드는 4,000만 명이 넘는 이용자를 확보하기도 했다. 노무현 대통령도 싸이월드를 애용하였고 정치인들도 모두 미니홈피를 통해서 자신의 주장을 알리고 지지자를 확보하는데 주력했다.

Fig 101. 박근혜 전 대통령의 미니홈피. 당시 미니홈피로 네티즌과 소통한 정치인이 많았다.

그러나 영원할 것만 같았던 싸이월드도 2010년대에는 급격하게 몰락하며 시장에서 도태된다. 싸이월드는 사실상 세계 최초로 대중화된 SNS였는데, 미국에서 시작되어 전세계로 확산된 페이스북에 자신의 자리를 내주게 된다. 아무래도 영어권의 방대한 사용자 풀을 당해낼 수 없었던 걸로 보인다. 페이스북은 2004년 마크 저커버그가 하버드대 동문들의 프로필과 일상을 공유할 수 있게 설계한 웹사이트였는데 점차 아이비리그로 퍼지다가 2006년에는 일반 사용자들도 사용할 수 있게 오픈되었다. UI 디자인은 싸이보다 훨씬 단순했지만 오히려 그 점 덕분에 전세계로 쉽게 퍼질 수 있었는데, 특히나 스마트폰에는 그런 단순한 게시물이 훨씬 더 보기 쉬웠기 때문에 강력한 파급력을 갖게 되었다. 전세계 사용자를 확보한 데다가 스마트폰에 최적화된 SNS였기 때문에 싸이는 급격히 페이스북에 사용자를 뺏기게 된 것이다.

3. 스마트도시의 사회적 쟁점

이렇게 디지털 사피엔스들은 스마트폰이 등장하면서 PC에서 대거 모바일 기반으로 이동하였고, 세계적 SNS 페이스북으로 옮겨가게 된다. 스마트폰이 등장하기 전까지는 문자로 서로 소통하고 PC로 싸이월드를 사용하다가 스마트폰 등장 후에는 스마트폰에서 카카오톡으로 소통하고 페이스북으로 사회관계망을 형성하게 된 것이다.

되돌아보면 네이버가 등장한게 1999년이니, 정말로 얼마 되지 않았다. 구글이 창업한 것도 1998년에 지나지 않는다. 불과 10년만에 세상을 바꿔버린 것인데, 그 사이에 보조적으로 사용하던 휴대폰은 어느새 우리 인류 전체의 필수 도구로 바뀌어 버렸다. 곧 IT의 발달로 우리가 모르는 사이에 소통 공간이 오프라인에서 온라인으로 옮겨간 셈이다. 예전에는 본래 오프라인 공간에서 서로 모이던 사람들의 보조적인 소통 기구였던 스마트 사회관계망이, 이제는 주요 소통 공간 그 자체가 되어버렸다. 지금 세대의 아이들은 이제 단체 채팅방에서 쫓겨나는 것을 집단 따돌림으로 여기게 되었다. 그런데 그 소통 방식 자체도 온라인이어서 오프라인과 다른 방식이 되어가고 있다. 기성 세대와 신세대의 간극이 더욱 넓어지는 이유는 이러한 관계망 형성, 인식 구조의 변화가 기저에 자리잡고 있다.

Fig 102. 스마트폰과 SNS가 발달하면서 역설적으로 우린 더 고립되었다.

그러나 여기에는 중대한 사회적, 문화적 질문이 도사리고 있다. 우리 인간은 어떠한 방식으로 서로 만나고, 관계를 형성하는가? 사람들은 어디서 어떻게 만나서 친해지는가? 우리들은 어떻게 인맥을 형성하고, 유대감을 진작시키고, 커뮤니티를 형성하는가?

　온라인의 사회 관계망 서비스가 아무리 발달한다 해도 오프라인 만남이 존재하지 않는다면, 그 온라인 관계도 돈독해지기는 힘들다. 사람은 사람과 사람 사이의 소통을 추구하는 존재이고, 특정 공동체에 속하기를 추구하는 사회적 존재이기 때문이다. 온라인 공간이 그걸 완벽하게 대체하기란 사실 쉽지 않다.

　현대에 많은 사람들의 고립감이 심해지는 것은 바로 이런 사회관계망 서비스의 지나친 남용과 무관치 않다. 디지털 커뮤니케이션 도구의 발달은 사람들 사이의 실제 만남을 감소시키고, 인간 관계를 피상적인 수준으로 제한할 위험이 있다. 이는 깊이 있는 인간 관계 형성을 방해할 수도 있다. 현실에서의 대면 소통 기회가 감소하면, 비언어적 커뮤니케이션 능력이나 감정 표현 능력 또한 저하되지 않을까? 사실 코로나 시기 대학이나 초중고가 비대면으로 전환되면서 상당수 사람들은 이러한 관계망 약화와 고독감, 외로움이란 재앙에 부딪혀본 경험이 있다. 하지만 이것이 나만의 문제라는 생각과, 시스템 자체에 특별히 보이는 문제도 아니기 때문에, 사람들은 문제제기 조차 제대로 하지 못한다.

　이제 우리 대다수는 SNS를 통해 비슷한 경향의 사용자들과 디지털 인맥을 형성하고, 그러한 편향된 커뮤니티 형성은 정치적 견해를 지나치게 양분하기도 한다. 디지털 세계에서는 서로에 대한 비난과 분노가 필요 이상으로 과하게 형성되고 있고, SNS는 이상하게 과사용으로 변하고 있다. 농촌 시대의 오프라인 공동체는 해체되었고, 산업 시대 형성되던 학연 지연 등의 인맥도 자연스레 없어지고 있다. 개인주의의 확산이 나쁜 것은 아니지만 공동체는 없어지고 초개인화의 시대가 다가왔다. 그런데 이러한 현상은 괜찮은 것일까? 공동체는 없어져도 되는 것인가?

● 편향된 미디어와 허위 정보의 범람

 온라인 사회관계망 서비스는 기본적으로 수평적인 권력 관계를 지향한다. 우리는 누구나 다른 사람의 게시물을 볼 수 있지만 동시에 누구나 자신만의 콘텐츠를 생산할 수 있다. 스마트폰으로 바로 사진을 찍거나 영상을 찍어서 SNS에 올릴 수 있다. 각종 다양한 콘텐츠 편집 프로그램도 나와서 즉석에서 영상을 편집해서 업로드하는 것도 가능하다. 인스타그램에 숏폼이 넘쳐나는 것도 누구나 쉽게 미디어 콘텐츠를 만들 수 있게 되었기 때문이다.

 문제는 이러한 정보 전달 방식이 사적인 모임에 그치지 않고 공적인 모임, 또 매스미디어의 역할까지 대체하고 있다는 데 있다. 옛날에는 훈련받은 전문가들만 생산하던 뉴스의 영역이 모두가 침투(?)할 수 있는 SNS의 영역에도 포함되기 시작했다. 사람들은 SNS에서 다른 사람의 일상을 구경하기도 하지만 이젠 뉴스도 SNS에서 본다. 하지만 수직적인 정보 생산 구조였던 기존 언론사와 달리 일반 유저가 생성하는 뉴스는 그 신뢰성과 정확도에서 많은 논란을 불러오고 있다. 논쟁이 기본적으로 심화되었는데, 더하여 온라인 공간의 익명성에 기댄 공격성이 많은 부분 침투하고 있고, 확증 편향되는 정보 인식 방식이 많은 사람에게 내재화되고 있다.

Fig 103. SNS상의 수많은 정보에서 무엇이 진짜이고, 가짜인가?

　모든 사회 구성원이 공유해야만 하는 뉴스의 영역이 점차 줄어들고 있고, 무너지고 있다. 정보의 생산자가 시민 모두가 되면서 정보의 전문성이 보장되기 어렵게 되었고, 루머와 진실의 경계가 모호해졌으며, 의도적인 허위정보, 가짜뉴스도 많아져버렸다. 이는 또 사적 처벌로 이어지면서 현대판 인민 재판으로 변모하기도 했다. 사법 기관을 거치지 않고 공개적인 온라인 공간에서 공개 비판, 비난이 횡행하면서 사적인 처벌이 진행되게 된 것이다. 이는 민주주의 시스템 자체에도 심각한 위협이다.

3. 스마트도시의 사회적 쟁점

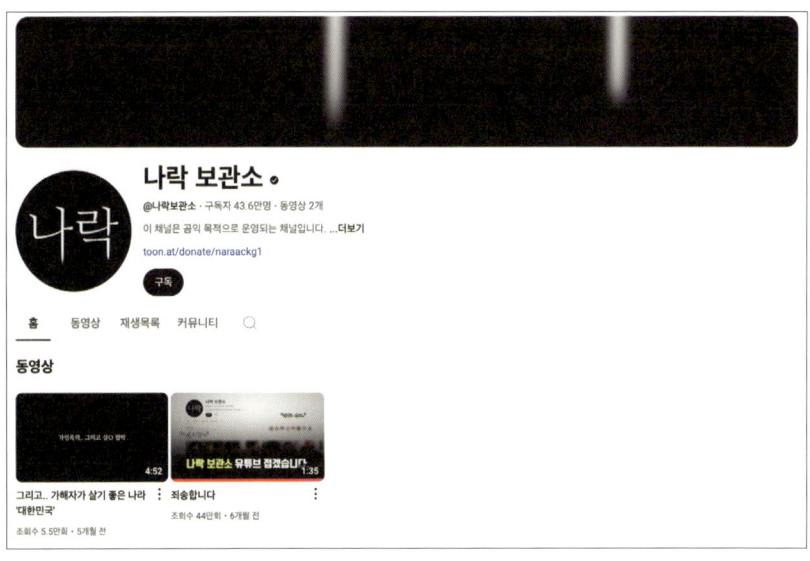

Fig 104. 2024년에 2004년의 밀양 성폭행 사건을 폭로한 유튜버 채널, 나락보관소.
가해자들 신상 폭로를 이어가다 무고한 사람들까지 피해를 주어 24년 10월 결국 구속되었다.

    2024년 6월 인터넷에서는 어느 한 유튜버가 2004년의 밀양 성폭력 사건의 가해자들을 연이어 폭로하면서 주목을 끌었다. 2004년 밀양 지역의 남고생 44명이 집단으로 당시 여중생 5명을 1년 동안 성폭행한 사건이 있었는데, 이를 20년이 지난 현재 특정 유튜버가 가해자들의 근황을 공개하면서 큰 이슈를 만들고 있다. 유튜버가 공개한 가해자들은 수많은 네티즌들의 비난을 받고 직장에서도 해고당하는 상황을 맞이하고 있다. 문제는 온라인 상에서 이뤄지는 이 사적 보복이 어마어마한 파급력으로 사실상 사법 처벌과 같은 효과를 지닌다는 것이다.

    대중이 이성을 잃고 중우정치에 빠지는 현상은 소셜 미디어를 통해 일반화될 수 있다. 당시 법원의 판결이 지나치게 가벼웠다 하더라도 이런 사적 제재가 수시로 반복된다면 사법 시스템 자체에 대한 위기가 될 수 있다. 적법한 확인 절차 없이 네티즌들의 저격이 이어지기에 인민 재판과 같은 성격도 띠게 되는데, 이런 비난 속에서는 일사부재리의 원칙 자체도 유명무실해진다. 네티즌들은 부정확한 정보를 유포하면서 확대 재생산하고, 유죄추정의 원칙으로 확인되지 않은 용의자도 죄인으로 만들어버린다. 밀양 성폭행 폭로 사건도 무고한 사람을 범죄자로 잘못 지목, 공개했다가 해당 영상물을 삭제하기도 했는데, 이미 무고한 용의자는 피해를 본 상황이다.

어떻게 보면 이와 같은 현상은 사법 시스템에 대한 불신이 크기 때문이기도 하지만 소셜 미디어가 발전하며 우리 사회가 겪는 과도기적 현상이기도 하다. 이러한 온라인 공간에서 사적인 정보 생산자가 매스미디어의 권력을 남용해 사적으로 처벌을 유도하는 현상은 어떻게든 해결되어야 하는 우리 사회의 숙제이다.

결론적으로 요약해서보자면, 우리 사회의 커뮤니티는 소셜 미디어의 발전과 함께 아주 크게 변모했다. 오프라인의 사회 관계망이 약화되면서 온라인으로 사회 관계망이 이동했고, 미디어도 SNS 상에서 수평적 정보 전달 시스템으로 변화했다. 모든 시민이 정보 생산자가 되는 민주적 시스템이 나왔지만 모든 이의 정보 생산으로 오히려 정보의 전문성은 약화되었고, 개개인은 소셜 미디어의 추천 알고리즘 때문에 정보의 편중성이 강화된 편향된 상황에 놓여지게 되었다. 이러한 편중된 정보, 과다한 정보는 집단 극화 현상과 정치의 지나친 양극화를 초래하였다. 이젠 민주주의 시스템에 무리를 주는 각종 사적 제재마저 등장하고 있다. 익명성 속에서 인간 내면에 숨어 있던 공격성이 무리지어 온라인을 넘나들면서, 대인관계 능력마저 악화되는 부작용이 나타나고 있다.

사회 전체적으로는 분명 교육 수준이 높아졌고 지식은 전체로 확대되었다. 그러나 동시에 언론인들이 일방향으로 정보를 전달하던 시기보다 오히려 더 혼란스러운 상황이 도래하였다. 우리의 민주주의는 괜찮은 것일까? 또한 우리의 분별력과 판단력은 예전보다 더 나아진 것일까? 신문과 방송, 책으로 정보를 흡수하던 때보다 소셜 미디어를 사용하는 지금, 우리의 사고력은 더 나아졌다 할 수 있을까?

3. 스마트도시의 사회적 쟁점

● 인터넷 중독과 주의력의 약화

2019년 12월, 중국 우한에서 코로나바이러스 감염증이 나타난 이후 전세계는 이전에 경험해보지 못한 대규모 펜데믹 사태를 맞이했다. 코로나 바이러스는 급격히 퍼져 2022년 8월까지 5억 9천8백만 명의 확진자를 기록했는데, 그 중에 6,464,619명이 사망하였다. 이것도 그러나 어느 정도 세계적인 방역 과정을 벌여 나온 결과였다. 바이러스의 전염을 막기 위해 전세계는 마스크와 백신의 생산에 몰두했으며, 모든 대면 접촉은 일시적으로 중단되는 상황이 발생했다. 이 때 직장과 학교는 전부 비대면 모드로 바뀌었으며, 필수적인 대면 만남을 제외하고는 대다수가 온라인 공간에서 소통했다. 코로나 바이러스가 반강제적으로 인류를 비대면 온라인 공간으로 옮겨버린 것이다.

하지만 이 때문에 우리는 알게 모르게 더욱 깊숙하게 스마트폰, 미디어에 중독되었다. 전세계 학생들을 대상으로 측정하는 PISA 결과를 보면 선진국 학생들까지 대체적으로 다 학력이 저하되는 현상이 나타나는데, 이는 코로나 시기에 대면 수업이 일시 정지된 탓이 큰 것으로 보인다. 여러 가지 원인이 있을 수 있으나 미디어 중독, SNS 중독이 더 심해졌기 때문에 집중력의 저하, 학업 성취도의 저하가 나타났다고 보는 사람이 많다.

그래프를 보면 서구권 국가의 pisa 점수 전체가 모두 하락하는 것이 보인다. 일본 같은 경우는 점수가 오히려 올랐는데, 일본은 세계적인 추세와는 다르게 아날로그 형식의 교육 시스템을 고수하는 편이다. 싱가포르나 우리나라도 모두 경쟁이 심한 사회로 어렸을 때부터 사교육이 많은 편이어서 PISA 점수는 분명히 상위권이다.

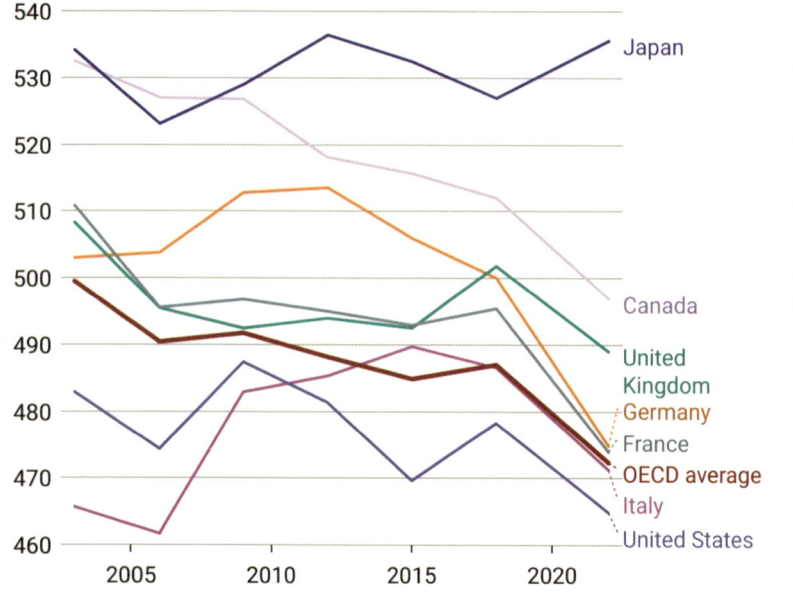

Fig 105. 국제 PISA 점수 변화 그래프. 2022년 세계 전체적으로 학력 저하 현상이 나타났다.

하지만 우리나라 학생들도 코로나발 학력 저하에서 자유롭지 못하다. 올해 6월 교육부가 발표한 2023년 국가 수준 학업성취도 결과를 보면 코로나를 경험한 고2 학생들의 기초학력 미달 비율은 증가한 양상을 보인다. 수학에서의 기초학력 미달자의 비율이 16.6%로 나타났는데 이는 2019년 이후 가장 높다. 영어가 조금 줄었으나 여전히 높은 미달자의 비율이 보인다. 평가시 고2 학생들은 2020년 중2였는데, 코로나 시기 수업을 비대면 온라인으로 진행한 영향이 큰 것으로 보인다. 당시 타격을 입은 학업 성취도가 여전히 회복되지 못하고 있는 것이다.

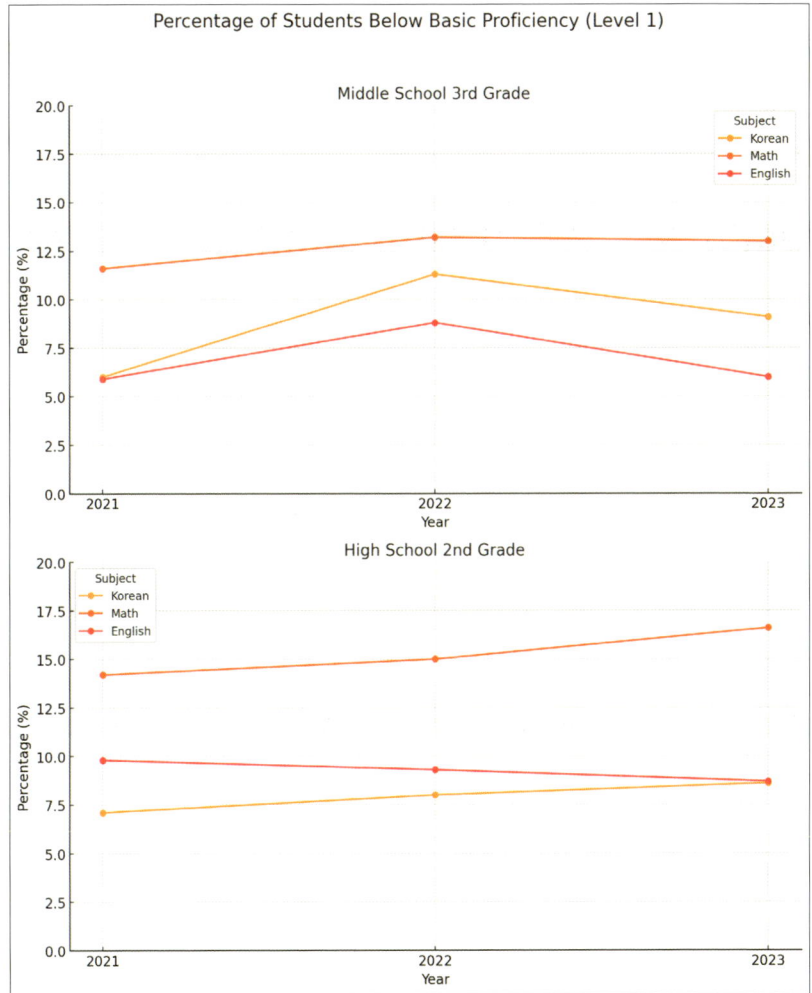

Fig 106. 2023년 국가수준 학업성취도 평가 자료에서 기초학력미달 비율의 변화를 그린 그래프. 아래 고등학교 2학년 학생들의 수학 분야에서 증가세가 뚜렷하다.

전체적으로 볼 때 우리 인류의 정신 건강은 인터넷 중독과 SNS 중독에 분명히 악영향을 받고 있다. 2022년 10대 청소년의 인터넷 사용 시간을 분석해보면 하루에 거의 8시간을 사용하는 것으로 나타났는데, 이는 수면 시간보다 휴대폰을 들고 있는 시간이 더 많다는 걸 뜻한다. 스마트폰을 사용하지 않는 시간이 사실상 거의 없는 셈이다. 이제 스마트폰 없이 같이 노는 법, 또 여가를 보내는 법 자체를 모르는 세대가 등장하고 있다. 하지만 과다한 정보 중독이 우리 뇌에 어떠한 영향을 미치는지 우리는 미처 인지하지 못하고 있다.

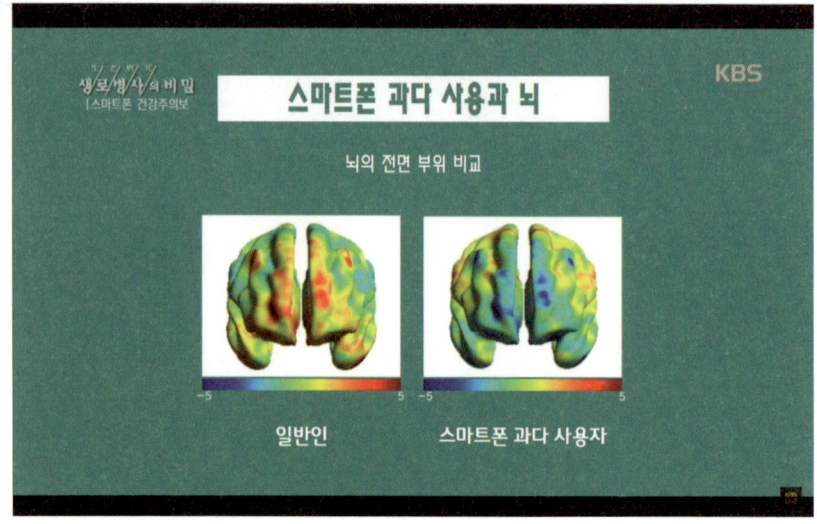

Fig 107. 스마트폰 과다 사용자의 뇌파 사진.
충동 억제, 조절을 담당하는 전두엽이 덜 활성화되는 결과가 나타난다.

의사들이 분석해본 결과 청소년들의 뇌는 분명히 스마트폰의 영향으로 변하고 있다. 자극적인 디지털 도파민에 중독되어 충동과 조절을 다스리기 어렵게 변화하고 있는데, 너무나도 많은 정보를 집어넣느라 현실에서 멀어지고 있는 것이다. 중독을 계속해서 부추기는 SNS와 미디어, 소셜컨텐츠의 범람은 공부 시간은 물론 수면 시간까지 줄이고 있다. 시청률을 위한 모바일 콘텐츠들은 자극적이고 중독적인 성향을 쉽게 띄게 되었고, 알고리즘은 우리의 사고방식도 편향적으로 만들어 정상적인 사회 관계 형성을 어렵게 만들고 있

3. 스마트도시의 사회적 쟁점

다. 선정적인 컨텐츠에 무방비로 노출된 10대들은 이런 컨텐츠가 비정상적이라는 인식 없이 쉽게 중독되고 있다.

하지만 우리나라 학교 현장에선 수업 시간 휴대폰 수집마저 아직도 원활히 이뤄지지 못하고 있고, 학생 인권과 학습 지도권 사이의 논란이 지속되는 상황이다. 그러나 유럽에서는 오히려 교육 현장에서 스마트폰을 금지하는 추세가 확산되고 있다. 프랑스는 2018년 9월부터 3~15세 학생들이 학교에 스마트폰을 사용하는 걸 금지했으며, 영국은 올해초 16세 미만 학생에 스마트폰 판매 금지까지 검토했다. SNS 중독이 학생들에게 미치는 영향이 심각하다는 인식 때문이다.

스마트폰에서 보는 SNS의 컨텐츠 상당수는 짧은 시간 내에 우리의 뇌를 자극하기 위해, 자극적인 컨텐츠로 제작된다. 곧 디지털 도파민을 계속 이끌어내기 위한 목적으로 제작된다. 흥미 위주의 컨텐츠이기 때문에 주의집중을 요하는 컨텐츠는 당연히 없다. 그러나 이러한 컨텐츠 위주로 계속 우리가 인지력을 소모하면 우리의 뇌는 불필요한 정보들로 과열되게 된다.

스마트폰에 중독된 학생들은 자연스레 독서 시간을 뺏기게 되고, 친구들과 대면 소통하는 시간 자체도 줄어들게 된다. 대면 관계에 약해지면서 독서 능력의 저하로 학습 능력까지 잃어버리게 되는데, 실제 이런 독해력 저하는 문해력 논란으로 이미 불거지고 있다. 기성 세대는 당연히 알아야 한다고 생각하는 국어 단어 상당수를 몰라서 교육 현장은 크나큰 어려움을 겪고 있다. 더 큰 문제는 미디어에 이미 지나치게 뇌가 적응되어 버려서 독서 시간을 늘리고 싶어도 늘리기가 쉽지 않다는 것이다.

앞으로 AI가 발달한 세상에서는 이러한 문제점이 더 크게 부각될 수 있다. AI가 가짜 정보를 섞어서 제공해주어도 그걸 판단할만한 능력도 없고, 더 나아가 원본 자료를 찾아보거나 읽을 수 있는 능력을 상실한다면 우리 인류는 어떻게 될까? AI가 아무리 발달해도 원자료, 텍스트를 읽는 능력이나 문해력 자체는 놓쳐서는 안되는 중요한 능력이다. 무엇보다 인간 본연의 기능이 무엇인가가 중요한 화두로 대두될 것이다. 인간은 생각하는 동물인데 그 생각의 방식도 디지털 기기에 맡겨 버리면, 인간은 무엇을 해야 할까?

4. 스마트도시 구축하기

4.1 비전 및 목표 설정

스마트도시의 목적은 사람이다. 스마트한 도시를 구축하는 가장 근본적인 이유는 무엇보다 시민들의 삶의 질을 높이기 위해서다. 거주하는 시민들의 삶의 질을 증진하고 개선하는 것이 스마트도시의 가장 첫 번째 목표이다. 만일 스마트 기술을 사용하지 않고서도 시민들의 삶을 행복하게 만들 수 있다면, 그렇게해서 도시를 개선하면 된다. 결국 목적은 도시가 아닌 사람이기 때문이다.

2000년대 접어들어서 4차 산업혁명이 급속히 진행되고, IT기술이 우리의 삶 모든 부분에 접어들면서 스마트한 자동화 기술을 사용해 우리의 도시를 더욱 세련되게 만들려는 정책이 우리 사회 전반에 제기되었다. 그런데 이러한 과정에서 '스마트' 기술 자체에 너무 주목한 나머지 스마트한 기술이 목표로 하는 인간과 사회에 대한 우리의 연구는 조금 소홀해진 감이 있다. 스마트 기술이 미래지향적이고 멋진 것은 분명하지만, 기술 그 자체는 목적이 될 수 없다. 설사 기술이 멋지게 구현된다 하더라도 비용 대비 효율성이 떨어지거나 상당수 사람이 도외시하는 소수만의 기술이 된다면, 그러한 스마트 기술은 그다지 큰 도움이 되지 못할 것이다.

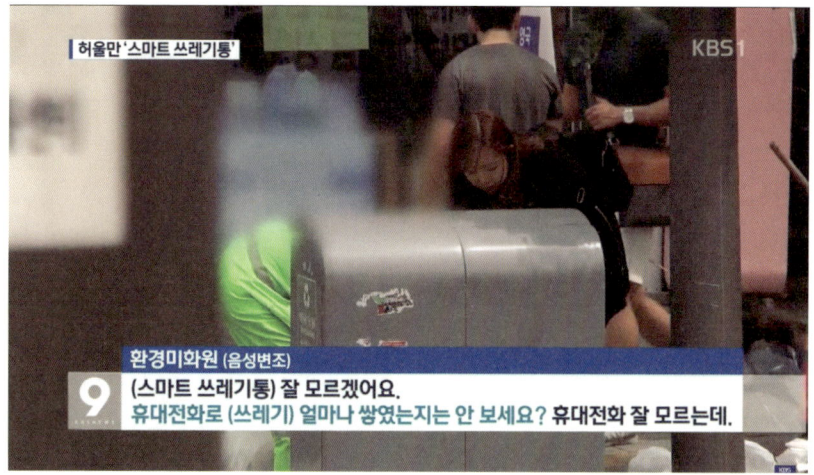

Fig 108. 미화원도 모르는 스마트 쓰레기통의 경우, 그 기능이 아무 쓸모가 없을 것이다.

하지만 안타깝게도 현재 스마트 기술은 이렇게 애매모호한 지점에 있는 경우가 많다. 성동구에서 야심차게 추진한 스마트 빗물받이는 비가 오는 날에도 오히려 작동하지 않아 배수구를 막는 경우가 많고, 서울에 설치된 스마트 쓰레기통은 비용만 많이 들고 아무 효용도 없는 일반 쓰레기통으로 전락한 경우가 많다. 센서가 쉽게 고장나기도 하고 또 쓰레기가 너무 빨리 차서 매일 청소를 거를 수 없기 때문이기도 하다. 춘천시에 설치한 클린로드는 폭염에 대비해 아스팔트 도로를 식히기 위해 물을 뿌려대야 하지만 잦은 고장으로 그 기능을 제대로 발휘하는 곳은 30% 정도에 지나지 않는다. 설치와 유지보수에 70억원이나 들었는데도 관리가 제대로 되지 않아 예전처럼 살수차를 사용해 물을 뿌리는 형편이다. 이는 스마트 기술이 처음에 전시용으로만 사용되고 이후 관리나 유지보수에 실패해 예산을 날려버린 전형적인 보여주기식 정책의 경우들이다.

따라서 이러한 사례들로 볼 때, 정말로 도시가 스마트해져서 그 운영이 스마트하게 지속되려면 장기적인 안목과 조직 체계 정비, 운영 시스템 구축이 필수적이다. 그러나 이에 앞서 스마트시티라는 개념, 스마트도시란 시스템에 대해서부터 잘 정의할 필요가 있다. 그 목적과 비전이 뚜렷해야만 시스템이 조금씩 수정되면서도 방향을 잡고서 잘 굴러갈 수 있기 때문이다. 기술은 언제나 그랬듯이 목적을 이루는 도구일 뿐이며 항상 개선되어야만 하는 방편이다. 지금 최신인 기술도 먼 미래에는 구닥다리로 전락할 수 밖에 없는데, 결국 장기적인 안목 아래 방향에 맞춰 기술을 또 개선해나가야만 한다. 더 나은 해결책과 기술이 있다면 그걸로 대체되는 것이 마땅하다. 중요한 건 사람이 누리는 혜택이기 때문이다.

그렇다면 스마트도시의 큰 개념 정의부터 내려보도록 하자. 스마트도시는 무엇이며, 왜 구축해야 하는가?

● 스마트시티의 목적은 무엇인가?

스마트시티의 개념을 간단히 정의하자면 기술을 통해서 도시 서비스의 운영을 최적화, 효율화하는 일련의 도시 개선 작업이다. 이는 기업이 4차 산업혁명의 기술을 활용하여 자신들의 서비스를 고도화해나가는 과정과 크게 다르지 않다. 자본주의에서는 기업들이 끊임없는 경쟁의 과정을 통해서 자신들의 서비스와 재화의 품질을 향상시켜나가는데, 이 때 스마트 기술이 품질 향상에 적극적으로 활용된다. 스마트시티 또한 다르지 않다. 다만 기업이 자신들의 이윤 향상을 위해서 IT 기술을 활용하는 반면 시정부나 국가 행정부는 공공서비스의 품질을 향상시키고 시민, 국민의 만족도를 높이기 위해서 스마트 기술을 사용하게 된다. 정부에서 제공하는 공공 서비스의 품질을 향상시키기 위해 스마트 기술을 사용하는 것이다.

앞에서 살펴본 스마트 교통, 스마트 물류, 스마트 환경, 스마트 건축, 혁신 경제, 사회적 기업이나 혁신 창조 경제, 공유 경제, 스마트 에너지 등 스마트 도시의 모든 부분이 사실 도시가 제공하는 공공서비스의 성능을 향상하는 과정이다. 교통 서비스, 상하수도 처리, 전기나 가스 공급, 건물과 공간의 효율적인 배분 등을 목표로 하는 스마트도시화는 사실 도시가 제공하는 인프라 서비스의 효율화를 최종 목표로 한다.

자본주의 측면에서 보자면 스마트 기술화는, 기업의 경쟁 과정에서 이뤄지는 자원 배분의 최적화 과정, 또 수요에 맞춘 공급의 최적화 과정이 스마트 기술의 도움을 받아 이뤄지는 과정이라고 할 수 있다. 다만 여기서는 보통 도시 운영, 공공 서비스에 관련된 경우로 한정되므로 스마트 분야가 도시 서비스로 한정되게 된다. 하지만 스마트 환경이나 스마트 에너지와 같은 경우는 자원과 에너지의 생산, 처리 전분야에 걸쳐 필요한 기술이므로 또 국가 정책으로 확산될 여지가 항상 있다. 요컨대 스마트 기술은 우리 인류의 생활 분야 전체를 아우르는 새로운 4차 산업혁명으로 정의될 수 있는 것이다.

Fig 109. 아담 스미스가 [국부론]에서 주창한 자유시장경제에 대한 신뢰와 개개인의 이윤 추구라는 원동력은 현재 시장 경제의 기본 밑바탕이지만, 낡은 담론이기도 하다.

이렇게 개념부터 생각해볼 때 우리는 현 자본주의가 갖고 있는 변화의 근본 동력부터 다시 들여다보고 재검토해봐야 한다. 애덤스미스의 국부론 이후 우리는 개개인의 이윤 추구가 시장의 '보이지 않는 손'으로 작용하여 전체 사회의 부를 증가시킨다는 공리주의를 신조로 삼고, 자본주의를 옹호하며 살고 있다. 정부의 정책 또한 거기에서 크게 다르지 않으며, 기본적으로 다수 시민들의 최대 이익을 목적으로 하여 정책을 만들고 전개해오고 있다. 스마트 기술 역시 최대 다수의 최대 이익이라는 공리주의에 목표를 둔다. 하지만 그에 더하여 우리는 지구 환경을 유지 하기 위한 친환경 기술, 또 민주화의 확산을 추가적 목표로 스마트 기술을 확장하고 있다. 자본주의의 보이지 않는 손만으로는 해결이 불가능한 문제들도 분명히 크게 대두하고 있기 때문에, 새로운 담론이 절실하게 필요하기도 한 상황인 것이다. 스마트 환경이나 스마트 공유 경제는 바로 이러한 새로운 철학과 비전의 현실적 반영이기도 하다. 곧 개개인의 이윤 추구를 넘어서 전체 사회의 공공 이익, 공공선을 향한 비전이 스마트시티에 반영되기 시작한 것이다.

스마트시티의 비전은 바로 이 공공선에 대한 철학에서부터 다시 출발해야 한다. 역사 내내 도시는 소수의 특권층이 부를 창출하고 선점해나가는 공간이었다. 정치 경제 사회 문화 인프라가 도시에 집중되어 상위 계층의 특권 구역으로 전개되는 경우가 대부분이었고, 지금도 이 구도는 유효한 편이다. 하지만 스마트도시는 이 구도를 더 강화하기보다는 오히려 해체해나가는 방향으로 나아가야 한다. 정부가 정말 시민, 또 국민을 위한 공공선의 비전을 제시하자면 그 혜택이 모든 사람에게 확대되어야 맞기 때문이다.

● 스마트 포용 도시의 비전

Fig 110. 앙리 르페브르의 저서, [도시에 대한 권리]에서 저자는 도시가 모든 시민에게 평등하게 누려져야 함을 강조한다.

 1968년 프랑스 파리에서 일어난 68운동 당시 철학자 앙리 르페브르는 '도시에 대한 권리'를 주창하면서 모든 시민이 도시에 대해 동등한 권리를 누려야 함을 강조했다. 도시는 모든 시민의 힘으로 창조되었으며 유지되고 발전하는 까닭에, 누구도 재산, 성별, 연령, 인종, 종교 등을 이유로 도시로부터 배제될 수 없으며, 모든 시민은 도시의 편익을 누릴 수 있어야 한다. 모든 시민은 도시의 정치와 행정에 참여하고 도시 공간을 공평하게 누릴 수 있어야 한다.

평등한 권리에 기반한 원칙적이면서도 자명한 이 명제는 실제 현실 도시에서는 여러 제약으로 인해 구현되고 있지 못하다. 도시의 공간은 분명 한계가 있는 상품으로 가장 많은 부가 집중되는 공간이다. 아직까지는 공유가 아닌 소유가 우리 사회의 원칙이며, 도시 공간은 좁은 만큼 소유자에게 막대한 부를 안겨다주는 사적 재산으로 기능한다. 도시에 거주하는 자들은 도시의 특정 공간을 소유하거나 임대한 시민이어야 하며, 여기서 빈부격차에 따라 도시 접근성에 차이가 발생한다. 도시의 편익을 누리고자 하는 사람은 어느 정도 부가 있어야만 도시에 거주할 수 있다. 결국 그 공간의 제약으로 시민이 되기 조차 쉽지 않은 것이다.

하지만 이를 극복하고자 하기 위해 '포용 도시'의 비전이 새로이 떠오르고 있다. 도시의 부동산 격차는 분명 존재하지만 그래도 도시민 전체가 스마트시티의 혜택을 평등하게 누릴 수 있도록, 공공서비스를 최대한 많은 이들이 누릴 수 있도록 하자는 것이다. 2000년대 들어 세계은행(World Bank), 아시아개발은행(ADB), UN 등의 주요 국제기구들이 이에 관한 정책의제를 직접적으로 명시하기 시작하면서 포용적 성장과 포용 도시의 개념이 대대적으로 등장하였다.

World Bank는 포용적 성장을 위해 사회적 포용, 공간적 포용, 경제적 포용을 강조하였으며, ADB는 공간적 차원 측면에서 도시 공간이 거주민들에게 제공할 수 있는 교통, 상수도, 폐기물 등의 인프라 개발의 비전을 제시하였다. UN-HabitatⅢ(2015)는 취약계층의 참여와 연대를 통해 도시거버넌스에의 민주적 절차 회복을 목적으로 포용도시의 거버넌스 측면을 강조하였다.

서울시, 특히나 성동구에서도 포용도시를 주요 비전으로 설정하고 복지를 강화하는 데 스마트 기술을 적극 활용하고 있다. 서울시정은 포용도시를 목표로 4가지 정책 방향을 설정했는데, 사회적 영역에서 '배제에서 포용', 도시 공간과 도시 서비스에 대한 '보편적 접근', 도시 개발 및 경제성장에서 '혜택의 공유', 정책 과정에서 '시민의 참여'라는 4가지 정책 방향을 설정해두고 있다.

모든 시민들이 경제적, 사회적, 공간적으로 차별받거나 배제되지 않는 지속 가능한 도시를 만들기 위해 스마트 기술을 활용 하려 노력하고 있다.

Fig 111. 기후교통카드를 사용하면 한달 월정액으로 지하철과 버스, 공유 자전거 따릉이를 무제한 으로 사용할 수 있다.

스마트 교통의 측면에서 볼 때 2024년 현재 서울시에서 운영하는 기후교통카드는 일정한 월이용료로 무제한으로 서울의 대중교통을 사용할 수 있게 하는 교통 제도이다. 공유자전거까지 포괄하는 이 체제는 문자 그대로 고정된 월정액료로 무제한의 교통수단을 사용토록 하기 때문에 차별받는 시민이 전혀 없다. 이 카드만 있으면 서울 시민들은 서울 안의 어느 공간이든 추가 비용 없이 접근할 수 있는 것이다.

스마트 교육 분야에서는 서울시가 교육용 온라인 플랫폼인 서울런을 운영하고 있는데, 값비싼 사교육을 받기 어려운 저소득층을 지원하기 위해 서울시가 제공하는 이러닝 학습 컨텐츠늘이 대거 쏘진해 있다. 기손부터 있던 EBS와 비슷한 시스템인데 EBS나 서울런은 사실상 모두 무료로 들을 수 있는 강의들이기 때문에 교육 격차 해소에 중요한 역할을 하고 있다.

Fig 112. 서울특별시에서 운영하는 스마트 교육 플랫폼, 서울런. 이와 비슷하게 농촌 학생들을 위한 초록샘이란 강의 플랫폼도 있다.

교통과 교육 분야에 더해서, 부동산 분야에서도 포용적 비전이 필요하다. 앞에서 잠깐 언급했지만, 도시에 대한 권리를 평등하게 배분할 때에 가장 큰 한계는 사실 도시라는 좁은 공간 그 자체다. 공간은 한정되어 있는데 수요자는 많으니 부동산 값이 지나치게 오를 수 밖에 없고, 부동산 가격에 따라 거주민이 달리 배치될 수 밖에 없다. 이 때문에 도시 간 교통 수단이 중요한데, 문제는 핵심 상권의 상가들과 그곳의 임대료다. 번영하는 상권에서는 필요 이상으로 임대료가 급격하게 치솟는데, 이 때 임대인들은 월세를 감당하지 못하고 주변부로 쫓겨나게 된다. 이를 둥지내몰림(젠트리피케이션) 현상이라고 부른다.

둥지내몰림 현상에서 가장 안타까운 일은 상권을 번영시키는 주체가 그 상권에 임대해 들어선 자영업자, 사업자들이지만 그 상권이 흥하면 그 번영에 대한 수익을 장기간 얻지 못하고 주변부 상권으로 쫓겨나간다는 것이다. 자본을 원래부터 소유했던 건물주한테만 좋은 일이 되는 셈이다. 서울에서도 소위 핫플레이스들에서는 이런 현상이 일어나고 있는데, 인스타그램에 자주

4. 스마트도시 구축하기

포스팅되는 성수동이 바로 그 좋은 예이다. 처음에는 오래된 제화 공장들이 모여있던 동네였으나 이색적인 카페들이 모여들면서 젊은이들의 SNS 성지가 되었고, 그러면서 역설적으로 임대료가 급격히 치솟아 옛날의 소상공인들은 많이 사라졌다. 이는 도시의 미래에 사실 좋지 못한 일이다. 둥지내몰림 현상이 급하게 전개되면 번영하던 상권도 결국 쇠하는데, 상권을 만들었던 상인들이 다른 곳으로 쫓겨가버리기 때문이다. 장기적으로 이는 도시의 노후화를 불러온다.

Fig 113. 성동구의 정원오 구청장은 젠트리피케이션 방지를 위해 상생거리를 지정하고 건물주들과 직접 협상에 나서 성과를 이끌어 냈다.

하지만 성동구에서는 이런 둥지내몰림을 방지하기 위해 나름의 포용적 스마트도시 정책을 시도하고 있다. 정원오 성동구청장은 둥지내몰림(젠트리피케이션)을 방지하기 위해 지속가능발전구역을 도입하여 임대료의 급격한 인상을 방지하는 법안, 조례를 제정하였는데, 이는 과도한 임내료 상승에 고동받는 소상공인을 보호하려는 좋은 예시이다. 지속가능발전구역 내에서는 임대료 상승에 법적으로 제동을 걸어 임대인을 보호하고, 둥지내몰림 현상을 막아 상권이 죽는 걸 방지한다. 이는 상권 번영의 혜택이 건물주에게만 돌아가는 것을 방지하고 포용적으로 모든 이의 상생 협력을 독려한 좋은 예이다.

　이러한 균형잡힌 복지 정책은 다 포용 도시의 비전과 철학이 빛을 발한 좋은 예시이다. 도시가 제공할 수 있는 공공서비스의 품질을 높이면서 동시에 포용적으로 사회적 약자를 배려하는 이러한 비전은 스마트도시의 공공선을 위해 꼭 필요한 기치라 할 수 있다. 도시에 분포하는 각종 사회적 자원을 재분배하는 정책을 짤 때에 이러한 비전 아래 스마트 기술을 사용한다면, 이는 분명 투명하고 공정한 자원의 효과적인 배분을 이끌어 낼 수 있을 것이다.

4.2 정책 주도자 정의 및 협력

스마트시티 구축 과정에서 현실적으로 가장 중요한 것은 '누가' 비전을 제시하고 또 정책을 주도하느냐 이다. 이론적으로야 당연히 모든 시민이 참여해서 정책을 짜야 겠지만 현실적으로 그건 당연히 불가능하다. 따라서 도시 정부의 위정자가 먼저 비전을 제시하고, 또 정책을 짜고 이끌어 가는 것이 현실적이다.

우리나라 서울이란 도시도 뛰어난 시장을 필두로 하여 도시를 개선한 예가 많았고, 시 정부의 주도 아래 여러 민관 협력사들이 참여하여 현재의 서울을 성공적으로 만들어냈다. 이명박 서울 시장이 2004년 서울 대중교통체계를 개편하며 사실상 서울의 스마트 교통 시스템을 처음 만들어낸 것은 성공적인 개혁이었다. 이는 전세계로 수출된 스마트 교통 시스템의 첫 단추였다. 이러한 대중 교통 개혁이 가능했던 것은 시장의 강력한 리더십 덕분이기도 하지만, 서울시에 협력했던 버스 사업자들 간의 협의도 중요한 역할을 했다.

당연한 말이지만 따라서 스마트도시 정책에서 이해관계자의 참여와 협력은 프로젝트의 성공을 위해 필수적인 요소다. 스마트시티를 건설하는 과정은 다양한 배경과 전문성을 가진 참여자들이 모여 공통의 목표를 향해 노력하는 복잡한 작업이다. 이런 주요 이해관계자에는 정부 기관, 기업, 시민, 학계, 비영리 조직 등이 포함된다.

이해관계자 참여와 협력은 스마트시티 프로젝트가 다양한 관점과 요구를 반영하여 포괄적이고 지속 가능한 방식으로 진행되는 데에 필수적이다. 이 협의의 과정이 없다면 모두를 위한 도시가 될 수 없다. 하지만 현실적으로 이 협의의 과정이 너무 길어져서는 안되고, 또 옛말처럼 사공이 많으면 배가 산으로 갈 수가 있으므로, 효율적인 협의와 동시에 강력한 추진력으로 전문가가 추진해야 할 것은 전문가가 추진해야 한다. 이는 스마트도시의 분야에 따라서도 달라진다.

그렇다면 스마트도시의 분야별로, 효과적인 정책 주도자를 살펴보자.

● 누가 효율적으로 스마트도시를 구현할 것인가?

스마트 교통

Fig 114. 2004년 7월 이명박 서울시장은 버스체계 시스템 전체를 완벽히 개편하며 지하철과 버스를 준공영제로 통합했다. 초기에는 조금 불편이 있었으나 지금은 성공적인 시스템 개편으로 평가받는다.

대중 교통 시스템은 도시 정부 차원에서 계획을 짜고 추진하는 것이 마땅하다. 도로망은 대개 국가의 소유이고 전체의 공익을 위해서도 모두의 입장을 고려할 수 있는 정부 관계자가 디자인하는 것이 좋다. 스마트 교통 체계에서 자율주행차, 무인 자동 택시 시스템 같은 것은 기업 차원에서 디자인할 수 있지만 전체 교통 시스템은 정부에서 짜는 것이 좋다. 앞서 언급한 서울시의 대중 교통 시스템 개혁은 서울시의 대표적인 성공 사업으로, 버스의 준공영화를 바탕으로 하여 기존 도시철도공사와 협력 하에 전체 시스템 통합이 이뤄질 수 있었다. 대중교통의 안정적 재원확보가 공영화를 바탕으로 확보된다면 전국적인 스마트 교통 시스템도 안정적으로 추진될 수 있을 것이다.

스마트 에너지

친환경 에너지의 경우 그 수익성이 아직은 낮고, 기존의 화석 연료 인프라가 강력한 주권을 갖고 있기 때문에 스타트업이나 기업이 진출하는 것이 어렵다. 따라서 정부 차원에서 친환경 정책을 추진하면서 스마트 에너지 인프라를 갖추는 것이 바람직하다. 스마트 그리프 인프라 설계 같은 것도 앞에서 살펴보았듯이 정부 주도로 연구 개발이 진행되고 있다.

하지만 역설적으로 스마트 에너지가 목표로 하는 소규모의 그리드 인프라 시스템은 민간 자치에 적합한 것이다. 태양광이나 풍력으로 수확한 소규모 에너지는 그 수확된 지방 내에서 즉각 소비되는 것이 좋은데, 이는 생산되는 에너지의 규모 자체가 작기 때문이다. 섬이나 시골 마을에서 먼저 실험되고 또 사용되기에 가장 좋다. 개발된 스마트 에너지 인프라는 안정화 후에 각 지방 및 자치 단체로 분산 정착되어야 하고, 에너지 분권화, 마을의 에너지 독립 체계가 점진적으로 이뤄져야 한다.

Fig 115. 태양광 설치를 위한 협동조합 플랫폼, 모햇. 투자금으로 태양광 패널을 전국의 옥상과 공터에 설치한 후 얻은 전력을 판매해 수익을 올리고, 조합원들에게 이자를 지급한다.

이렇게 정부 주도이면서도 민간을 지향하는 스마트 에너지 체계의 역설적인 특성상, 사회적 기업이 그 이음새를 메우는 데 중요한 역할을 할 수 있다.

국내 사회적 기업으로 모햇이란 에너지 투자 플랫폼이 요새 각광을 받고 있는데, 이 모햇 회사는 협동 조합 방식으로 개인 투자자들의 돈을 모아서 유휴지나 옥상에 태양광을 설치하고 그 소규모로 수확한 친환경 에너지를 한국전력에 공급하여 수익을 올리고 있다. 2025년 2월 기점 햇살그린협동조합이란 이름으로 투자자들의 기금을 운영중인데 누적 매출액은 183억이고, 운영 중인 발전소는 1,696개소이다. 평균 발전 시간은 3.9시간으로 태양광임을 고려하면 꽤 긴 시간임을 알 수 있다. 이러한 협동 조합이 가능한 것은 한국전력이란 공기업에서 재생 에너지를 안정적인 가격으로 사주기 때문이고, 모햇 플랫폼에서 AI를 활용하여 전국의 태양광 발전소를 지속적으로 유지 보수하고 관리 감독하기 때문이다.

실험적인 인프라 설치는 처음부터 대규모로 정부가 추진하기에는 무리가 있다. 또 민간에서는 나서기가 어려운 면이 있는 만큼, 이렇게 모햇과 같은 기업이 소규모로 시작하며 인프라를 확장해 나가는 것이 좋다. 스마트도시의 인프라를 기업에서 설치하는 것이 여러모로 유리한 경우가 많은 것은 이 때문일 것이다.

스마트 환경

스마트 환경의 경우 사실 사회적 기업이 들어갈 영역으로, 바로 앞에서 본 모햇 같은 경우도 이에 해당할 수 있다. 앞서 살펴본 스마트 환경 분야에서 페트병을 재활용해 생산한 재생 섬유로 신발이나 옷을 만드는 엘에이알(LAR) 같은 기업도 여기에 들어갈 수 있다. 물 담수화 플랜트 시설에 강한 현대 건설 같은 곳도 중요한 역할을 하니, 사실 대기업이 중요한 역할을 하는 곳이라 할 수 있다. 어찌 보면 산업화로 지구에 가장 큰 피해를 끼친 주체가 제조업, 화학 산업 같은 곳이기 때문에 해결책도 이런 기술을 더 발전시킬 수 있는 대기업이기도 하다.

하지만 스마트 환경은 역시 필수라서 대기업에서도 진행하는 것이지 그것 자체가 이윤이 되는 산업은 아니다. 정부에서 사회적 기업을 키우는 동시에 자원의 순환 고리를 완성하도록 기술 개발을 장려하는 정책이 반드시 필요하다. 이 때에 '사회성과연계채권' 같은 투자 유치 방안 같은 것이 실험 및 개발되어 금융 분야에서도 친환경 분야에 투자를 유도하도록 해야 한다. 이 부분은 뒤에서 제레미 리프킨의 그린 뉴딜 제안을 살펴보며 또 살펴보도록 하자.

스마트 안전

스마트 안전의 경우 치안 유지를 위해 경찰 같은 공기관에서 스마트 기술을 사용하게 된다. 당연히 정부 주도로 진행되어야 하고, 범죄를 최소화하기 위하여 다각도로 도시 곳곳에 감시 장비를 설치해두는 동시에 범죄 예방 시스템을 구축해 경찰력의 효율화를 이끌어내야 한다. 물론 감시의 자동화를 이루면서도 정보 유출의 방지를 위해 감시 시스템은 경찰이나 안보 기관과 같은 상위 기관에서만 접속할 수 있어야 한다.

하지만 도시 곳곳에 셉테드 디자인을 적용하는 것은 모든 시민의 아이디어로 가능할 것이다. 도시가 슬럼화되지 않기 위해서도 도시 디자인은 매우 중요하고, 일단 위생과 청결이 유지되기만 해도 도시의 질은 상당히 올라갈 것이다.

스마트 건축

건축의 경우 북한과 같은 전체주의적 국가를 제외하면 기업 위주로 추진되고 있다. 또한 최신 건축 기술 역시 기업이 축적한 노하우를 기반으로 진화하고 있으므로 당연히 스마트 건축 역시 기업 위주로 추진되는 것이 자연스럽다. 그런데 스마트 기술의 경우 지능형 건물 시스템이 필수이고, 이런 자동화된 건축 기술이나 건물의 유지 보수에는 IT 기술이 필수이기 때문에 IT 기술에 강점을 가진 기업들이 절대 유리하다. 대기업들은 이미 이런 스마트 건축 기술 활용에 능하다는 것을 앞에서 살펴본 바가 있다. 디지털 트윈을 활용하여 3D로 건축을 미리 진행하고 현실에서도 실제 건물을 짓는다.

문제는 전체 도시의 조화를 고려한 도시 계획의 영역이다. 하나의 뛰어난 건물을 짓는 건 쉽지만 전체 도시에 조화로운 스카이라인을 설계하기 위해서는 정부 차원의 개입이나 디자인이 필요하다. 이러한 도시 디자인은 정부의 규제와 건설 기업의 협력 사이에서 진행될 수 있을 것이다.

Fig 116. 네이버랩스에서는 항공, 자동차로 수집한 정보들과 IT기술을 바탕으로 서울 전체의 디지털 트윈을 작성하고 그 데이터를 서울시에도 무상으로 제공하였다.

최근에는 네이버에서 서울시 전체의 디지털 에셋을 무상으로 제공해 신선한 도시 설계의 아이디어를 제공해주고 있다. 네이버에서는 자체 기술을 통해서 서울 전체를 디지털 트윈으로 만들어서 서울 내에 존재하는 모든 건물, 도로, 산과 강의 지형 데이터를 3D 모델링화하여 디지털 세계에 똑같이 구현해내었다. 이는 디지털 트윈을 만드는 것이 쉽지 않지만 불가능하지 않다는 걸 보여주는 최신 기술의 예이다. 네이버는 이러한 기술적 성과물을 벌써 서울시와 공유하여 사용가능하게 허용해주었는데, 이는 민간과 공공의 협력의 매우 좋은 예시이다. 대한민국 서울이 스마트시티로 선정될 수 있게 된 데에는 이러한 최첨단 IT 기술이 발달한 기업의 존재와 공기업과의 원활한 소통,

협력이 그 바탕에 있다. 오픈소스로 공공에 필수적인 데이터를 공개하고 활용하는 일이 우리나라에서는 매우 잘 이뤄지고 있으며, 이러한 정치, 경제, 사회 문화적 토양은 앞으로도 중요하게 작용할 것이다.

스마트 거버넌스

스마트 거버넌스는 정부가 제공하는 행정 서비스를 IT 기술을 사용하여 원활하게 시민에게 제공하는 면이 강하다. 또 정부 정책을 추진할 때, 민주적인 의사 결정을 위하여 온라인 플랫폼으로 시민들의 의견을 수렴하는 기술을 가리키는 면이 강하다. 이 둘은 모두 정부가 시민들에게 다가가는 스마트 기술의 일환으로, 시민 편의를 증진시키기 위한 정부의 스마트화 노력이라 할 수 있다.

우리나라 서울은 앞에서 살펴보았듯 행정 서비스의 스마트화가 매우 잘 이뤄진 나라로 전자정부가 이미 고도화되어 있다. 하지만 민주적인 정책 추진을 위해 전자 투표가 이뤄지는 경우는 여전히 미흡하다. 특정 의제에 시민들이 모두 집중하고 논의하는 것 자체가 여론 형성이 되어야 이뤄지는 것인데 이는 사실 언론의 이슈 제기에 크게 좌우되기 때문이다.

온라인 플랫폼의 발달로 모든 이가 참여하는 직접 민주주의가 가능해진 것처럼 보이지만 화두 선점은 여전히 어려운 문제이다. 소규모 마을에서 진행된 마을 회의를 온라인으로 옮기는 것이 가능해졌고, 모두가 접속할 수 있게 되었지만 도시의 시민은 너무나 많아서 화두를 정하기 조차 어려울 것이다. 결국은 선출된 대표나 검증된 관료들이 실무를 맡을 수 밖에 없다. 스마트 거버넌스의 실제적 역할은 언론을 통한 정책 감시나 점검을 주로 하게 될 것이다. 실제 언론에서 자주 행하는 여론 조사는 이런 감시의 역할을 하고 있다.

스마트 기술로 민주주의가 발전한 것은 맞지만 미디어의 발달로 사람들의 정치적 성향을 더욱더 편향되어 버렸다. 공통적인 기준점이 희미해져가는 시대에, 스마트 거버넌스의 한계는 기술보다는 문화와 철학으로 해결되어야 할 것으로 보인다.

스마트 경제

스마트 경제는 산업 제조 과정의 완전 자동화와 탈노동화를 핵심으로 한다. 이는 기본적으로 기업 자체에서 자동적으로 일어나는 혁신의 과정으로 정부에서 관여할 필요가 없다. 규모의 경제를 실현하면서 자본주의 경쟁을 통해 생산 공정의 최적화를 이루는 과정은 기업의 자연스런 진화과정이다.

하지만 산업 인프라를 구축하는 것이나 신산업 기반의 IT 인프라를 집중된 스마트도시에 갖추는 건 정부에서 관리할 영역이다. 근래에 스마트도시를 목표로 하는 지방자치 단체들은 전부 AI, 블록체인 등의 4차 산업 인프라를 유치하겠다며 경쟁적으로 선언하는 경우가 많은데, 이는 사실 자본주의에서 성장할 마지막 신성장의 영역이 IT분야 뿐이기 때문이기도 하다. 스마트 기술이 모든 분야를 석권하고 있기에 경제도 그 외의 분야를 생각하기 어려운 탓이다.

사실 스마트 기술은 경제를 효율적으로 만들지만 동시에 경제의 구조를 급격하게 왜곡시킨다. 기업이 자동적으로 경제의 스마트화를 이끌겠지만, 정부는 여기서 발생하는 실업 문제와 산업 붕괴에 대비해야 하는 큰 역할이 생겨난다. 대기업에 대비되는 역할을 정부가 주도적으로 맡아 추진해야만 하는 것이다.

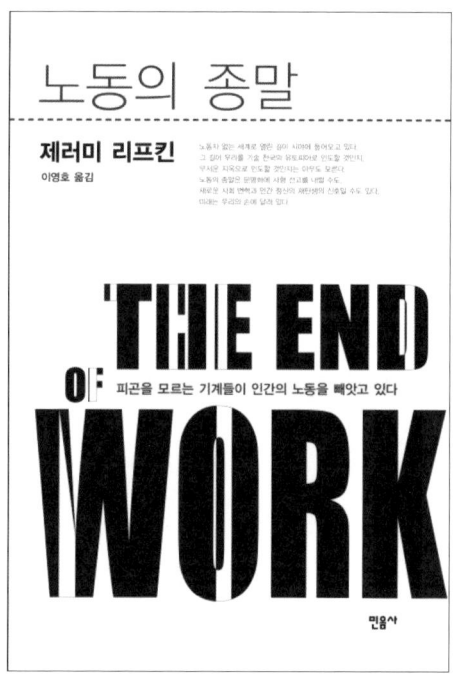

Fig 117. 제레미 리프킨은 저서 [노동의 종말]에서 일찌감치 자본주의 사회의 대변혁을 예고했다.

　제레미 리프킨은 1995년 출간한 저서 [노동의 종말]에서 기술 발전과 자동화가 기존의 노동 시장을 붕괴시킬 것이라고 일찌감치 예견한 바 있다. 4차 산업 혁명 과정에서 자동화, 로봇, AI 발전이 필연적으로 대량 실업을 초래시킬 것이기 때문에 노동 수요가 역설적으로 줄어들게 되며, 불평등이 심화하고 사회적 불안이 증가하게 될 것을 예측했었다. 이는 오픈 AI의 chatgpt와 중국의 deepseek가 등장한 지금 현재 우리가 바로 마주하고 있는 현실이다. 사람처럼 말하고 또 컴퓨터 작업의 대부분을 해주는 인공지능이 등장해 우리의 일자리를 대체하는 것을 우리는 목도하고 있다. 자동화가 인간이 해야할 일도 다 대신하려 하고 있다.

Fig 118. 인공지능 chatgpt가 2022년 11월 등장하면서 AI에 대한 사람들의 관심은 폭발적으로 늘어났다. 이제 기업은 AI를 사용하면서 실제 인력을 줄이기 시작했다.

　제레미 리프킨은 이렇게 자동화로 노동이 종말을 맞게 될 시대를 대비해서, 자본주의 체제 자체가 개혁되어야 한다고 주장했다. 기본소득제를 실시하여 국가가 국민에게 기본소득을 제공하고, 노동시간을 또 점차적으로 줄여야 한다는 것이다. 또 제3섹터 경제, 곧 비영리, 공공 경제의 영역을 활성화해야 한다고 주장했는데, 이윤이 아닌 사회적 가치를 창출하는 일자리가 필요하고 또 더 중요해진다는 것이다. 이는 지속 가능한 경제 모델, 곧 친환경 경제, 공유 경제로 진화하기 위해서도 더 필요한 과정이다.

　사실 더 많은 소비를 위한 재화와 서비스의 생산은 이미 한계치에 도달했다. 스마트 환경, 스마트 에너지 분야의 발달을 위해서도 사회적 가치를 위한 비영리 기업의 발전이 우리 모두에게 필요하다. 이는 정부 주도로 진행되어야 할 것이고, 여기에 스마트 교육도 가세하여 입시 경쟁이 아니라 사회 기여를 위한 교육을 크게 진작시켜야 할 것이다.

4. 스마트도시 구축하기

스마트 문화

'문화'는 시민들이 창조해가는 새로운 영역이 큰 비중을 차지하기 때문에 스마트 문화라고 하는 것도 시민들에게 달려있다고 할 수 있다. 정부나 대기업이 관여할 영역이 아닌 셈이다. SNS가 촉발한 힙플레이스의 문화 인프라 형성은 사실 기존 SNS의 창시자들조차 예견치 못한 것이었다. SNS도 처음에는 문자의 집합에서 시작했다가 인스타그램과 같은 이미지의 집합으로 진화하면서 지금과 같은 문화가 형성되었는데, 이러한 자발적인 문화 형성은 말 그대로 신선한 문화의 진화 과정이라 하겠다.

따라서 스마트 문화의 형성은 문화 기업이나 시민에 의해 주도되는데, 비영리 스마트 경제랑도 어느 정도 연관성이 있다. 앞에서 살펴본 당근마켓의 유행은 중고 시장이라는 경제 부분에서 시작되었으나 동네 문화를 진흥시키는 의도치 않은 효과를 불러오고 있다. 이런 디지털 문화의 오프라인 침투 현상은 앞으로도 지속적으로 진행될 것이다.

여기서 주목할 만한 부분은 제레미 리프킨이 자본주의의 대안으로 제안한 제3섹터 경제의 발달이다. 제3섹터 경제는 비영리 및 협동조합 기반 경제 모델인데, 이윤 창출보다 공공의 이익과 사회적 가치 창출에 중요한 목표를 둔다. 그런데 이윤이 목적이 아니고 사회적 가치를 중요시하기에 문화 분야를 토양으로 자라날 수 밖에 없다. 공공을 위해 자신의 재화와 재능을 기부하는 생산자들이 높게 평가받는 문화가 형성되어야 하는 것이다.

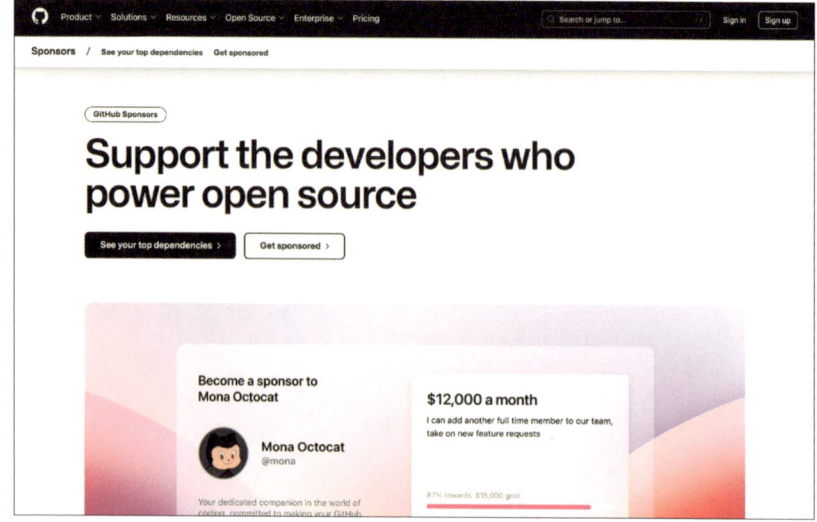

Fig 119. 전세계 최대의 소스코드 관리 플랫폼 Github. 개발자들은 여기서 공개된 프로젝트에 접근하여 코드를 배우거나 논의하고, 개선할 수 있다.

이러한 제3섹터 분야는 지금 우리 사회에서 종종 목격되는 새로운 문화적 현상이다. IT 산업 분야에서는 이런 경향이 뚜렷하게 나타났는데, 이는 지식 공유와 오픈 소스 생태계의 형성으로 전체 인터넷 산업을 이미 뒤덮고 있다. 오픈 소스 소프트웨어란 프로그램의 소스 코드가 특정 기업에 의해 독점되지 않고, 그 코드 전체가 인터넷에 공개되어 누구나 열람하고 수정할 수 있도록 개방된 소프트웨어이다. 뛰어난 개발자들이 자신이 만든 프로그램의 코드들을 무료로 기여하는 식으로 인터넷에 공개하면, 그 코드 패키지들을 이용해서 누구나 새로운 프로그램을 작성할 수 있다. 오픈 소스 코드를 이용해서 웹사이트나 모바일 어플리케이션, 또는 게임을 개발하는 것이 이미 개발자 세상에서는 표준이 되어 있는 것이다.

이는 구글이나 애플이 자신의 생태계 내에서 앱을 개발하는 과정을 장려하기 위해 나타난 현상인데, 이러한 오픈 소스 철학의 번영으로 개발의 황금 시대가 열린 셈이다. 모두를 위해 내가 만든 코드를 오픈하는 이런 오픈 소스의 진화로 모바일 앱이 무한하게 늘어난 것인데, 이런 문화는 사실 지식 공유의 표준적인 예이다. 리눅스나 파이썬, 안드로이드 등 대부분의 핵심 IT 기술이 이런 오픈 소스 기반으로 운영되고 있다.

이러한 지식 공유 문화는 위키피디아(Wikipedia)나 유튜브(YouTube)와 같은 플랫폼에서의 콘텐츠 기부와 공유 활동을 통해 확인할 수 있다. 백과사전을 집필하는 데에는 상당한 시간과 노력이 소요되지만, 전 세계 수많은 개인들이 자발적으로 자신의 지식과 노력을 기울여 위키피디아에 기여함으로써, 오늘날 위키피디아는 세계 최대 규모의 온라인 백과사전으로 발전하였다.

유튜브 역시 전 세계에서 가장 방대한 동영상 콘텐츠 저장소로 자리잡았다. 이는 다양한 분야의 크리에이터들이 자발적으로 콘텐츠를 제작하고 공유한 결과이며, 단순한 수익 창출을 넘어서는 지식 나눔의 성격도 분명히 존재한다. 물론 많은 콘텐츠가 광고 수익을 목적으로 제작되지만, 교육, 인문학, 과학 등 이익과 무관한 순수 공유 목적의 콘텐츠도 풍부하게 존재한다.

이는 인간이 본질적으로 정보를 창출하고 공유하고자 하는 경향을 지닌 존재임을 방증하는 사례이기도 하다. 지식의 생성과 전달은 인간 사회의 기본적인 동력 중 하나이며, 디지털 플랫폼은 이를 더욱 확장 가능하게 만든 촉매제라 할 수 있다.

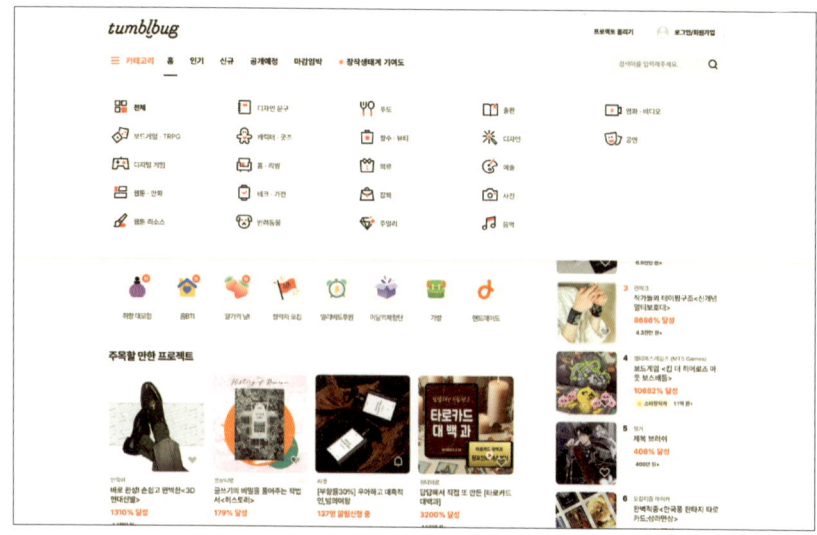

Fig 120. 예술 문화 창작자들을 지원해주는 크라우드 펀딩 플랫폼 텀블벅. 다양한 출판, 연극, 영화, 의류, 악세서리, 소품 디자인을 후원할 수 있다.

우리나라에서는 창작자의 독립 출판이나 영화, 공연, 예술, 음악 창작을 위한 후원 플랫폼도 등장했는데 가장 대표적인 게 텀블벅과 와디즈이다. 이 웹 플랫폼에서는 창작자들이 자신이 만들고 싶은 디자인 창작물에 대해 설명하고 프로젝트의 창작 계획을 올리면, 이를 기대하는 후원자들이 프로젝트 후원금을 기부한다. 프로젝트가 성사되어 창작자가 출판이나 공연, 음악 제작에 성공하면 후원자들은 나중에 이 창작물을 선물로 받는다. 선구매의 성격이 강하긴 하지만 후원의 성격이 강한, 팬덤 문화의 면이 강한 플랫폼인 것이다. 이는 미국의 페트리온과 같은 크라우드 펀딩의 영역이라 하겠다.

이런 스마트 문화의 발전은 비단 디지털 기부에 그치지 않고 자본주의의 경제 구조 자체의 단점을 보완할 수 있는 대안이 될 수 있을 것이다. 스마트 경제와 결합된 스마트 문화의 발달은 앞으로 패러다임의 대전환을 요구하거나 예고할 수도 있다. 자본주의의 기업이나 사회주의의 정부 주도가 아닌, 소규모 민간의 주도로 스마트 문화는 더욱더 발달할 수 있을 것이다.

4. 스마트도시 구축하기

스마트 교육

 교육 분야는 전통적으로 정부와 공교육 기관에서 제작한 커리큘럼에 따라 진행된 공적 부분이었다. 그건 현재도 크게 다르지 않으며, 한국같은 경우는 대학입시를 위한 수능에 맞춰 모든 공교육, 사교육 수업이 진행된다. 스마트 교육 분야는 이런 입시 교육의 연장선상에서 디지털 기술을 활용하는 방식으로 발전해 왔으며, 코로나 이후 온라인 비대면 수업 분야가 집중적으로 발달한 면이 있다. 인터넷 원격 강의의 발달은 현실에서의 수업이 온라인으로 전개된 것인데, 여기서 사교육 시장 대부분을 장악한 유명 온라인 강사가 등장하기도 한다. 또 AI를 활용한 자동 문제 풀이, 문제 해설 기술도 발전하고 있어서 사실 현실의 교사가 소규모의 온라인 강사, 또는 자동화된 AI 강사로 대체되는 것 같은 경향도 보인다.

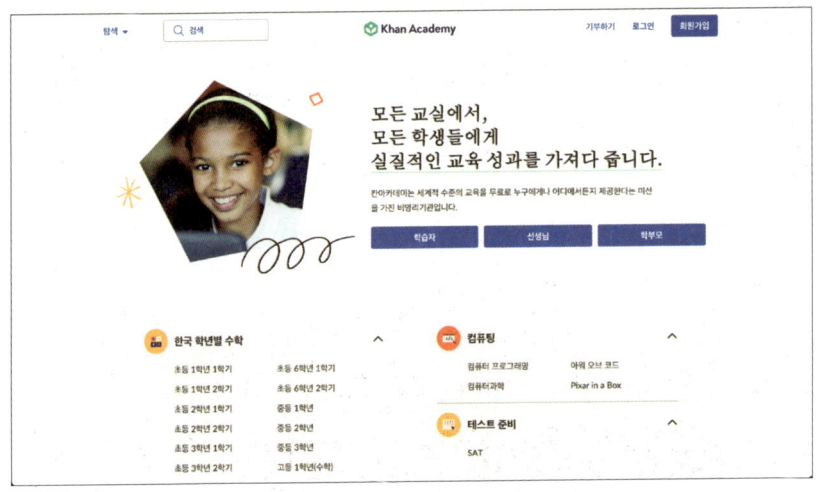

Fig 121. 칸아카데미에서는 세계 모든 아이들을 위한 무료 교육 제공을 목표로 한다.

 이러한 교육 부분의 스마트화는 공기관이 주도하는 커리큘럼의 개인화, 자유화에 맞춰 다양한 사교육 기관들의 스마트 기술 도입으로 진전되고 있는데, 최근에는 교과서의 디지털화, AI화가 주목받고 있기도 하다. 하지만 모두 수능 교육 과정에 맞춰진 커리큘럼 내에서 이루어지는 것이어서 책의 디지털

화 외에는 패러다임이 크게 변화하지 않은 것으로 보인다. 교육 분야 자체가 보수적인 면이 강하기에, 진정한 변화는 아마 입시 위주의 교육, 학벌주의의 변화가 이뤄져야 진정한 민간위주로 변혁이 가능할 것이다.

교육 철학의 변화는 그래도 앞에서 살펴본 제3섹터의 발전으로 어느 정도 진행되고 있다. 지식 공유, 교육 자료 개방, 무료 강의 제공과 같은 일련의 과정이 이미 유튜브나 유데미, 칸 아카데미 등을 통해 일어나고 있다. 유튜브에는 수많은 무료 강의가 있고 유데미에서도 전세계의 강의를 수강할 수 있으며, 칸 아카데미 같은 곳에서는 수학, 과학, 경제, 역사 등 다양한 주제의 강의를 완전히 무료로 제공하고 있다. 수익 모델 없이 후원금과 기부만으로 운영되는데, 이는 대표적인 사회적 가치 중심의 교육 모델이다.

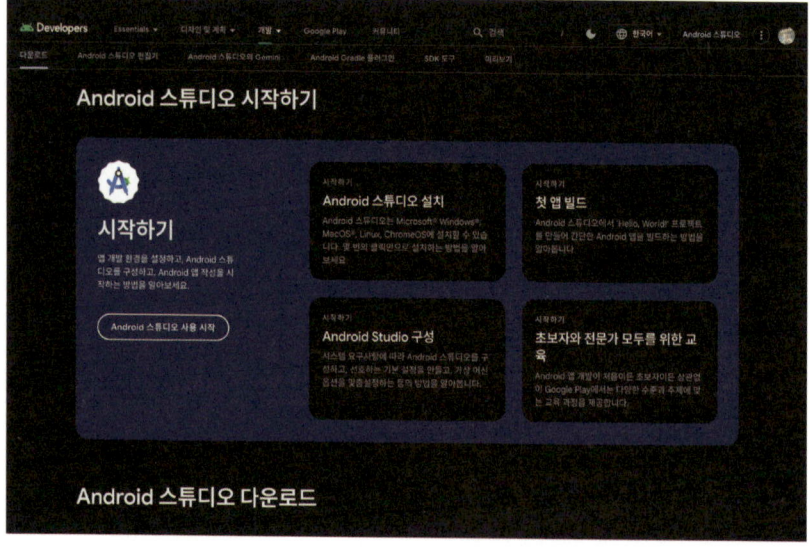

Fig 122. 안드로이드 스튜디오의 홈페이지. 안드로이드는 구글이 만든 모바일 OS 운영체제로 안드로이드 폰에 출시할 앱을 개발하고 싶은 개발자는 이 웹사이트에서 앱 제작 방식과 예제 샘플 코드를 내려받아 누구든 앱을 개발하여 출시하고 수익을 올릴 수 있다.

4. 스마트도시 구축하기

이런 무상 교육, 무상 창작, 무상 기여 과정은 오픈 소스 프로그래밍 분야에서는 이미 활성화된 모델이다. 구글은 안드로이드 스튜디오를 무료로 배포하고 소스 코드를 무료로 공개하면서 관련 교육 문서, 교육 영상을 무료로 제공한다. 안드로이드 학습자들은 이렇게 무료로 앱 제작 방법을 학습하고 무상으로 창작한 앱을 무상으로 기여하거나, git에 오픈 소스로 올리고, 또 앱에 유료 모델을 넣어 수익을 올리기도 한다. 게임 개발에서는 Unity라는 개발엔진이 무료로 제공되고, 웹개발에서는 React나 자바스크립트란 언어가 무료이니, 프로그램 개발 분야에서는 이미 스마트 교육이 무상으로 보편화되었다 하겠다. 오픈 소스 철학이 알게 모르게 우리의 세계관, 패러다임을 바꾸고 있는 것이다.

이렇게 사회적으로 기여하는 문화 아래에서 교육 문화가 새로이 전개된다면, 미래에는 기본소득이나 크라우드 펀딩의 후원을 통해 인문학이나 철학 분야 같은 새로운 교육 분야가 자발적으로 활성화될 수도 있을 것이다. 기계가 노동을 대체하는 세상에서는 인간이 새로운 정신 노동에 집중할 것이기 때문이다.

4.3 민주적 사업 추진 및 시스템 구축

스마트도시 프로젝트가 다수의 민중에 의해 희망되고, 또 여론이 수립되어 지방 정부나 특정 기업에 의해 프로젝트가 추진되게 된다면 체계적으로 사업 계획을 수립하고 예산을 안정적으로 확보에 추진해야 한다. 본격적으로 도시를 디자인하고 시스템을 구축해야 한다.

하지만 스마트시티를 디자인할 때 시스템이 안정적으로 설계되고, 또 시민을 위한 시스템이 되기 위해서는 소수의 기술 관료들에 의해 그 디자인이 독점되지 않아야 한다. 도시 설계가 특정 대기업이나 이익 단체, 관련 업체의 기술 관료들에게 독점되지 않기 위해서는 몇 가지 전제 조건이 뒷받침되어야 한다. 이를 사회적 자본이라 할 수 있는데, 이러한 조건들을 크게 살펴보면 다음과 같다.

1) 민주적 질서의 보장

Fig 123. 중국은 정부 주도 아래 스마트 기술이 급격히 발달하여 실제 빠르게 상용화 단계에 들어가고 있다. 하지만 시민들의 반응은 어떨까?

스마트도시 계획이 진정으로 시민을 위한 방향으로 추진되기 위해서는, 그 전제 조건으로서 민주적 질서의 보장이 필수적이다. 도시의 설계와 운영이 정부나 특정 대기업에 의해 주도된다 하더라도, 시민은 정책이 수립되고 실행되는 전 과정을 이해할 수 있어야 하며, 그 과정이 부적절하거나 시민의 이익에 반할 경우 이를 중단하거나 수정할 수 있도록 민주적 감시와 견제 장치가 마련되어야 한다. 스마트시티가 궁극적으로 시민의 삶의 질 향상을 목표로 한다면, 시민의 참여와 권한 보장은 논의의 출발점이자 가장 중요한 요소가 되어야 할 것이다.

중국 우한에서는 현재 세계 최대 규모의 자율주행 기술이 실증되고 있으며, 도심 내에서 무인택시 운행이 활발히 이루어지고 있다. 그러나 이러한 혁신의 이면에는 심각한 사회경제적 문제가 동반되고 있다. 기존의 택시 운전사들은 대규모로 실직 위기에 놓여 있으며, 이로 인해 생계의 불안정과 사회적 불만이 고조되고 있다. 물론, 이는 기술 발전 과정에서 일시적으로 불가피하게 발생할 수 있는 전환기의 진통으로 해석될 수도 있다. 그러나 문제는 이러한 피해자들의 목소리가 도시 설계 과정에 반영되지 못하고, 변화의 방향을 견제할 수단조차 마련되지 않은 데에 있다.

아무리 우수한 기술 인프라를 구축하였다 하더라도, 시민 다수가 실직 상태에 놓이고 도시 내 빈곤층이 급증한다면, 그러한 도시는 기능적으로는 스마트하더라도 사회적으로는 지속 가능하지 않다. 고도화된 기술이 시민의 삶을 향상시키는 수단이 아니라, 오히려 사회적 불평등을 확대하는 방향으로 작동한다면, 그것은 결코 시민을 위한 도시라 할 수 없다. 결국, 기술적 효율성과 더불어 민주적 절차, 사회적 형평, 시민의 권한 보장이 동반되지 않는 한, 스마트도시의 이상은 실현되기 어렵다.

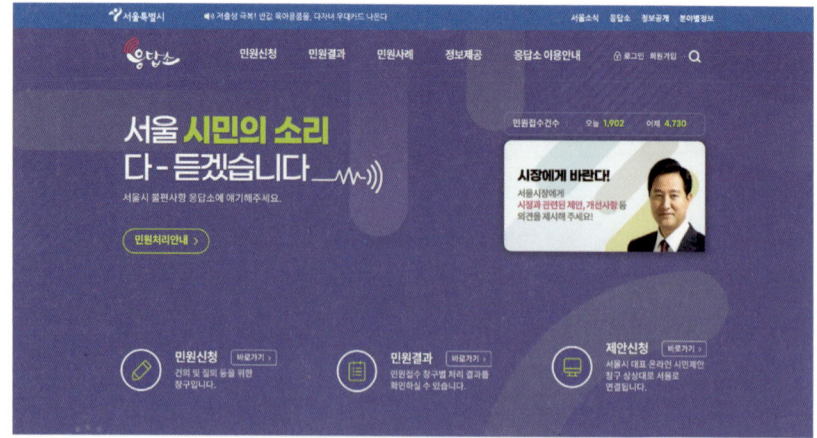

Fig 124. 서울시 홈페이지. 우리나라는 민원을 넣거나 제안하는 과정이 모두 온라인화되어 민주적이고 빠른 행정 접수가 가능하다.

2) 언론의 투명성

도시 계획 과정에서는 언론의 자유와 투명성이 반드시 보장되어야 한다. 도시의 디자인 및 설계 단계부터 그 실행에 이르기까지 모든 과정은 시민들에게 투명하게 공개되어야 하며, 시민이 직접 정책을 제안하고 문제를 제기할 수 있는 참여형 플랫폼 또한 마련되어야 한다. 이를 위해 모바일 애플리케이션 등을 활용하여 시민이 실시간으로 언론사에 민원을 제기하거나 제보를 등록할 수 있는 디지털 기반의 시민-언론 연결 시스템도 구축될 필요가 있다. 도시의 특정 인프라가 잘못 작동하거나 설계의 오류가 발견될 경우, 시민이 즉각적으로 문제를 제기할 수 있는 구조가 마련되어야만 정책의 유연한 수정과 개선이 가능해진다.

최근에는 정부의 공공 정책, 예산 집행 과정, 투표와 같은 공식 행정 절차를 모두가 열람 가능한 블록체인(Blockchain)에 기록하자는 논의도 활발히 제기되고 있다. 블록체인은 누구나 열람 가능한 디지털 장부로서, 분산 저장 기술을 기반으로 모든 참여자가 동일한 데이터를 동시에 보유하게 됨으로써, 데이터의 위조나 변경이 사실상 불가능한 기술이다. 이 시스템은 한 번 기록된 정보는 모든 참여자의 네트워크 상에 남게 되어, 고도의 안정성과 신뢰성을 확보할 수 있다. 이에 따라 블록체인은 선거, 세금 집행, 공공 예산 운용 등 공정성과 투명성이 필수적인 행정 분야에 매우 유용하게 활용될 수 있으며, 언론의 투명성과 공공 책임성 강화의 수단으로도 주목받고 있다.

더 나아가, 정부는 공공 데이터를 적극적으로 개방하고, 인공지능(AI)을 기반으로 공공 행정 전반을 모니터링할 수 있는 시스템을 구축할 수 있다. 시민들은 자신이 납부한 세금이 언제, 어디에, 어떤 방식으로 사용되고 있는지를 실시간으로 확인할 수 있으며, 해당 거래 내역 또한 블록체인 기술을 통해 안전하게 기록되고 검증될 수 있다. 이러한 시스템이 실현된다면, 행정의 투명성과 효율성은 물론이고 부정부패의 구조적 가능성도 현저히 줄어들 것이다.

궁극적으로 스마트시티의 설계와 운영이 시민 중심의 민주적 방식으로 이루어지기 위해서는, 기술적 진보와 함께 투명성과 참여성의 제도적 기반이 병행되어야 한다. 기술은 수단일 뿐이며, 시민이 주체가 되는 도시야말로 진정한 스마트시티라 할 수 있을 것이다.

Fig 125. 감시 기술이 특정 집단의 전유물로 모두의 사생활을 감시한다면 어떻게 될까? 1998년의 영화 enemy of state는 이런 감시 기술의 남용을 소재로 한 영화다. 이런 첩보 기관의 기술 남용은 2013년 미국 NSA 기밀자료 폭소사건으로 현실에 그 모습을 드러내기도 했다.

3) 기술의 투명성

스마트도시를 구축하는 데 활용되는 기술은 모든 시민에게 공정하게 적용되어야 하며, 그 기반이 되는 알고리즘은 투명하게 공개되어야 한다. 특정 알고리즘이 일부 이익 집단의 이익을 위해 설계되거나, 알고리즘 자체에 구조적 오류나 설계상의 결함이 존재할 경우, 그 피해는 사회 전체로 확산될 수 있다. 특히 인공지능 기반의 시스템이 잘못된 판단을 내릴 경우, 교통 운영, 에너지 배분, 재난 대응과 같은 도시 핵심 기능이 비효율적으로 작동하여 막대한 사회적 손실을 초래할 수 있다.

이는 단지 공공 서비스 차원의 문제에 그치지 않는다. 일상적으로 접하는 광고 추천 시스템조차도 사용자 맞춤형이라는 명분 아래 잘못된 정보나 상품을 제안할 경우, 소비자와 기업 모두에게 자원 낭비를 유발한다. 이러한 맥락에서 시민 개개인이 알고리즘의 작동 방식을 확인하고 검증할 수 있는 제도적 장치와 기술적 환경이 마련되어야 한다.

사실 알고리즘의 투명성은 스마트 기술 그 자체의 발전을 위해서도 필수적인 조건이다. 컴퓨터 프로그래밍의 역사에서도 '오픈소스(Open Source)' 철학은 혁신과 진보의 중요한 동력으로 작용해왔다. 세계에서 가장 널리 사용되는 소스 코드 저장소인 깃허브(GitHub)는 이러한 오픈소스 문화의 대표적인 플랫폼이다. 개발자들은 자신의 소스 코드를 이곳에 저장하고, 무료로 제공되는 버전 관리 도구인 'Git'을 활용해 코드의 변경 사항을 실시간으로 기록하고 공유한다. 깃허브는 단순한 저장소를 넘어, 개발자 간 협업과 학습, 그리고 코드의 최적화 과정을 집단적으로 이끌어내는 지식 공유 플랫폼으로 기능하고 있다.

많은 개발자들은 자신이 진행하는 프로젝트 전체를 깃허브에 공개함으로써, 다른 개발자들이 이를 분석하고 개선할 수 있도록 장려한다. 이런 개방적 환경은 개발자들 사이에서 '무상 기여'와 '무상 학습'이라는 공동체적 인식을 강화하였으며, 오늘날의 기술 발전을 견인하는 중요한 배경이 되었다. 마이크로소프트가 깃허브를 인수하고, 이 방대한 오픈소스 데이터를 기반으로 인공지능 코딩 보조 도구인 '코파일럿(Copilot)'을 개발한 것도 이러한 흐름의 연장선상에 있다. 이처럼 공개된 지식이 다시 인공지능의 학습 기반이 되고, 이를 통해 기술이 진화하는 순환 구조는 기술 생태계의 지속 가능한 발전을 가능하게 한다.

따라서 스마트도시의 핵심 알고리즘 또한 향후에는 이와 같은 오픈소스 방식으로 공개되어야 할 것이다. 예컨대, 도시의 교통 시스템이 특정 지역을 구조적으로 불이익하게 대하고 있지는 않은지, 스마트 에너지 그리드가 특정 계층이나 지역에 편중되어 있지는 않은지, 또는 스마트 보안 시스템이 시민의 사생활을 과도하게 침해하고 있지는 않은지를 검토하기 위해서는 알고리즘에 대한 시민적 감시와 기술적 검증이 필요하다. 또한, 환경 감시 시스템의 경우 특정 지역에서의 오염 상황과 정책 집행의 불균형 문제를 시민이 직접 확인할 수 있어야 할 것이다.

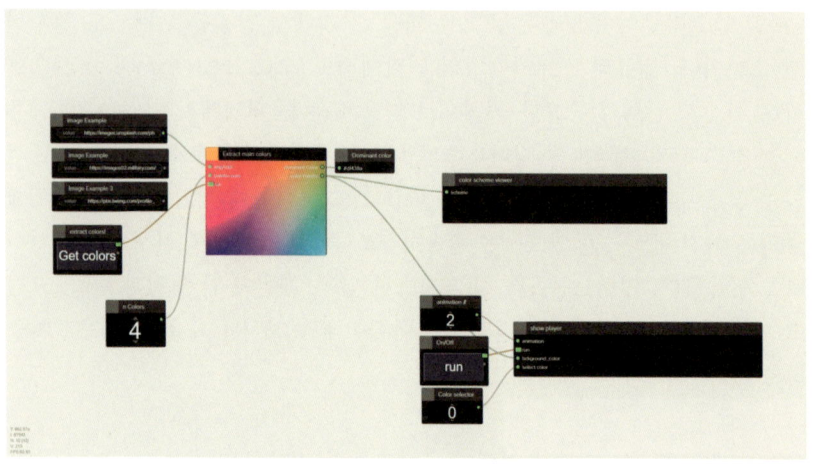

Fig 126. 비주얼 프로그래밍의 발달로 프로그래밍이 상당히 쉬워졌다. 이제 초등학생들도 학교에서 코딩을 배우는데, 첫 시작은 이런 시각적 프로그래밍으로 시작한다.

이를 위해서는 알고리즘 자체가 소수 전문가만 이해할 수 있는 형태로 제한되어서는 안 된다. 소스 코드를 비전문가도 이해할 수 있도록 시각화하고, 작동 방식과 의사결정 기준을 설명하는 기능이 병행되어야 한다. 프로그래밍 언어의 역사 역시 인간의 이해에 맞추어 진화해왔으며, 오늘날에는 초등학생도 학습 가능한 '시각적 프로그래밍(Visual Programming)' 언어가 등장하고 있다. 앞으로는 시민 모두가 최소한의 코드 이해 능력을 갖추는 사회로 나아갈 수도 있다. 또한 인공지능 기술의 발전은 기존의 복잡한 코드를 자동으로 해석하고 설명하는 기능을 점차 고도화하고 있으며, 이는 알고리즘의 대중적 해석 가능성을 높이는 데 기여할 수 있다.

그럼에도 불구하고 여전히 남아 있는 기술적 장벽과 복잡성은 개발자와 정책 결정자에게 '알고리즘의 투명성과 대중화'를 위한 책임을 부과한다. 기술은 그것이 작동하는 방식이 시민 모두에게 공개되고, 사회적으로 검증 가능할 때에 비로소 공공 자산으로서의 정당성을 획득할 수 있다. 스마트도시의 미래는 기술 자체의 진보보다, 그것을 어떻게 공개하고 공유하며 공정하게 통제할 것인가에 달려 있다.

4) 시스템의 다양성

스마트도시 시스템은 다양한 방식으로 실험되고 검토될 필요가 있다. 비록 효과가 입증된 스마트 시스템이라 하더라도, 모든 도시가 동일한 방식으로 이를 채택해야 할 이유는 없으며, 오히려 그래서는 안 된다. 생태계에서 종의 다양성이 전체 생태계의 회복력과 안정성에 기여하듯, 스마트도시 역시 다양한 기술 시스템이 동시에 실험되고 발전해나가는 과정이 도시 인프라의 지속 가능성을 높이는 데 유리하게 작용할 수 있다.

초기에 성공적으로 작동했던 시스템도 시간이 흐름에 따라 새로운 사회적 조건이나 기술 변화에 대응하지 못하고 급속히 노후화될 수 있다. 또한, 특정 도시에서 효과적으로 기능했던 시스템이 다른 도시에서는 사회적 구조나 지리적 특성, 또는 문화적 배경의 차이로 인해 기대만큼의 성과를 내지 못할 수도 있다. 그러므로 각 도시가 스스로의 특성과 여건에 맞는 최적의 시스템을 탐색하고, 실험하며 진화시켜 나가는 과정이 반드시 필요하다.

하나의 중앙집중형 시스템을 다수의 도시에 일괄적으로 적용하는 방식은 기술적 효율성을 단기적으로 높일 수 있으나, 동시에 기술 독점과 보안 위험의 측면에서 심각한 문제를 야기할 수 있다. 만일 모든 스마트도시가 동일한 보안 알고리즘이나 운영 시스템을 채택하고 있을 경우, 단 한 번의 해킹 시도로도 국가 전체의 도시 기능이 마비될 수 있다. 이는 생태계에서 유전적 다양성이 상실되었을 때, 특정 전염병 하나로 전체 종이 절멸할 수 있는 구조적 위험성과 유사하다. 예를 들어, 전 세계적으로 유통되는 대부분의 바나나가 단일 품종인 '카벤디시(Cavendish)'로 재배되는 현실은, 특정 질병에 대한 취약성이라는 구조적 한계를 여실히 드러내고 있다. 도시 시스템 역시 마찬가지로, 기술적 다양성과 분산성은 위기 대응력을 높이는 중요한 요소로 기능한다.

더욱이, 각 도시는 서로 다른 사회적·문화적 배경과 정책 환경 속에 놓여 있기 때문에, 시민들의 기술 수용 태도와 정책 반응 역시 상이할 수밖에 없다. 유럽 일부 국가는 태양광, 풍력 등 친환경 에너지 시스템을 성공적으로 정착시켰으나, 전력 수요가 상대적으로 높은 대도시 서울과 같은 환경에서는 동일한 모델을 그대로 적용하기 어려운 한계가 존재한다. 독일의 경우, 우크라이나 전쟁 이후 러시아산 천연가스 수입이 중단되며 에너지 가격이 급등하였고, 이는 국민 생활에 직접적인 부담으로 작용하였다. 이는 스마트 에너지 전환이 단순한 기술 도입만으로 실현되기 어려우며, 소규모 도시의 분산화 또는 핵융합과 같은 차세대 에너지 기술의 발전이 병행되어야 함을 시사한다.

실제 사례로, 한국에서는 현재 한국전력이 태양광 에너지를 구입하는 방식으로 스마트 에너지 인프라를 확장하고 있으나, 네덜란드 암스테르담 등지에서는 시민 주도의 블록체인 기반 스마트 전력 거래 시스템이 도입되고 있다. 시민 개개인이 자가 발전한 전력을 이웃과 거래하며 수익을 창출하는 모델은 에너지의 분산화, 자율성, 민주성을 동시에 실현할 수 있는 가능성을 보여준다. 이 시스템이 반드시 더 우수하다고 단정할 수는 없으나, 다양한 시스템이 경쟁적으로 실험되고, 실패와 개선을 거치며 진화하는 과정 자체가 미래 기술의 진보를 견인할 수 있다는 점에서 중요하다. 기술은 고정된 정답이 아니라, 다수의 해답 가능성을 실험하는 과정 속에서 최적의 해법으로 진화한다.

이러한 실험과 검증은 오늘날의 스마트 기술을 통해 보다 정밀하고 현실감 있게 수행될 수 있다. 도시 운영 시스템은 이제 디지털 트윈(Digital Twin) 기술을 통해 현실을 가상환경에 그대로 구현하고, 다양한 변수를 설정하여 시뮬레이션할 수 있다. 이를 통해 도시별 특성과 사회적 변수에 따른 시스템 반응을 미리 분석하고, 실제 적용 전에 효과성과 안정성을 검토할 수 있는 환경이 마련되고 있다. 이는 기술의 발전뿐 아니라 정책 결정의 정당성과 합리성 제고에도 기여할 수 있다.

궁극적으로 스마트도시의 미래는 단일한 기술 해법이 아닌, 다양한 실험과 상호 비교를 통한 점진적 진화의 과정이어야 한다. 다원성과 분산성, 그리고 실험적 유연성이 결합된 구조만이 진정한 의미에서의 지속 가능하고 회복력 있는 스마트도시를 가능하게 할 것이다.

Fig 127. 중국은 개혁개방 이후 지난 반세기 동안 폭발적으로 성장해왔지만, 현재 거대한 부동산 거품이 큰 경제 위기의 진앙지로 지목되고 있다.

5) 재원의 지속성

스마트도시의 성공을 위해서는 기술과 제도, 인프라뿐만 아니라 안정적인 재정 기반이 필수적이다. 이는 여타의 정책과 마찬가지로, 계획과 실행 과정 전반에 걸쳐 필요한 재원이 지속적으로 공급되어야 한다는 원칙에서 출발한다. 만일 산업의 발전이 정체되거나 재정 자원이 고갈될 경우, 스마트도시 프로젝트는 가동되기도 전에 중단될 수 있으며, 이는 심각한 사회·경제적 손실로 이어질 수 있다. 따라서 스마트도시 정책을 수립하고 추진하는 주체는 필요한 자금을 사전에 안정적으로 확보할 수 있는 방안을 마련해야 한다.

정부 지원 및 보조금은 스마트도시 구축 초기 단계에서 중요한 자본 조달 수단이 될 수 있으며, 중앙정부와 지방정부는 이를 위해 다양한 보조금 및 정책 지원 프로그램을 운영하고 있다. 이러한 공공 재정의 투입은 단지 재원 확보 차원을 넘어서, 정책의 공공성과 정당성을 확보하는 데에도 기여한다. 한편, 기업, 투자자, 벤처 캐피털 등 민간 부문과의 협력은 스마트시티 프로젝트의 지속 가능성을 높이는 핵심적인 재정 전략이다. 특히 스마트 기술 및 인프라 분야는 시장성과 성장 가능성이 높은 영역이기 때문에 민간 자본의 유입 가능성이 높으며, 이는 사업의 확장성과 수익성을 동시에 확보할 수 있는 기회를 제공한다.

공공 부문과 민간 부문이 공동으로 자금을 조달하고 프로젝트를 추진하는 공공-민간 파트너십(PPP) 모델은 자원의 효율적 활용뿐만 아니라 정책 추진 과정에서의 리스크를 분산시키는 데에도 효과적이며, 실행의 투명성과 성과에 대한 책임 구조를 마련하는 데에도 유리하다. 더불어 세계은행, 아시아개발은행, 유엔 개발계획 등 국제기구가 제공하는 해외 기금은 특히 개발도상국이나 중소규모 도시들이 글로벌 수준의 스마트시티 정책을 도입하고 기술 네트워크와 연계할 수 있는 실질적인 재정적 기반이 될 수 있다. 마지막으로, 소규모 실험 프로젝트나 시민 참여형 아이디어는 크라우드펀딩을 통해 자금을 조달할 수 있으며, 이는 단순한 예산 확보를 넘어 시민의 자발적인 참여를 유도하고, 정책에 대한 사회적 지지와 정당성을 강화하는 데 기여할 수 있다.

이와 같이 다양한 경로를 통해 예산을 확보하고, 이를 체계적으로 관리하는 것은 스마트도시 프로젝트의 성패를 좌우하는 핵심적 요소라 할 수 있다. 안정적인 재정 기반 없이, 장밋빛 미래 전망에만 의존한 도시 계획은 불확실성에 크게 노출될 수밖에 없다. 특히 중국의 경우, 지난 수십 년간 과도한 경제 성장에 기반한 대규모 도시 개발은 부동산 거품과 유령 도시 현상을 초래하였고, 이는 '예산 없는 확장'이 어떤 부작용을 낳을 수 있는지를 보여주는 대표적 사례라 할 수 있다.

따라서 스마트도시 정책은 실현 가능한 재정 구조를 바탕으로, 점진적이고 현실적인 접근을 통해 추진되어야 한다. 무리한 대규모 개발보다는 소규모 단위에서 시작하여, 시민 참여형 프로젝트를 통해 점진적으로 확장해 나가는 전략이 오히려 장기적인 안정성과 수용 가능성을 높일 수 있다. 크라우드펀딩과 같은 방식은 특히 문화적 변화나 시민 체감형 정책 분야에서 유용할 수 있으며, 언론의 감시와 정책에 대한 견제 장치가 함께 작동하는 조건 하에서라면 보다 민주적이고 책임 있는 방식으로 스마트도시가 구축될 수 있을 것이다.

6) 문화적 조화와 연속성

스마트도시를 구축할 때에는 정부 주도든 민간 주도든, 기존 도시의 구조와 맥락을 고려한 설계가 필요하다. 새로운 도시를 완전히 새롭게 건설하더라도 기존 도시의 물리적·문화적 기반을 전면적으로 제거하는 방식보다는, 기존 구조를 점진적으로 개선하고 확장하는 방향이 바람직하다. 이는 도시의 공간적 연속성과 시민의 삶 속에 내재된 문화적 연속성을 유지하기 위한 최소한의 원칙이라 할 수 있다. 결국, 사람이 살아가는 공간을 재구성한다는 것은 그들의 삶의 방식과 일상 전체에 영향을 미치는 일이며, 충분한 사전 고려 없이 급진적으로 추진될 경우 예상치 못한 부작용을 초래할 수 있다.

예를 들어, 송도 신도시는 완전히 계획된 신도시임에도 불구하고, 서울에 인접한 인천이라는 지리적 조건과 유사한 도시 경관 구성을 통해 비교적 안정적으로 정착할 수 있었다. 특히 서울과의 물리적 연결성이 강한 점은 시민들이 수도권을 중심으로 생활권을 유지하는 데 도움이 되었으며, 교통망 또한 그러한 생활 흐름을 뒷받침하고 있다.

스마트 시스템 역시 기존 도시 시스템의 점진적 진화를 전제로 구축되어야 한다. 완전히 새로운 시스템은 정착까지 시간이 오래 걸릴 뿐 아니라 시민들의 수용성과 적응 가능성 면에서도 한계를 가질 수 있다. 특히 에너지와 친환경 분야의 스마트 인프라는 기존 대도시 인프라와 구조적으로 상이한 면이 많아 확산 속도가 더딘 것이 사실이며, 이러한 분야는 장기적 관점에서 지속 가능한 전환을 모색해야 할 필요가 있다.

정부 주도의 대규모 도시 재편은 현실적으로 그 실행 가능성과 효과 면에서 다양한 제약을 받는다. 예컨대, 참여정부 시절 추진되었던 지방 혁신도시 정책은 수도권 인구 집중을 해소하고 국토의 균형 발전을 도모하기 위한 목적에서 출발하였다. 그러나 해당 정책은 수도권의 흡인력을 역행하는 방향으로 진행되었기 때문에, 정책 실행 초기부터 구조적 어려움에 직면할 수밖에 없었다.

4. 스마트도시 구축하기

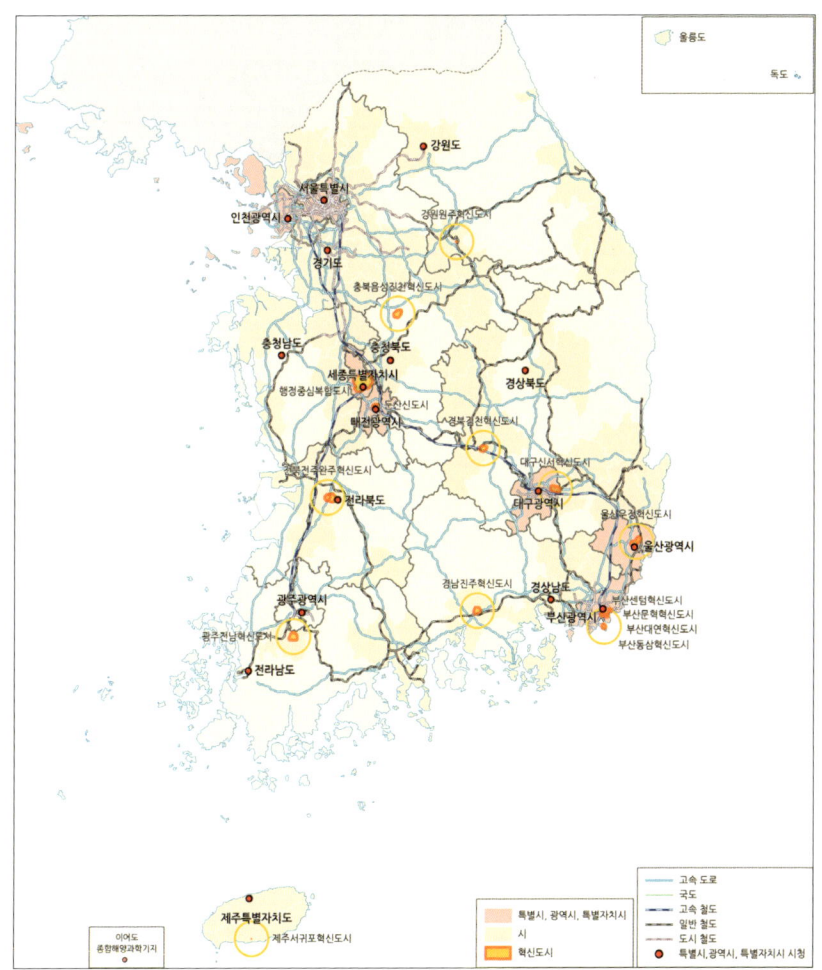

Fig 128. 전국 혁신도시의 분포도. 참여 정부는 지역균형발전을 위해 다양한 거점 도시를 설립하고, 경제 활성을 위해 공공기관을 대거 이전하였다.

　실제로 많은 인구가 도시에 집중되는 이유는 도시가 제공하는 인프라, 서비스, 기회의 밀도에 있다. 이를 인위적으로 분산시키는 것은 단기적으로는 행정적 실행이 가능하더라도, 장기적으로는 시민의 자발적 선택과 거주시 결정에 대한 구조적 저항에 부딪힐 수 있다. 정부는 혁신도시를 조성하기 위해 공공기관을 지방으로 이전시키는 조치를 취했으나, 이들 도시는 공무원 중심으로 설계되었고, 민간 영역에서의 생활 기반(학교, 병원, 상업시설 등)은 예상보다 빠르게 활성화되지 못하였다. 그 결과 일부 지역에서는 인구 감소를 다소 완화하는 성과가 있었지만, 동시에 기존 도심의 공동화를 심화시켰다는 지적도 존재한다. 특히 충북 혁신도시와 같은 사례에서는 여전히 많은 이들이 서울을 중심으로 정주 생활을 지속하고 있는 실정이다.

결국 도시를 구성하는 것은 사람이며, 도시 계획은 사람들의 생활 패턴과 사회적 흐름에서 크게 벗어나지 않는 방향으로 수립되어야 한다. 과밀화 해소와 환경 친화적 도시로의 전환은 필연적으로 추구해야 할 과제이지만, 지나치게 인위적이거나 급진적인 계획은 시민의 수용성과 실현 가능성 면에서 제한될 수 있다. 지속 가능한 도시 정책은 구조적 현실에 대한 이해를 바탕으로, 점진적이고 유연한 접근을 통해 추진되어야 할 것이다.

4.4 시스템 운영 및 시민 교육

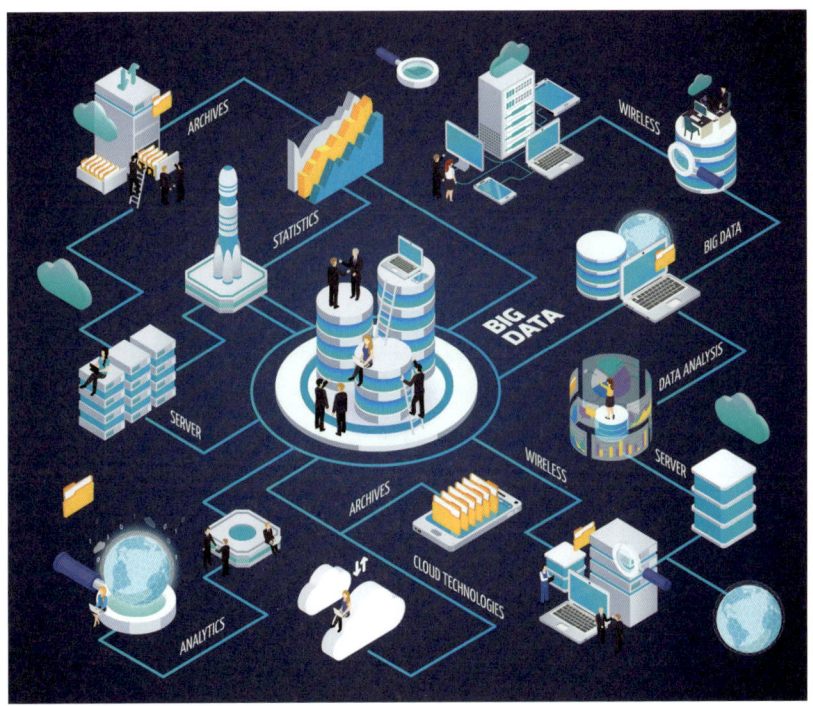

Fig 129. 스마트도시는 시스템 운영 과정에서 지속적으로 데이터를 수집하고 피드백을 통해 시스템을 개선해나가야 한다.

스마트시티 구축에 있어 시스템의 안정적인 운영과 지속적인 시민 교육은 기술 중심의 도시 모델을 실질적인 도시 공간으로 전환하는 데 핵심적인 역할을 한다. 특히 데이터 기반의 도시 운영 체계를 정교하게 설계하고, 이를 시민의 일상생활에 자연스럽게 녹여내기 위해서는 기술적·사회적 요소가 통합된 접근이 요구된다.

우선, 데이터 수집 및 분석은 도시 기능 전반을 최적화하는 데 있어 가장 기초적이면서도 필수적인 과정으로, 교통 흐름, 대기 환경, 에너지 소비, 수자원 관리 등 다양한 도시 활동 영역에서 발생하는 정보를 실시간으로 수집하기 위해 IoT 기반 센서, 모바일 기기, 공공 데이터, CCTV 등 다양한 경로를 활용한다. 이처럼 다채로운 데이터는 이후 빅데이터 처리 기술, 인공지능 알고리즘, 기계학습, 그리고 공간정보 시스템(GIS) 등을 통해 통합 분석되며, 이는 도시의 현재 상태를 정밀하게 진단하고 향후 발생할 수 있는 문제를 예측·관리하는 데 활용된다. 나아가 실시간 모니터링 시스템은 도시 내 혼잡, 사고, 이상 상황 등에 대해 즉각적인 대응을 가능하게 하여, 전체 시스템의 민첩성과 회복력을 높이는 데 기여한다.

스마트시티의 운영이 성공적으로 정착되기 위해서는 기술적 인프라뿐 아니라 이를 사용하는 주체인 시민들의 이해와 수용이 선행되어야 하며, 이를 위한 시민 교육은 기술 수용성 확대, 정보 격차 해소, 참여 유도를 아우르는 전략적 수단으로 작용한다. 이를 위해 정부 및 지자체는 공공 캠페인과 다채널 홍보를 통해 스마트시티 서비스의 목적과 이점을 시민에게 전달하고, 워크숍과 실습 중심의 교육 프로그램을 운영하여 시민들이 기술을 직접 체험하며 실질적인 이해를 도모할 수 있도록 해야 한다. 또한 학교 교육과정을 통해 미래 세대에게 조기 교육을 실시하고, 지역 커뮤니티 중심의 접근을 통해 일상 공간에서 자연스럽게 스마트 기술과 접촉할 수 있는 기회를 제공함과 동시에, 온라인 기반의 교육 콘텐츠 및 자료를 통해 시간과 장소의 제약 없이 정보에 접근할 수 있도록 함으로써 학습의 지속성과 포용성을 높일 필요가 있다.

아울러 스마트시티는 일회성으로 완성되는 프로젝트가 아닌, 지속적인 개선과 적응이 요구되는 유기적 시스템이므로, 정기적인 성과 평가와 피드백 수렴 과정을 체계화하는 것이 매우 중요하다. 이를 위해서는 교통 혼잡 완화율, 에너지 소비 절감률, 시민 만족도와 같은 구체적인 성과 지표(KPIs)를 기반으로 정책의 실효성을 측정하고, 시민과 기업, 기관 등 이해관계자들로부터의 피드백을 수렴하여 실질적인 개선 방향을 도출해야 한다. 더불어, 국내외 유사 사례와의 비교 분석을 통해 자가 평가의 객관성을 확보하고, 선진 사례의 적용 가능성을 모색할 필요가 있다. 이와 같은 과정은 단순히 문제를 해결하는 수준을 넘어, 기술 업데이트와 전략 수정, 시민 요구 반영, 개발 목표 재정립 등 전반적인 시스템 개선으로 이어져야 하며, 이를 통해 스마트시티는 진정한 의미의 지속 가능한 도시로 점진적 진화를 이룰 수 있을 것이다.

Fig 130. 서울시의 스마트도시 최우수상 수상은 우리나라가 스마트도시 분야에서 선두 자리에 있음을 알려준다.

2022년 서울시는 바르셀로나에서 주최한 스마트시티 경연 대회에서 최우수로 스마트시티 어워드를 수상했다. 전세계의 쟁쟁한 도시들이 각종 지표들과 정책들을 서로 비교, 홍보하면서 경쟁한 결과 서울이 최우수의 영예를 안게 된 것이다. 이러한 전세계 도시들의 경쟁은 서로 간에 비교 평가를 통해서 우리의 스마트도시 정책이 얼마나 진보되어 있는지, 또 실제 어떠한 효과를 갖고 있는지를 알려주는 중요한 기회가 된다. 우리나라의 진보된 IT 인프라에 민관협력기구의 원활한 연구, 소통은 앞으로도 우리 스마트시티 개선에 중요한 밑바탕이 될 것이다.

4.5 새로운 패러다임으로의 전환

● 기존 인프라의 문제점

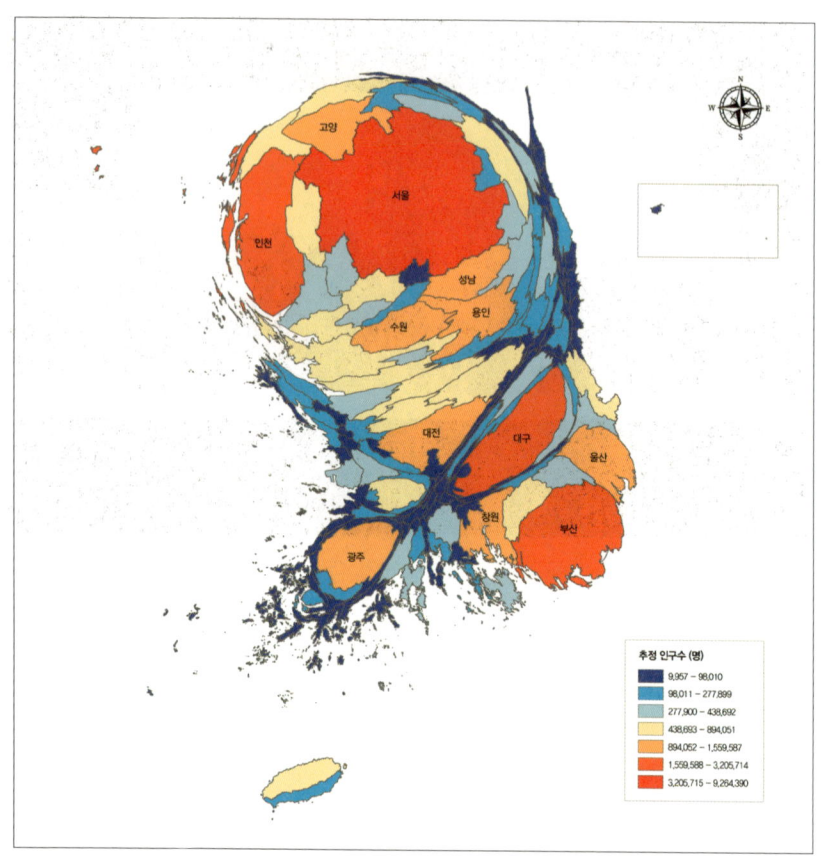

Fig 131. 2035년 예상 인구를 바탕으로 그린 카토그램. 서울을 비롯한 대도시 집중의 심각함을 알 수 있다. 스마트도시는 이 불균형을 해결할 수 있을까?

　도시는 본질적으로 인프라가 집중된 공간이며, 이러한 집중을 통해 행정, 경제, 교통, 문화 등 다양한 분야에서 효율성을 창출한다. 그러나 그와 동시에 이 같은 집중 구조는 교통 혼잡, 주거 불균형, 환경 훼손 등 다양한 부작용을 유발하며, 자원의 과잉 소비와 탄소배출 증가 같은 문제로까지 이어진다. 스마트 기술은 이와 같은 문제들에 대해 부분적으로 해결책을 제시할 수 있지만, 근본적인 자원 고갈이나 환경 파괴 문제는 여전히 해결의 실마리를 찾기 어렵다. 나아가 수도권 집중과 과밀화, 그리고 일자리 부족 문제는 4차 산업혁명이라는 기술 패러다임의 변화에도 불구하고 개선되기 어려운 구조적 한계를 지닌다.

우리가 지금까지 살펴본 다양한 스마트 기술은 도시 문제의 일부를 완화하는 데 기여하였으나, 동시에 또 다른 문제를 남기기도 한다. 예를 들어, 스마트 교통 시스템은 수도권으로의 이동을 보다 편리하게 만들었지만, 그로 인해 오히려 인구 집중 현상을 심화시키는 결과를 초래하였다. 스마트 경제 시스템 또한 자동화와 디지털화를 통해 제조업 일자리를 대폭 감소시켰으며, 기술 중심 산업의 고도화는 고학력·고숙련 중심의 일자리 구조를 더욱 강화시키면서 대학과 지식 기반이 밀집한 수도권으로의 인구 유입을 가속화시켰다. 이에 따라 수도권 집중 현상은 더 공고해지고 있으며, 이 과정에서 일자리의 총량은 감소하고 출산율 역시 지속적으로 하락하고 있는 실정이다.

이러한 일극화 구조는 스마트 인프라의 공간적 배치에도 영향을 미쳐, 결과적으로 서울을 중심으로 기술 인프라가 편중되는 경향을 초래한다. 지방에서도 원격 교육이나 온라인 문화 콘텐츠를 일정 부분 향유할 수는 있으나, 인간의 본능적 사회성과 공동체성을 실현하기 위해서는 여전히 오프라인 기반의 만남과 활동이 요구되며, 이는 도시에 대한 수요를 완전히 해소하지 못하게 만든다.

더욱이 기존 자본주의 패러다임 내에서 도시의 거대화가 계속되는 한, 스마트 기술의 도입만으로는 빈부격차의 심화와 환경 파괴라는 구조적 문제를 근본적으로 해소할 수 없다. 스마트도시라는 최첨단 기술 집약적 인프라도 물리법칙상의 엔트로피 증가를 피할 수는 없으며, 탄소배출량의 구조적 감소 또한 여전히 요원하다. 우리는 이미 앞선 논의에서 스마트 기술이 일정 수준의 에너지 효율성은 가져오지만, 도시 전체의 총 에너지 소비량과 탄소배출을 구조적으로 감소시키는 데는 한계가 있음을 확인한 바 있다.

 그렇다면 지금 우리가 마주한 질문은 분명해진다. 기존의 도시 구조와 자본주의 경제 논리 위에 스마트 기술을 얹는 방식으로는 해결할 수 없는 문제들을 극복하기 위해, 과연 어떻게 해야 친환경적이면서도 기술적으로 진보한 도시를 설계할 수 있을 것인가. 진정한 의미에서 지속 가능하고 정의로운 스마트도시의 실현은, 기술적 도입을 넘어 도시 설계와 삶의 방식 전반에 대한 근본적인 재성찰과 재구조화 속에서 비로소 가능할 것이다.

Fig 132. 제레미 리프킨은 2020년 [글로벌 그린 뉴딜] 저서를 통해 화석연료 문명이 재생에너지 문명으로 전환되어야 함을 역설한다.

4. 스마트도시 구축하기

● 그린 인프라로의 전환

여기서 우리는 '글로벌 그린 뉴딜'의 개념을 제시한 제레미 리프킨의 견해를 한 번 살펴볼 필요가 있다. 전지구적 기후 환경 위기가 도래한 시점에서 세계 경제 위기와 또 문명 붕괴 위기에서 우리가 어디로 가야 할지를 선구적으로 잘 제시해준 사회학자이기에 그렇다. 무엇보다 우리가 지금 기대고 있는 자본주의 시스템, 도시 시스템, 에너지 인프라가 거대하고 좌초하고 다시 새로 만들어져야 함을 역설해준다. 우리는 기존의 시스템을 해체하고 완전히 새로 만들어야 함을 리프킨은 주지해주고 있다.

글로벌 그린 뉴딜에서 제레미 리프킨은 2028년 화석 연료 문명이 붕괴할 것이라고 예언한다. 전지구의 기후 위기는 우리의 온실 가스 방출이 이미 위험 수준을 한참 넘었음을 말해주고 있고, 코로나 바이러스의 등장은 지구 생태계가 항상성을 유지하고 생태계를 회복하기 위해 우리 인류 문명을 흔들기 시작했음을 말해주고 있다. 이런 상황에서 우리가 자발적으로 친환경 문명으로 거듭나지 않으면 지구 생태계 자체가 붕괴할 위기에 처했다.

하지만 우리를 또 대전환으로 몰아넣고 있는 것은 기술의 발달 그 자체이기도 하다. 재생에너지 관련 기술을 지난 세월 급격하게 발달했으며 태양광이나 풍력의 경우 효율성이 매우 좋아졌기 때문에, 곧 한계비용이 0이 되는 상황에 도달하게 된다. 게다가 태양이나 바람은 말 그대로 공짜 에너지이기 때문에 인프라가 갖춰지면 에너지 생산 비용이 급속히 떨어지게 된다. 기존 화석 연료 문명에서 에너지를 생산하는데 소모한 비용보다 더 낮아진 가격으로 친환경적 에너지를 생산할 수 있다는 것이다.

재생에너지의 기술 효율은 이미 상당히 발전했다. 정부 차원에서 태양광에 집중 투자한 중국은 세계 최고 수준의 태양광 기술을 확보했다. 2023년 11월 중국 1위 태양광업체인 룽지뤼닝(隆基绿能·LONGi)은 사제 개발한 페로브스카이트(perovskite) 태양전지가 전환효율이 33.9%에 도달하여 세계 신기록을 세운 사실을 공표했다. 이는 미국 국립재생에너지연구소(NREL)로부터도 공식 인증을 받았다.

이런 상황이라면 기존 화석 연료에 기반해 설계한 수많은 자산들은 좌초되는 상황에 직면하게 된다. 산유국들은 곧 자신들의 수입원이 끊어지고 구축해놓은 거대한 석유 관련 인프라가 좌초되는 상황을 맞이하게 될 터인데, 이는 전통적인 발전소를 유지하는 것보다 새로운 녹색 에너지 발전소를 세우는 것이 비용면에서도 더 효율적이 되기 때문이다.

우리 문명이 소유하고 있던 석유 기반의 교통 수단들, 원자력과 화력 발전소, 그리고 화석연료 기반의 냉난방, 에너지 공급 체계 시스템과 그에 수반되는 부동산 자산들은 거의 다 좌초될 위험성을 안고 있다. 석유를 사용하는 자동차와 버스, 배들이 다 폐기된다고 생각해보자. 중앙 집중 공급의 에너지 체계, 발전소도 다 폐쇄된다면? 그리고 도시가스나 석유 기반으로 운영되던 고밀도의 도시 건물들, 상업 건물들 상당수가 시스템 변화에 적응하지 못해 파산하거나 폐쇄된다면 그 손실이 얼마나 발생할까?

지구 입장에서 보자면 이러한 화석 연료 자산의 좌초는 친환경 문명의 도래에 필수적이고 또 필요한 일이다. 하지만 우리의 금융 시스템은 전체가 파산할 수도 있고 버티지 못할 수 있다.

좌초 자산에 투자한 사람들은 그 자본을 모두 잃을 것이기 때문이다. 기존의 석유 인프라 관련 자산을 소유한 자산가들은 자신들의 자산이 순식간에 줄어드는 것을 목도할 수 있다. 그 자산을 무사히 그린 인프라로 이관한다면 괜찮겠지만 말이다.

4. 스마트도시 구축하기

Fig 133. 2008년 금융 위기 당시 실화를 소재로 한 영화, 빅쇼트. 서브프라임 모기지 상품의 거품이 만들어낸 경제 붕괴의 위기가 어떻게 일어났는지 보여준다. 금융위기는 기후위기와 함께 우리가 마주한 양대 위협이다.

하지만 아이러니하게도 친환경 문명이 아직 도래하지 않은 지금도 우리는 금융 위기를 목도하고 있다. 금융자본주의의 투기성 높은 주식 시장의 불안정성과 위험성 관리에 실패한 금융 위기의 위험이 벌써부터 자산을 좌초시킬 위험을 내포하고 있기 때문이다.

우리의 자본주의 시장은 그 자체에 너무 팽창을 지향하는 문제점을 내포하고 있었다. 끝없이 GDP를 증가시키고 기업의 성장이 이뤄져야만 돌아갈 수 있게 설계된 현 금융시스템은 높은 투기성으로 인해 항상 대공황과 같은 위험성을 안고 있었다. 현재에 존재하지 않는 부를 주식이라는 수단을 통해서 미래에서 끌어쓰면서 부채를 져가면서 사업을 지속시키는 방법을 사용하고 있다.

이렇게 주식시장에서 형성된 거품들은 주기적으로 붕괴하기 마련인데, 2008년 금융 위기 당시 너무 지나치게 커져버린 거품을 미국의 연방준비은행은 양적완화라는 돈 찍어내기로 막았다. 하지만 이 양적완화는 그 이후에도 전세계로 오히려 확대되어 버렸고, 중국 역시 부동산 거품 때문에 위험한 경제 상황에 처해있다.

결과적으로 우리의 현재 자본주의 시스템은 그 자체의 모순으로 위기에 처해있는데, 여기에 기후위기까지 겹쳐 화석연료문명 자산 모두가 붕괴할 위기에 처해있는 것이다.

이러면 붕괴까지는 아니라 하더라도, 우리는 경제의 중심축이 기존의 탄소 배출 사업체에서 탄소 흡수 사업체로 변경될 것을 예상할 수 있다. 제레미 리프킨은 바로 그 점을 말하면서, 그린 인프라로 전환할 그린 뉴딜을 촉구하는 것이다.

여기서 연결되는 개념이 바로 스마트 그린 인프라이다. 이는 앞서 살펴본 스마트 에너지 인프라와 거의 동일한, 또는 그보다 더 큰 개념일 뿐이다. 연구가 필요한 부분은 어떻게 최소한의 비용과 노력으로 지금의 인프라에서 녹색 인프라로 전환하느냐이다. 제레미 리프킨은 이를 위해서 좌초자산을 최소화하면서 스마트 그린 인프라를 건설하는 그린 뉴딜을 제안한다.

제레미 리프킨이 제안하는 내용은 대략 다음과 같다. 미국 정부를 위한 주요 이니셔티브를 살펴보면, 먼저 즉각적이고 전면적으로 탄소세를 인상하여 시민들에게 돌려주어야 한다는 주장을 펼친다. 탄소를 대규모로 배출하는 기존 화석 연료 산업에 세금을 인상하여 탄소 배출을 줄이도록 경고하는 동시에 그 비용으로 그린 인프라를 깔아야 한다는 것이다. 이렇게 탄소세로 재정을 확보한 다음에는 스마트 에너지 인프라를 확대하도록 인센티브를 제공하고, 소규모 녹색 에너지 생산자들이 태양광이나 풍력으로 수확한 에너지를 로컬에 제공하도록 독려하여 녹색 에너지 사용 비중을 높여야 한다. 이 때 사용할 스마트 그리드를 또 전국에 확대하도록 정부가 정책을 주도해야 하고, 이러한 스마트 그리드는 온라인화하여 인터넷처럼 기본적으로 모든 시민들에게 공개되어야 한다.

4. 스마트도시 구축하기

리프킨은 재생에너지 인터넷이란 용어를 쓰는데, 디지털 정보가 오가던 인터넷처럼 녹색 전력이 오가는 녹색에너지 네트워크가 전국에 구축되어, 모든 시민들은 태양광이나 풍력으로 생산한 자신의 그린 에너지를 판매하거나 또 부족할 때 공급받을 수 있는 체계를 갖춰야 한다는 것이다. 이는 국가가 독점하거나 주도하던 전기 공급 체계가 모든 시민들이 자발적으로 생산하고 서로 공급하는 거대한 자급자족 에너지 시스템으로 전환됨을 의미한다.

Fig 134. 제레미 리프킨은 재생에너지 인프라와 인터넷이 실제로 결합하여, 태양광이나 풍력 발전소가 네트워크 노드로 작동하는 새로운 스마트 에너지 인프라를 제안한다.

여기서 스마트 에너지 인프라에서 가장 중요한 에너지 저장 시설 역시 스마트 그리드에 포함되어, 각 시민이나 가정, 거점 지역의 건물에 설치되어야 한다. 제레미 리프킨은 여기서 '파워의 민주화'라는 용어를 쓰는데, 녹색 에너지 인프라에서는 그 에너지의 생산자와 공급자, 또 에너지 관리자가 모두 일반 시민이 되기 때문이다.

우리가 만일 태양광 시설을 갖추고 우리 집에 전기자동차를 태양광으로 충전하게 된다고 생각해보자. 우리가 갖고 있는 전기자동차나 태양광을 저장하는 건물의 전기저장소는 모두 개별적으로 에너지 관리소, 공급소로 기능하게 된다. 문자 그대로 파워, 전력이 모든 사람의 것이 되는 것이다. 이는 비단 전력에만 그치지 않는다. 전기는 에너지인 동시에 신호이기도 하다. 만일 우리가 자체적으로 태양광으로 집에 있는 스마트폰과 컴퓨터를 충전하고, 그 컴퓨터를 서버로 운영한다면 어떻게 될까? 우리가 갖고 있는 개별적인 노트북이나 스마트폰이 작은 데이터 센터가 된다면? 그러면 대규모 데이터 센터의 정보 저장 역할도 전시민들로 분산될 수 있는 것이다. 데이터 센터는 역시 필요할 것이지만, 소규모 공동체나 일반 시민들에게 점차 정보나 전기 에너지가 좀차 분산되게 될 것이다. 말 그대로 파워의 민주화, 전력과 정보 관리 부분에서도 민주화가 이뤄진다.

제레미 리프킨이 강조하는 그린 뉴딜의 또다른 분야는 생태 농경이다. 이는 스마트도시와는 조금 분리된 영역일테지만, 스마트 빌리지에는 아주 중요하면서도 탄소흡수에 큰역할을 하는 생산적 분야가 될 것이다. 리프킨은 정부가 석유화학 농업을 단계적으로 폐지할 수 있는 계획을 수립하고 또 농부들이 탄소 농업 기술을 활용하여 탄소 포집에 중점적 역할을 할 수 있도록 세액 공제 및 인센티브를 제공해야 한다고 주장한다. 이는 삼림 복원에도 사용될 수 있는 정책이며, 말 그대로 그린 스마트 인프라, 스마트 농업 기술로 장려될 수 있는 부문이다. 농경 분야에는 이미 스마트 온실을 비롯해 스마트 농경 부분이 폭넓게 적용되어 있는데, 이를 더 넓게 적용하면 토지의 수분 함량에서 공기의 대기질 측량, 수질의 측량에까지 광범위하게 적용되어 전국토의 환경을 관리감독할 수 있는 스마트 환경 분야로 개발될 수 있을 것이다.

이와 같은 그린 뉴딜을 추진하기 위해, 주요 재정을 확보하고 운영하기 위한 방안으로 녹색 은행 설립을 제안하고 있다. 전국 단위의 국립 녹색 은행을 설립하는 법률을 제정하고, 하위 녹색 은행들은 그 재정을 활용해서 그린 인프라 구축을 추진할 수 있다는 것이다. 이 녹색 은행은 앞서 언급한 탄소세와 녹색 인프라와 관련된 인센티브, 세액 공제를 전담할 수 있을 것이다.

이 녹색 은행에서는 재생에너지 인프라를 통하여 안정적으로 기금을 운영할 수 있게 된다. 태양광이나 풍력으로 확보한 에너지는 한계비용이 사실상 0으로 수렴한다. 태양이나 바람은 공짜이기 때문에 추가 생산 비용이 거의 들지 않기 때문이다. 이 그린 인프라에서 거둔 수익을 활용해 녹색 은행은 투자금을 충분히 회수할뿐더러 장기적으로도 안정적인 수익을 창출해낼 수 있다. 리프킨이 석유 문명이 좌초할 것이라고 예상하는 가장 중요한 이유는 바로 여기에 있다. 재생에너지의 경제성이 충분히 높아져서 화석연료의 경제성을 넘어설 것이기 때문이다.

Fig 135. 녹색금융은 친환경 산업을 위한 펀딩에 참여해야만 한다는 당위성에서 출발한다. 하지만 패러다임의 전환이 필요한 부분이라 아직도 갈 길이 멀다.

지금 위기에 처해있는 각 나라의 재정과 반면에 수익을 장기적으로 창출해내야만 하는 연금기금은 바로 이러한 녹색 은행에서 길을 찾을 수 있다. 스마트도시가 나중에 운영을 위해서 창출해내야만 할 미래의 수익도 사실 여기에서 나온다면 아주 경제적일 수 있다. 태양광이나 풍력은 시간만 있으면 계속해서 에너지를 우리에게 안겨줄 수 있기 때문이다.

IoT의 발달과 그린 인프라의 발달은 인프라 성능의 효율성을 최적화하는 동시에 가까운 미래에 무료로 녹색 에너지를 우리에게 공급해줄 수 있을 것이다. 비록 현재의 화석연료 문명은 상당 부분 좌초되겠지만 생태적으로 우리 지구 전체를 회복하고 또 스마트도시가 정말로 영구적으로 또 경제적으로 지속가능하기 위해서는 이런 지속가능한 인프라, 또 계속 경제성을 안겨줄 수 있는 인프라로 가야 한다. 생태적으로 우리가 회복가능한 그린 인프라로 접근한다면 스마트 인프라의 경제성도 지속가능한 수준에서 유지될 수 있을 것이다.

에필로그, 사람 중심의 스마트도시

 30여 만 년 전 아프리카 동쪽 사바나에서 출현한 호모사피엔스는 20여 만 년 동안 다른 동물과 경쟁하며 잡아먹고 먹히는 정글 속에 생존을 이어왔다. 10만여 년 전에 이들 중 일부는 이제까지 살아오던 자기 터전을 버리고 북쪽을 향해 유럽으로 다시 돌아오지 않는 여행을 떠난다. 그 이후 그들은 아시아, 호주, 아메리카로 영역을 넓히며 지구 전역을 자기들의 터전으로 만든다. 1만 전부터는 물이 풍부하고 기후가 좋은 곳에 모여들어 가축을 기르고 채소를 가꾸며 농업 혁명을 이루었다. 여러 씨족이 모여 부족으로 성장하며 문명을 일구고 도시를 만들었다. 250여 년 전에 시작된 산업혁명은 과학과 기술 발전을 더욱 촉진하며 도시화를 가속하였다. 지난 수만 수천 년 호모사피엔스의 역사는 도시의 발전과 성장의 역사다. 이제는 과학·기술 혁신으로 도시는 스마트라는 디지털 문명으로 진화하고 있다.

 도시는 인간의 생존과 생활방식을 반영하며 물리적 공간의 진화이자 사회적 구조의 결과이다. 스마트도시로의 전환은 단순한 기술 변화가 아니라 인류 도시 문명의 새로운 전환점이라 할 수 있다. 국토교통부에서는 최근 '도시와 사람을 연결하는 상생과 도약의 스마트시티 구현'이라는 비전을 제시하며 『제4차 스마트도시종합계획('24~'28)』을 발표했다. 세부적인 추진 전략으로 지속가능한 공간모델 확산, AI·데이터 중심 도시기반 구축, 민간 친화적 산업생태계 조성, K-스마트도시 해외 진출 활성화 등 실행력을 강화했다. 이제 본격적인 스마트도시로의 진입을 선언하고 기반 구축과 산업생태계 조성에 방점을 둔 것이다.

 우리 집필진은 '스마트도시, 미래 혁신'을 집필하면서 "디지털 문명 속에 우리 삶은 앞으로 어떻게 변화할까?" 고민했다. 미래에 대한 상상은 궁금증을 자아냈다. 미래는 늘 불투명하며 불안하다. 그래서 미래인 것이다. AI와 빅데이터 기반 관리로 도시 인프라를 실시간으로 모니터링 최적화하여 도시 운영의 효율성이 더욱 향상될 것이다. 스마트 교통시스템과 자율주행 도입으로 교통 문제가 해결되고, 친환경적 도시관리로 환경오염이 줄어들 것이다. 원격 진료, 건강모니터링 등 의료 접근성 향상, AI 기반 범죄 예측, 재난 조기 경보시스템, 디지털 학습 플랫폼 등 스마트 교육 및 문화 콘텐츠가 더욱 풍부해질 것이다. 스마트도시는 도시를 효율적이고 효과적으로 운영하면서 시민 일상은 더욱 안전하고 편리해질 것이다. 그러면 이 안전함과 편리함이 삶의 질 향상으로 이어질 것인가?

기술혁신이 가져오는 스마트한 도시는 인간에게 마냥 행복한 도시일까?

스마트도시는 기술 발전에 기반한 혁신적인 도시 모델이지만, 그 이면에는 비인간화, 사회 파편화, 과도한 개인화, 디지털 종속 등 심각한 사회문제점이 존재하는 것도 사실이다. 이러한 여러 요소가 결합하면 디스토피아 사회로 전락할 가능성도 있다. 속도와 효율, 편리함에 중독되어, 아날로그적인 감성은 사라지고 파편화된 개인들만이 산재하여 사는 삭막한 도시가 되는 것은 아닐까? 정이 흐르는 공동사회, 자연과 조화를 이루며 살아왔던 인간 고유의 생태적 리듬은 퇴출당하고 디지털 기술에 중독된 기계화된 도시가 되지 않을까? 고도화된 기술로 인간 자율성은 말살되고 도시를 통제하는 빅브라더스가 등장하는 디지털 독재가 출현하지는 않을까?

디지털 알고리즘에 취해 보고 싶은 것만 보고, 듣고 싶은 것만 듣는 군중의 탄생은 사회를 얼마나 갈등과 혼란 속에 몰아넣고 있는지를 우리는 벌써 목도하고 있다. 유튜브와 인터넷에 떠도는 선동과 가짜 정보는 극단적인 집단을 탄생시킨다. 경제적 양극화 못지않게 극단으로 흐르는 이념의 양극화를 바라보는 시민들의 시선은 답답하기만 하다. 폭력적인 언어가 난무하고 갈등과 배제, 증오가 커지는 우리 사회의 근저에는 기술혁신이 가져온 디지털 시스템이 자리 잡고 있다. 이러한 현상은 우리나라만의 문제가 아니라 글로벌화 되어 전 지구적인 갈등 문제로 확산하고 있다.

스마트도시가 불러올 문제점을 해결하기 위해서는 과학·기술 혁신이 가져오는 지능(intelligence)적 편리와 공동체의 사회적 지혜(wisdom) 가치가 균형 있게 작동되어야 한다. 생각이 서로 다른 사람들이 함께 살아가는 사회 공동체는 효율과 속도만으로 충족되지 않는 것들이 많다. 지금 우리가 목도하고 있는 양극화가 양적 성과와 효율만을 중시하는 사회가 낳은 바로 그 부작용이다. 비인간화 사회적 파편화를 예방하기 위해서는 인간중심의 디자인 원칙을 적용하여 주민이 직접 참여하고 소통할 수 있는 공동체 공간을 활성화하여야 한다. 사회적 약자, 저소득 소외계층을 위한 디지털 문해력 교육 프로그램을 운영하고 공공와이파이 등 보편적 디지털 복지를 확대해야 한다. 기술에 종속되지 않고 인간 주체성을 상실하지 않기 위해서는 시민들이 디지털 기술을 비판적으로 이해하고 활용할 수 있도록 지원하고 과학·기술철학과 윤리적 규범 교육도 병행해야 한다. 사회 공동체가 약화되지 않도록 공동체 중심의 플랫폼을 개발하고 시민이 직접 참여하는 온라인 토론 정책 제안 시스템을 운영하는 등 디지털 민주주의를 활성화하여야 한다.

우리가 절대 놓치지 말아야 할 것은 스마트도시가 디지털 도시가 되기보다는 인간 중심의 도시가 되어야 한다는 것이다.

고도화된 기술 발전은 우리에게 축복이 될 수도, 재앙일 수도 있다. 그 기술을 다루는 사람과 집단에 따라 그 결과는 달라진다. 똑똑한 도시는 어떤 도시일까? 똑똑한 사람들이 사는 도시일 것이다. 디지털 기술이 만들어낸 알고리즘이 시키는 대로 살아가는 기계 인간으로 전락하지 않기 위해서는 우리는 똑똑해져야 한다. 편리하면서도 편안함, 효율적이면서도 감성이 묻어나는, 자유로운 개인의 사생활이 보장되면서도 따뜻한 정을 함께 나누는 공동사회! 디지털 기술을 바탕으로 아날로그적 휴머니즘이 함께하는 도시! 이런 도시가 진정한 스마트도시가 아닐까. 미래는 그냥 기다리면 오는 것이 아니라 우리가 만들어 가는 것이다. 어떠한 모습의 스마트도시를 만들 것인가는 우리의 몫이다.

지능적인 일은 디지털 스마트 기능에 맡기되 우리는 더 지혜롭고 품위 있게 사는 방법을 찾아야 한다. 우리는 사람 중심의 스마트도시를 꿈꾼다.

부록

동남아시아 스마트시티 고찰

1. 도시화와 인구 증가: 스마트시티 수요의 원동력

● 핵심 국가별 도시화 상황

　21세기 들어 동남아시아는 전 지구적 도시화의 핵심 거점으로 부상하고 있으며, 유엔(UN)과 아시아개발은행(ADB)의 자료에 따르면, 이 지역의 도시 인구 비율은 2030년경 전체 인구의 절반 이상을 상회할 것으로 전망된다. 이러한 추세는 단순한 인구 이동을 넘어, 동남아 각국의 도시 구조와 사회 시스템에 급진적인 재편을 야기하고 있다.

　특히 농촌 인구의 대규모 도시 유입은 수도권 및 핵심 대도시의 인프라 수용 한계를 초과시키며, 교통 체증, 주거 부족, 대기 및 수질 오염, 공공서비스 포화와 같은 복합적 도시 문제를 심화시키고 있다. 동시에, 도시민의 생활방식 변화는 디지털 기술에 대한 수요를 급격히 촉진시키고 있으며, 전자정부, 지능형 교통체계(ITS), 디지털 교육 플랫폼, 원격의료 시스템 등 다양한 분야에서 디지털 전환이 주요 정책 과제로 부상하고 있다.

　이와 같은 양상은 도시화(Urbanization)와 디지털 전환(Digital Transformation)이라는 두 글로벌 메가트렌드가 동남아시아에서 상호 교차하며 동시다발적으로 진행되고 있음을 보여주는 현상이다. 두 트렌드 간의 상호작용 양상을 고찰하고, 동남아 각국의 도시화 속도 및 디지털 인프라 구축 수준을 비교 분석함으로써, 지속가능한 도시 개발 전략에 대한 정책적 시사점을 도출하고자 한다.

● 스마트시티 수요와 연결

동남아시아의 도시화는 단순한 물리적 확장을 넘어 복합적이고 상호 얽힌 도시 문제들을 동반하고 있으며, 이는 기존의 전통적 도시계획 방식으로는 더 이상 유효한 대응이 어렵다는 점을 시사한다. 이에 따라, 지속 가능성과 시민 삶의 질을 핵심 목표로 하는 스마트시티(Smart City) 패러다임이 새로운 도시관리 전략으로 부상하고 있다. 본 장에서는 동남아시아 도시문제 해결을 위한 스마트시티 수요의 구체적 구성 요소와 이를 실현 가능케 하는 기술적 기반을 네 가지 핵심 축으로 논의한다.

첫째, 도시 계획의 디지털화(Digitalization of Urban Planning)는 스마트시티 구현의 출발점이다. 디지털 트윈(Digital Twin) 기술은 실제 도시의 물리적, 기능적 특성을 디지털 공간에 실시간으로 반영함으로써 도시 인프라의 변화, 교통 흐름, 기후 및 환경 영향을 정밀하게 시뮬레이션할 수 있는 기반을 제공한다. 특히 GIS(Geographic Information System) 기반의 공간정보 분석은 도시 내 취약지역, 자원 분포, 기반시설의 취약성 등을 정량적으로 진단하는 데 효과적이다. 이를 통해 도시계획은 더 이상 고정적 청사진이 아니라, 데이터 기반의 동적 모델로 전환되고 있다.

둘째, 에너지 효율화 및 탄소중립 도시 개발(Energy Optimization and Carbon-Neutral Urban Development)은 환경 지속가능성 확보의 핵심 과제이다. 도시 지역은 전체 에너지 소비의 중심지이며, 이에 따른 탄소 배출 역시 국가적 탄소배출량의 주된 원천이다. 스마트시티는 스마트 빌딩, IoT 기반 에너지 관리 시스템, 태양광 및 풍력 등의 신재생에너지 통합 설비를 통해 도시의 에너지 수요를 저감시키는 동시에, 탄소중립을 실현할 수 있는 경로를 제공한다. 이는 또한 국가적 기후 대응 전략과 연계되어 스마트시티의 정당성과 확장성을 강화한다.

셋째, 도시 운영의 통합 플랫폼 수요(Integrated Urban Management Platforms)가 가시화되고 있다. 급속한 도시화로 인해 교통, 통신, 공공안전,

위생 등 다양한 도시 기능이 상호작용하게 되며, 이질적인 시스템 간 연계를 통해 도시 전반의 통합적 운영이 요구되고 있다. 스마트시티 플랫폼은 각종 공공 데이터와 센서를 연계하여 실시간으로 도시의 상태를 모니터링하고, 이를 기반으로 맞춤형 서비스와 대응을 가능케 한다. 예컨대, 통합 교통관리 시스템은 대중교통 운영, 사고 발생 대응, 교통 신호 제어를 하나의 운영체계에서 처리함으로써 도시 교통의 유기적 관리를 실현할 수 있다.

넷째, 데이터 기반 도시 운영(Data-Driven Urban Governance)은 스마트시티의 실질적 성패를 좌우하는 핵심 기제로 작동한다. 인공지능(AI)과 빅데이터(Big Data)의 도입은 교통량 예측, 공공안전 강화, 에너지 최적화, 공공의료 수요 분석 등 다양한 분야에서 도시의 '예측형 운영(Predictive Operation)'을 가능하게 한다. 특히 위기 대응 상황에서 실시간 정보 수집과 분석이 신속한 의사결정을 지원함으로써 도시 회복탄력성(resilience)을 극대화할 수 있다. 이는 단기적 효율성 제고를 넘어서, 장기적인 도시경쟁력의 본질적 토대를 마련하는 요소라 할 수 있다.

결론적으로, 동남아시아의 도시들이 직면한 복합적 도전과제는 스마트 기술을 통해 새로운 해결의 실마리를 얻고 있으며, 이러한 기술 기반의 통합적 접근은 향후 동남아 도시들이 지속가능성과 포용성을 동시에 갖춘 글로벌 스마트시티로 도약하는 데 핵심적인 역할을 수행할 것이다.

● 동남아 도시화와 스마트시티 도입의 전략적 시사점

동남아시아는 21세기 들어 세계에서 가장 역동적인 도시화 흐름을 보여주는 지역으로, 급속한 도시 팽창은 도시 문제의 다변화와 복잡화를 초래하고 있다. 이와 같은 환경 속에서 단순한 물리적 인프라 확장을 넘어서, 스마트한 도시 관리와 지속 가능성 중심의 전략적 전환이 절실하게 요구되고 있으며, 이에 따라 스마트시티(Smart City)는 동남아 도시 발전의 핵심 아젠다로 부상하고 있다.

첫째, 동남아 도시화의 방향성과 스마트시티의 필요성은 도시화 패턴의 질적 전환을 통해 드러난다. 과거 도시화가 교통 혼잡, 주거난, 환경오염 등 부작용을 동반하며 물리적 확장 위주로 진행되었다면, 최근 동남아 국가들은 ICT 기반의 스마트 인프라 도입을 통해 구조적 문제 해결을 도모하고 있다. 이는 단기적 대응을 넘어, 장기적이고 지속 가능한 도시 생태계 조성을 지향하는 전략적 흐름으로 평가된다. 특히 정부 주도의 정책 전환과 민간 부문의 기술 참여가 병행되며, 도시 거버넌스 모델 역시 점차 디지털화되고 있다.

둘째, 대한민국의 기술 수출 및 플랫폼 확산 기회를 확대시키고 있으며, 한국은 초고속인터넷 보급률, 스마트시티 구축 경험, AI·IoT 기술력 등에서의 세계적 경쟁력을 바탕으로 통합 교통관리, 에너지 효율 건축, 스마트 CCTV, 환경 센서 네트워크, 빅데이터 기반 도시 운영 플랫폼 등 다양한 분야에서 동남아 시장 진출 가능성이 높다.

이러한 역량은 공공기관의 ODA, 민관합작 PPP 사업, G2G 협력 프로젝트 등을 통해 확장 가능하며, 한국의 스마트시티 모델은 동남아 각국이 참고하는 대표적 사례로 자리잡고 있다. 실제로 베트남의 꽝닌성, 말레이시아의 사이버자야, 인도네시아의 누산타라 신도시 등에서는 한국의 기술이 설계·시행 단계에서 적극적으로 반영되고 있다.

셋째, 국가별 전략적 스마트시티 개발 사례는 각국의 도시 비전과 정책 우선순위에 따라 상이하게 전개되고 있으며, 말레이시아는 사이버자야를 중심으로 디지털경제특구를 조성하고, 베트남은 하노이와 호치민에서 스마트 교통·에너지·행정 시스템을 구축하며, 인도네시아는 누산타라 신행정수도를 제로 탄소 스마트시티로 설계하고, 태국은 방콕과 푸켓 등에서 스마트시티 로드맵을 수립하며 외국 기업과의 기술 협력을 확대하고 있어, 이는 한국 기업의 진출 전략 수립에 유의미한 인사이트를 제공한다.

이와 같이 스마트시티는 단순한 도시 기술의 집합체가 아닌, 동남아 각국의 국가전략과 산업생태계를 포괄하는 통합 플랫폼으로 기능하고 있으며, 한국은 그 핵심 파트너로서 역할을 확대해 나갈 수 있는 전략적 시점에 와 있다.

2.동남아 정부 주도 프로젝트의 확대

1)싱가포르 - Smart Nation 전략 : 디지털 도시의 글로벌 모델

싱가포르는 2014년부터 'Smart Nation' 전략을 국가 차원에서 본격적으로 추진하며, 세계에서 가장 앞선 디지털 도시 모델을 구현한 사례로 주목받고 있다. 이 전략은 단순히 도시의 일부 시스템을 디지털화하는 수준을 넘어, 국가 전반의 시스템을 혁신적으로 전환하는 데 목적을 두고 있으며, 정부 주도의 중앙집중형 혁신 전략이라는 점에서 그 특성이 두드러진다. 주요 목표는 디지털 기술을 활용하여 도시의 운영 효율성을 높이고, 시민의 삶의 질을 향상시키며, 장기적인 지속 가능성을 확보하는 것이다.

우선, 싱가포르는 도시 전역에 걸쳐 센서 네트워크, 사물인터넷(IoT), 인공지능(AI)을 연계한 통합 데이터 인프라를 구축하여, 교통, 에너지, 환경, 보안 등 주요 도시 시스템을 실시간으로 모니터링하고 예측 기반으로 운영하고 있다. 이러한 데이터 기반 운영체계는 단기적인 위기 대응뿐만 아니라 장기적인 도시 계획 수립 및 자원 배분에 있어서도 핵심적 역할을 하고 있다.

또한, 싱가포르는 자율주행 셔틀버스와 드론 기반 물류 시스템 등 첨단 교통 기술을 실증하는 다양한 프로젝트를 진행하며, 스마트 모빌리티 분야에서도 선도적인 모델을 구축하고 있다. 이는 교통 혼잡을 완화하는 동시에, 에너지 사용의 효율성을 제고하려는 전략적 접근으로 평가된다.

행정 영역에서는 'SingPass'라는 통합 애플리케이션을 통해 세금 납부, 공공 의료 예약, 교육 행정 등 다양한 공공 서비스를 하나의 플랫폼에서 처리할 수 있도록 하였으며, 이는 디지털 신원 인증 체계와 연계되어 시민의 행정 접근성을 대폭 향상시키는 동시에, 공공부문의 효율성 역시 크게 제고하였다.

더불어, 싱가포르는 시민 중심의 혁신 생태계를 조성하는 데도 주력하고 있다. 기술 적용의 궁극적 목적을 시민의 실생활 편익에 두고 있으며, 고령층을 위한 디지털 교육 프로그램, 장애인을 위한 맞춤형 애플리케이션 개발 등 포용적 기술 정책을 병행함으로써, 다양한 사회 계층의 참여를 유도하고 있다.

이와 같은 전략의 결과, 싱가포르는 글로벌 스마트시티 지수에서 꾸준히 상위권을 차지하고 있으며, 전 세계적으로 벤치마크되는 디지털 도시 사례로 평가받고 있다. 특히 중앙정부 주도의 강력한 정책 추진력과 민간 부문과의 긴밀한 협업, 시민 체감형 서비스 중심의 기술 개발은 타 국가들이 스마트시티를 설계하고 구현하는 데 있어 중요한 시사점을 제공한다. 싱가포르의 사례는 도시를 넘어 국가 전체를 디지털로 통합하는 체계적인 접근이 가능하다는 것을 입증하고 있으며, 미래형 도시 전략 수립에 있어 실질적인 기준이 되고 있다.

2)말레이시아 : 사이버자야(Cyberjaya) 및 이스칸다르 스마트시티 개발

말레이시아는 디지털 경제 중심국으로의 도약을 목표로, 비교적 이른 시기부터 스마트시티 개발을 전략적으로 추진해 왔다. 그 대표적인 사례로는 '사이버자야(Cyberjaya)'와 '이스칸다르(Iskandar) 스마트시티'가 있다.

사이버자야는 1997년부터 개발이 시작된 말레이시아 최초의 스마트시티 시범도시로, 정보통신기술(ICT) 기반의 산업 클러스터 형성을 목표로 조성되었다. 이 도시는 첨단 ICT 기업과 디지털 스타트업을 유치하기 위한 거점 역할을 수행하고 있으며, 스마트 교통 시스템, 디지털 헬스케어, 인공지능(AI) 기반의 도시 안전 시스템 등 다양한 스마트 인프라를 조기에 도입하였다. 이를 통해 사이버자야는 말레이시아 내 디지털 경제 생태계 조성의 중심축으로 자리매김하고 있다.

이스칸다르 스마트시티는 조호르(Johor)주에 위치한 대규모 경제지구로, 도시계획 단계에서부터 스마트시티 요소를 적극 반영한 점이 특징이다. 특히 그린빌딩, 저탄소 교통 수단 등 친환경 도시 인프라를 도입하고 있으며, 공공-민간 협력(PPP: Public-Private Partnership) 모델을 통해 도시 기능의 설계, 구축, 운영에 민간의 기술과 자본을 유치하고 있다. 이는 자본 효율성과 기술 혁신을 동시에 달성하려는 전략적 선택으로 평가된다.

이 두 도시 사례는 말레이시아 정부가 디지털 경제 활성화를 위한 도시 개발 전략을 일관되게 추진하고 있음을 보여주며, 동시에 외국인 투자를 적극적으로 유치하려는 정책적 의지를 반영한다. 또한 정부의 디지털 전환 목표와 일치하는 방향에서 도시 인프라를 설계함으로써, 말레이시아는 스마트시티를 단순한 기술 도입이 아닌 국가 경쟁력 강화의 수단으로 활용하고 있음을 시사한다.

3)인도네시아 : 누산타라(Nusantara) 신수도 개발 프로젝트

인도네시아는 수도 자카르타가 직면한 과밀화, 상습 침수, 환경 악화 등의 구조적 문제를 근본적으로 해결하기 위해, 보르네오섬 동부에 새로운 행정수도인 누산타라(Nusantara)를 개발하고 있다. 이 프로젝트는 단순한 행정 중심지의 이전을 넘어, 지속가능성과 디지털 기반 도시 인프라를 통합한 스마트시티 조성을 목표로 추진되고 있다.

누산타라는 탄소중립 및 생태 보존을 핵심 기조로 하여 설계되고 있으며, 도시 전체의 약 75% 이상을 녹지로 유지하고, 에너지 공급 역시 태양광 및 수력 등 재생에너지 중심으로 구성된다. 이러한 설계는 도시 확장의 환경적 영향을 최소화하고, 장기적으로 친환경 도시 모델을 구현하기 위한 기반을 마련하고자 하는 전략적 선택이다.

또한, 이 신행정도시는 디지털 중심 행정체계를 구축하는 데 중점을 두고 있다. 행정업무와 공공서비스는 전면 디지털화되며, 5G 통신망 기반의 ICT 인프라가 도시 운영의 근간으로 자리잡을 예정이다. 이는 효율적인 정보 전달과 행정 처리, 시민 참여 플랫폼 운영 등 디지털 거버넌스 구현을 가능케 하는 핵심 요소로 작용한다.

아울러, 도시 내 교통 시스템은 AI 기반의 흐름 제어 기술을 활용하여 자율적이고 최적화된 차량 운행이 가능하도록 설계되며, 건축물 역시 스마트 빌딩 기술을 접목하여 에너지 효율과 사용자 편의성을 동시에 확보하고자 한다. 이러한 요소들은 누산타라를 전통적 수도 개념에서 벗어난, 미래형 기술 도시로 전환하려는 의지를 반영한다.

2024년부터 일부 행정 기능의 이전이 시작되었으며, 전체 프로젝트는 2045년 완공을 목표로 단계적으로 추진되고 있다. 이 장기 계획은 인도네시아가 국가 균형 발전과 지속가능한 도시화를 실현함으로써, 동남아시아의 미래형 수도 모델을 선도하고자 하는 전략적 비전의 일환이다. 누산타라는 향후 인도네시아의 디지털 전환, 환경 보존, 행정 효율성 강화를 통합적으로 구현하는 대표 사례로 자리매김할 것으로 기대된다.

4)태국: EEC 기반 스마트 인프라 개발

태국 정부는 방콕 동부 지역인 촌부리, 라용, 차청사오 등 세 개 주를 중심으로 EEC(Eastern Economic Corridor) 개발 계획을 추진하며, 이 지역을 첨단 산업과 스마트 인프라가 결합된 미래형 경제 중심지로 육성하고 있다. 이 프로젝트는 단순한 산업단지 조성을 넘어, 스마트시티 개발과 국가 디지털 전환 전략을 통합적으로 구현하는 종합 도시 개발 계획의 성격을 띠고 있다.

EEC 지역은 스마트시티 구축뿐만 아니라 첨단 제조업, 로봇공학, 바이오테크놀로지, 항공우주 산업 등의 전략 산업 육성과 연계되어 있으며, 이는 태국 정부가 산업 고도화와 도시 혁신을 병행 추진하고 있음을 보여준다. 특히 스마트 물류 시스템의 경우, 항만, 철도, 공항 등의 인프라를 AI 기반으로 통합 운영함으로써 공급망 효율성을 극대화하고 있으며, 이는 동남아 물류 허브로서 태국의 경쟁력을 높이는 데 핵심적인 역할을 하고 있다.

또한 EEC 지역에는 스마트 헬스케어 시스템과 디지털 교육 인프라가 함께 도입되고 있어, 생활 편의와 사회 서비스 질 향상 측면에서도 스마트시티의 가치를 실현하고 있다. 이러한 인프라는 단순한 기술 도입을 넘어, 시민의 삶의 질을 중심으로 한 지속가능한 도시 모델을 지향한다는 점에서 의미가 깊다.

아울러 태국 정부는 해외 인재와 디지털 전문가 유입을 촉진하기 위한 Smart Visa 정책을 시행하고 있으며, 외국 기업과의 합작 투자와 정부-민간 협력(PPP) 또한 적극적으로 추진하고 있다. 이는 외국인 투자 유치 및 국제기술 협력 확대를 위한 제도적 기반을 마련함으로써, 태국의 스마트시티 프로젝트를 지역 경제 발전과 글로벌 기술 네트워크로 연결하려는 의도를 반영한다.

이처럼 말레이시아, 인도네시아, 태국의 스마트시티 개발은 각국의 전략적 경제 비전과 디지털 전환 목표를 반영한 중장기적 정책 추진의 일환이다. 세 국가 모두 도시 인프라 현대화, 지속가능성 강화, 외국인 투자 유치, 디지털 산업 생태계 육성이라는 공통된 방향성을 지니고 있으며, 이는 향후 동남아시아형 스마트시티 모델로의 발전 가능성을 시사한다. 이러한 사례들은 지역 내 도시경쟁력 강화를 위한 정책적 실험이자, 글로벌 도시 혁신 흐름에 대응하는 선제적 전략으로 평가될 수 있다.

4.투자 및 민간 참여 확대 : 스마트시티의 자금

스마트시티는 정보통신기술(ICT)을 기반으로 도시의 물리적·사회적 인프라를 지능화함으로써, 지속 가능성과 운영 효율성을 극대화하는 미래형 도시 모델이다. 특히 빠른 도시화가 진행 중인 동남아시아에서는 기존 인프라의 한계를 극복하고 도시 기능의 고도화를 달성하기 위한 수단으로 스마트시티 수요가 폭발적으로 증가하고 있다. 이러한 배경 속에서 정부 단독 추진의 한계를 극복하고, 민간의 자본·기술·운영 역량을 결합하는 PPP(Public-Private Partnership) 모델의 중요성을 고찰하며, 한국 기업의 전략적 진출 사례를 중심으로 실효적 사업모델을 제시하고자 한다.

첫째, 스마트시티와 PPP의 필요성에 대한 논의는 도시화의 구조적 성격에서 출발한다. 스마트시티는 도시 전체를 대상으로 하는 복합적 개발사업으로, 대규모 재정 투입과 고도의 기술 집약이 필수적이다. 그러나 동남아시아 다수 국가의 경우, 국가 재정과 기술 역량만으로 이러한 도시를 자력 건설하기에는 한계가 분명하다. 이에 따라, 단순한 공공사업의 민간 위탁을 넘어, 민간을 공동 기획자이자 투자자, 운영 주체로 포섭하는 PPP 모델이 보편화되고 있다. 이 모델은 프로젝트 전 과정에서의 리스크 분산, 자원 최적화, 지속가능한 수익 구조 마련에 효과적이며, 정부와 민간이 상호 보완적으로 작동하는 방식이다.

둘째, PPP 모델의 구조는 다음과 같은 주체 간 협력으로 구성된다.

구성 요소	역할
정부	도시계획 수립, 토지 제공, 규제 완화, 세제 및 투자 인센티브 부여
민간 기업	자금 투자, 기술 설계 및 공급, 인프라 구축, 운영 및 유지관리
금융 기관	장기 인프라 펀드 조성, 공공개발원조(ODA) 연계, 민간 자본 조달 지원
다자기구	ADB, World Bank 등 국제기구의 자문, 보증, 프로젝트 펀딩

PPP는 단순한 일회성 계약이 아니라, 프로젝트 수명주기 전반에 걸친 협업 체계로 진화하고 있으며, 민간기업에는 장기적 수익 기반의 사업기회와 전략

적 시장 진출 경로를 제공한다. 특히 한국 기업은 ICT 인프라, 스마트 빌딩, 지능형 교통 시스템, 도시 통합 플랫폼 등 다양한 분야에서 기술경쟁력을 갖추고 있어, PPP를 활용한 동남아 스마트시티 사업 진출에 있어 유리한 입지를 확보하고 있다.

향후 한국 기업의 실제 동남아 스마트시티 진출 사례를 PPP 모델 기반으로 분석하고, 사업 수익성과 지속가능성을 높이기 위한 전략적 설계방안을 제시할 예정이다. 이러한 분석은 동남아시아에서 스마트시티 사업을 추진하는 정부 및 민간 이해당사자에게 실질적인 정책 방향과 사업 모델의 기준점을 제공할 수 있을 것이다.

동남아시아 스마트시티 시장은 급격한 도시화, 인프라 수요 증가, 디지털 전환 가속화라는 복합적 조건 속에서 빠르게 확대되고 있으며, 기술력과 현장 운영 경험을 보유한 한국 기업에게 전략적 성장 기회로 작용하고 있다. 특히 PPP(Public-Private Partnership) 기반의 협력 구조는 민간 기업에게 단기적인 프로젝트 수행을 넘어, 장기적 플랫폼 사업화로의 확장 가능성을 열어주고 있다는 점에서 주목할 만하다.

첫째, 한국 기업의 동남아 진출 사례는 각국의 스마트시티 프로젝트에 특화된 기술 솔루션을 기반으로 다양하게 전개되고 있다.

- KT는 베트남 하이퐁에서 교통··에너지·보안을 통합한 스마트 관제 시스템을 구축하고 있으며, 인도네시아 자카르타에서는 스마트 교통 시스템을 PPP 형태의 합작법인을 통해 운영 중이다. 이는 공공 데이터 기반의 도시 운영 플랫폼 확산 전략과 밀접하게 연계되어 있다.

- LG CNS는 말레이시아 사이버자야에 스마트 에너지 플랫폼을 구축하고, 베트남 빈홈에서는 AI 기반 출입통제 시스템을 제공하며, SaaS형 도시 운영 플랫폼으로 사업 범위를 확장하고 있다.

- 삼성SDS는 IoT 기반 스마트팩토리 중심의 산업형 스마트시티 솔루션을 제공하며, 클라우드·보안·모빌리티 통합 수출을 통해 스마트 산업단지 모델을 구축하고 있다.

- SKT는 필리핀을 중심으로 도시데이터 분석 및 교통 흐름 최적화 솔루션을 제공하고 있으며, 스마트 CCTV와 재난 대응 플랫폼을 통해 공공안전 분야의 경쟁력을 확보하고 있다.

둘째, 해외 주요 기업과의 경쟁 구도를 살펴보면, 각국은 자국의 기술 강점을 중심으로 차별화된 전략을 전개하고 있다.

국가	주요 기업	전략 및 특성
중국	Huawei, ZTE	통신 및 보안 시스템 중심의 저가 진입 전략
일본	NEC, Hitachi	교통, 방재 분야에서 강한 기술력 및 전통적 인프라 연계 강점
미국	Cisco, IBM, Google	클라우드 및 데이터 기반 도시 운영 시스템에 특화된 플랫폼 전략

이와 비교할 때, 한국 기업의 경쟁 우위는 신뢰도 높은 기술력, 다양한 현장 운영 경험, 문화적 유사성에 기반한 협업 용이성에 있으며, 이를 통해 통합형 기술·서비스 패키지 수출이 가능한 점에서 차별화되고 있다.

이와 같은 다층적 기회 구조 속에서 정부는 정책적·금융적 지원을 강화하고, 기업은 기술과 서비스 융합형의 패키지 수출 전략을 통해 글로벌 시장에서의 경쟁력을 제고할 필요가 있다. 특히 PPP 모델을 활용하면 단기 납품 중심의 모델에서 벗어나, 도시 운영의 지속가능한 파트너로서 민간이 참여하는 구조로 진화할 수 있으며, 이는 동남아 스마트시티 시장의 중장기적 성장 가능성과도 궤를 같이 한다.

결론적으로, 동남아시아 스마트시티 시장은 한국의 기술, 운영, 파트너십 역량이 통합적으로 발휘될 수 있는 전략적 장이며, PPP 기반의 민관협력 모델은 향후 국가 간 디지털 도시 거버넌스 모델로 자리 잡을 수 있는 가능성을 내포하고 있다.

5. 리스크와 도전 과제

4차 산업혁명의 도래와 함께 스마트시티는 도시의 효율성과 삶의 질을 동시에 향상시키는 전략적 도시 개발 모델로 전 세계에서 빠르게 확산되고 있다. 그러나 스마트시티는 단순한 기술 적용을 넘어 복합적이고 장기적인 공공 프로젝트이기에, 정치·사회·제도·기술 등 다차원적인 리스크 요인을 동반한다. 따라서 본 연구는 스마트시티 프로젝트 수행 과정에서 발생 가능한 주요 리스크를 유형별로 분석하고, 이에 대한 실천 가능한 대응 전략을 제시하는 데 그 목적을 둔다.

첫째, 규제 불확실성(Regulatory Uncertainty)은 스마트시티 프로젝트의 초기 기획 단계부터 실질적인 제약 요인으로 작용한다. 스마트시티는 다양한 형태의 데이터를 수집·분석·활용하는 것이 필수적이나, 각국의 데이터 보호 법률은 상이하며, 특히 데이터 로컬라이제이션 요구는 외국 기업의 클라우드 인프라 구축에 큰 제약을 준다. 인도네시아와 말레이시아는 국가 안보 및 주권 보호 차원에서 주요 데이터를 자국 내에 보관할 것을 의무화하고 있으며, 외국인 투자에 대해서도 산업별로 지분 제한이나 합작 의무 조건을 두는 등 진입 장벽이 존재한다.

둘째, 정치적 리스크(Political Risk)는 중장기 투자가 필수적인 스마트시티 사업의 지속 가능성을 위협할 수 있다. 정권 교체에 따른 정책 변경 사례는 말레이시아 등지에서 실제 발생했으며, 지방정부 간 이해관계 충돌이나 행정 비효율, 부패 등의 이슈는 프로젝트 추진 속도를 지연시키는 주요 원인으로 작용한다.

셋째, 기술 격차 및 운영 리스크(Technological Gap & Operational Risk)는 고도화된 시스템의 현지 정착 과정에서 발생할 수 있는 핵심 과제이다. 첨단 기술 기반의 시스템(예: AI 감시, 스마트 교통)은 운영인력의 기술 숙련도에 따라 성과가 크게 달라지며, 일부 국가는 기술이전을 전제로 외국 기업의 진출을 허용하거나, 로컬 파트너와의 협력을 강제하고 있다. 따라서 기술의 단순 이전이 아닌, 현지화 및 유지관리 체계 확립이 병행되어야 한다.

넷째, 기존 인프라와의 적합성 문제(Infrastructure Compatibility Issues)도 간과할 수 없다. 스마트시티 시스템이 도입되더라도 노후화된 도시 기반시설이나 레거시 시스템과의 연동 한계로 인해 실질적인 효과를 거두지 못하는 사례가 존재한다. 예컨대 스마트 조명이나 스마트 미터링 시스템이 전력 공급 문제나 데이터 표준 미비로 인해 기능을 제대로 수행하지 못하는 경우가 이에 해당한다.

결론적으로 스마트시티 프로젝트는 기술적 솔루션만으로 해결될 수 있는 단순한 개발사업이 아니라, 제도적 정합성, 정치적 안정성, 기술 내재화, 인프라 호환성이 유기적으로 조화되어야 성공할 수 있는 총체적 도시 혁신 프로젝트이다. 리스크 유형과 대응 전략은 향후 글로벌 시장에서 스마트시티의 확장성과 지속 가능성 확보를 위한 기본 프레임워크로 활용될 수 있으며, 특히 사업 착수 이전의 정밀한 리스크 사전 분석과 전략적 파트너십 설계가 핵심 성공 요인이다.

6. 스마트시티 관련 기회 요인 (Opportunities)

동남아시아 주요 국가는 빠른 도시화와 인구 증가에 따른 복합적인 도시 문제에 직면하고 있으며, 이에 대한 실질적이고 현지 밀착형 기술 솔루션에 대한 수요가 날로 증가하고 있다. 이러한 수요 구조를 정밀하게 분석하고, 한국의 기술력과 브랜드 이미지를 활용한 전략적 진출 방안을 다각도로 고찰함으로써, 동남아시아 스마트시티 시장에서의 한국 기업의 성장 가능성을 실증적으로 제시한다.

첫째, 도시 문제 해결 중심의 스마트 솔루션 수요는 동남아 지역 전반에서 급속히 확대되고 있다. 자카르타, 방콕, 쿠알라룸푸르 등 주요 대도시는 교통 혼잡, 대기오염, 에너지 공급 부족, 범죄율 상승 등의 복합적 문제에 직면하고 있으며, 이에 따라 스마트시티는 단순한 기술 전시가 아닌 생활 밀착형 문제 해결 플랫폼으로 인식되고 있다. 특히, 현지 정부는 첨단 시스템보다는 경량화되고 맞춤화된 실현 가능한 솔루션을 선호하는 경향이 강하다. 예를 들어, 방콕의 스마트 교통 시스템, 자카르타의 공기질 개선 시스템은 기술의 현지 적응성 및 유연성이 핵심 평가 기준이 된다.

둘째, 한국의 기술력과 브랜드에 대한 높은 신뢰도는 동남아 시장 진출에 있어 중요한 경쟁 우위로 작용하고 있다. 전자정부 시스템과 ICT 인프라 구축 경험, 그리고 K-방역 등에서 입증된 공공 기술의 성공 사례는 한국을 공공 기술 선도국가로 각인시켰으며, 이는 현지 정부 및 기관의 정책 파트너로서 한국 기업에 대한 신뢰로 이어지고 있다. 여기에 K-POP, 드라마 등 한류 콘텐츠가 제공하는 긍정적 국가 이미지는 스마트시티 기술 수용에 있어 문화적 장벽을 완화하고 있으며, 정책·기술·문화가 융합된 'K-스마트시티 패키지'에 대한 관심이 증가하고 있다.

셋째, 동남아의 중산층 확대와 B2G+B2C 시장의 병행 성장은 한국 기업에게 새로운 비즈니스 기회를 제공하고 있다. 특히 말레이시아, 태국, 인도네시아 등의 디지털 네이티브 중산층은 스마트홈, 헬스케어, 에듀테크 등의 개인 중심 디지털 서비스에 대한 수요와 소비 여력을 동시에 갖추고 있으며, 이는 공공 인프라 구축과 더불어 민간 서비스 모델의 확장 가능성을 시사한다. 예컨대 정부 주도의 스마트시티 인프라 위에, 구독형 IoT 헬스케어 서비스나 스마트홈 연계 플랫폼이 탑재되는 방식의 복합 수익 모델이 유망하게 평가된다.

결론적으로 동남아시아 스마트시티 시장은 단순한 기술 수출의 장이 아니라, 문제 해결형 서비스와 문화적 친화성을 바탕으로 한 통합 솔루션 시장으로 진화하고 있다. 한국은 이미 기술력, 정책 경험, 문화 콘텐츠 등에서 글로벌 경쟁력을 갖추고 있으며, 정부 주도 프로젝트에서의 PoC 실증을 기반으로 초기 신뢰를 구축하고, 이후 B2C 확장 모델로 단계적 접근하는 전략이 효과적일 것이다.

그림 출처

Figure 1. 서울특별시 도시교통실. (2025). 「서울교통정보센터 홈페이지 메인 화면」 [화면 캡처]. 2025년 3월 2일에 https://topis.seoul.go.kr 에서 캡처함.

Figure 2. Glaeser, E. (2011). 『Triumph of the City』 [표지 이미지]. Penguin Press. Amazon에서 확인함.

Figure 3. Baluchistan Archives. (n.d.). *Archaeological Ruins at Moenjodaro* [사진]. Wikimedia Commons. https://commons.wikimedia.org/wiki/File:Archaeological_Ruins_at_Moenjodaro-108221.jpg (라이선스: CC BY-SA 2.0)

Figure 4. Unknown cartographer. (n.d.). *Roma plan* [지도]. Picryl. https://picryl.com/media/roma-plan-64a500 (퍼블릭 도메인)

Figure 5. 서울역사박물관. (2022). 「대동여지도(도성도)」. 『소장유물자료집13 - 한양명품선』. https://museum.seoul.go.kr/archive/archiveNew/NR_archiveView.do 에서 열람함.

Figure 6. Boeing, G. (2019). "Spatial Information and the Legibility of Urban Form: Big Data in Urban Morphology." *International Journal of Information Management*, 56, 102013.

Figure 7. Charles Parker. (n.d.). *Illuminated skyscrapers of Manhattan* [사진]. Pexels. https://www.pexels.com/photo/illuminated-skyscrapers-of-manhattan-under-cloudy-sundown-sky-5847370/

Figure 8. Toffler, A. (1984). 『The Third Wave』 [표지 이미지]. Bantam. https://product.kyobobook.co.kr/detail/S000002686377 에서 확인함.

Figure 9. oVice Inc. (2024). 「oVice 홈페이지 메타버스 화면」 [화면 캡처]. 2024년 12월에 https://www.ovice.com/ko 에서 캡처함.

Figure 10. KBS 뉴스. (2024). 「뉴스 화면」 [화면 캡처]. https://news.kbs.co.kr/news/pc/view/view.do?ncd=377231 에서 캡처함.

Figure 11. 국세청. (2024). 「홈택스 홈페이지 화면」 [화면 캡처]. 2024년 12월에 https://www.hometax.go.kr 에서 캡처함.

Figure 12. 행정안전부. (2024). 「국민비서 서비스 홍보 이미지」 [공식 웹사이트 캡처]. https://www.ips.go.kr 에서 캡처함.

Figure 13. Smart City Expo World Congress. (2022). *Smart City Expo World Congress 2022 Review Book* [PDF 북]. https://www.smartcityexpo.com 에서 확인함.

Figure 14. Adobe Stock. (n.d.). AI 생성 이미지. Adobe Stock Standard License에 따라 사용함. https://stock.adobe.com

Figure 15. Adobe Stock. (n.d.). *Waymo self-driving car in downtown San Francisco* [사진]. Adobe Stock Standard License에 따라 사용함. https://stock.adobe.com

Figure 16. 서울특별시. (2023). 「서울시 자율주행버스」 [사진]. 『내 손안에 서울』. https://mediahub.seoul.go.kr/archives/2009720 에서 확인함.

Figure 17. 세종특별자치시. (2023). 「글로벌 스마트시티 세종」 [유튜브 영상 화면 캡처]. https://youtu.be/53zJEfpmaRo 에서 캡처함.

Figure 18. 세종의 소리. (2021). 「세종시 수요응답형 버스 '셔클'」 [사진]. https://www.sjsori.com/news/articleView.html?idxno=52896 에서 확인함.

Figure 19. Adobe Stock. (n.d.). AI 생성 이미지. Adobe Stock Standard License에 따라 사용함. https://stock.adobe.com

Figure 20. Warner Bros. Pictures. (1999). 〈The Matrix〉 [영화 장면: 스미스 요원이 모피어스를 심문]. 미국.

Figure 21. 〈커런트 워〉 (2019). 한국 공식 포스터. 서울와이어 기사에서 인용함. https://www.slist.kr/news/articleView.html?idxno=95967

Figure 22. Adobe Stock. (n.d.). *1893 Chicago World's Fair illuminated by Tesla's AC system* [사진]. https://stock.adobe.com 에서 사용함.

Figure 23. Adobe Stock. (n.d.). *China renewable energy village* [사진]. Adobe Stock Standard License에 따라 사용함. https://stock.adobe.com

Figure 24. Adobe Stock. (n.d.). *재생에너지 수소 저장* [일러스트]. Adobe Stock

Standard License에 따라 사용함. https://stock.adobe.com

Figure 25. Adobe Stock. (n.d.). AI 생성 이미지. Adobe Stock Standard License에 따라 사용함. https://stock.adobe.com

Figure 26. ACI ECO&CHEM. (2025). 「자연상점 iTainer 로봇: 수거와 선별을 한방에 완성!」 [유튜브 영상 화면 캡처]. https://youtu.be/Tb7NKeEuQ9A 에서 캡처함.

Figure 27. 쌍용양회. (2023). 「쌍용양회, 2050 탄소중립 도전」 [보도자료 이미지]. https://www.ssangyongcne.co.kr/company/pr/news_1_view.do?SERNO=7397 에서 확인함.

Figure 28. CNN. (2019). 「South Korea's plastic problem is a literal trash fire」 [기사 이미지]. https://edition.cnn.com/2019/03/02/asia/south-korea-trash-ships-intl/index.html 에서 확인함.

Figure 29. National Environment Agency, Government of Singapore. (n.d.). *Semakau Landfill* [사진]. https://www.nea.gov.sg 에서 확인함.

Figure 30. SK이노베이션. (2023). 「열분해유 재활용 공정 관련 보도이미지」. 『SK이노베이션 뉴스룸』. https://skinnonews.com/archives/88287 에서 확인함.

Figure 31. 룩어라운드(Lookaround). (2025). 「홈페이지 메인 이미지」 [화면 캡처]. 2025년 3월 초에 https://lookaround.life 에서 캡처함.

Figure 32. 제주일보. (2024). 「제주 음식물쓰레기 전량 처리 가능…국내 최대 폐기물 자원화시설 완공」 기사 수록 이미지. https://www.jejunews.com/news/articleView.html?idxno=2211195 에서 확인함.

Figure 33. 현대건설뉴스. (2024). 「현대건설의 물순환 기술 관련 보도 이미지」. https://www.hdec.kr/kr/newsroom/news_view.aspx?NewsSeq=962&NewsType=FUTURE&NewsListType=news_clist 에서 확인함.

Figure 34. TEAM INTERFACE. (2024). 「홍은동 안전마을 만들기 사업」 [사진]. http://www.teaminterface.com/portfolio-item/cpted_pumpkinvillage/

Figure 35. KBS. (2024). 〈다큐ON: 내일을 위한 약속, 미래치안〉 [유튜브 영상 화면 캡처]. 2024년 1월 13일 방송. https://youtu.be/73V7dal0gsM

Figure 36. macrovector / Freepik. (2024). 디자인 이미지. Freepik에서 제공됨. https://www.freepik.com

Figure 37. 세종특별자치시. (2023). 「글로벌 스마트시티 세종」 [유튜브 영상 화면 캡처]. https://youtu.be/53zJEfpmaRo 에서 캡처함.

Figure 38. Adobe Stock. (n.d.). AI 생성 이미지. Adobe Stock Standard License에 따라 사용함. https://stock.adobe.com

Figure 39. Adobe Stock. (n.d.). *China smart building drone use* [사진]. Adobe Stock Standard License에 따라 사용함. https://stock.adobe.com

Figure 40. 국세청. (2025). 「손택스 앱 메인 화면」 [모바일 앱 화면 캡처]. 2025년 3월 캡처.

Figure 41. 성동구 성동구민청. (2024). 「성동구민청 홈페이지 메인 화면」 [화면 캡처]. 2024년 12월 https://sd.go.kr/lab/selectTnPetitListU.do?key=2484&rcpp=9& 에서 캡처함.

Figure 42. macrovector / Freepik. (2024). 디자인 이미지. Freepik에서 제공됨. https://www.freepik.com

Figure 43. Adobe Stock. (n.d.). *인천 송도 신도시* [사진]. Adobe Stock Standard License에 따라 사용함. https://stock.adobe.com

Figure 44. 리처드 세넷. (2020). 『짓기와 거주하기』 [표지 이미지]. 김영사. https://product.kyobobook.co.kr/detail/S000000598619 에서 확인함.

Figure 45. 인천경제자유구역청 제공. (2023). 「송도 바이오클러스터 전경」 사진. 연합뉴스 기사 <인천 송도 바이오기업 '급증'…작년 말 112곳으로 10년 새 3배↑> 수록 이미지. https://www.yna.co.kr/view/AKR20230302115400065

Figure 46. macrovector / Freepik. (2024). 디자인 이미지. Freepik에서 제공됨. https://www.freepik.com

Figure 47. 포스코DX. (2025). 「스마트 팩토리 플랫폼 '포스프레임(PosFrame)' 소개 이미지」 [웹사이트 화면 캡처]. https://www.poscodx.com/kor/solution/posFrame 에서 2025년 1월 캡처함.

Figure 48. 그린랩스. (2025). 「그린랩스 기업 소개 이미지」 [웹사이트 화면 캡처]. https://greenlabs.co.kr/ 에서 2025년 1월 캡처함

Figure 49. 만나CEA. (2025). 「만나CEA 스마트 팜 소개 이미지」 [웹사이트 화면 캡처]. https://mannacea.com/ko/main/salad_greens에서 2025년 1월 캡처함

Figure 50. Adobe Stock. (n.d.). *smart farm* [일러스트레이터]. Adobe Stock Standard License에 따라 사용함. https://stock.adobe.com

Figure 51. 인스타그램 채널 성수바이블. (2024). 「인스타그램 앱 화면」 [모바일 앱 화면 캡처]. 2024년 12월 캡처.

Figure 52. 구글맵. (2024). 「성수동 맛집 검색 예시 이미지」 [웹사이트 화면 캡처]. https://www.google.com/maps/?hl=ko에서 '성수동 포케' 로 검색, 2024년 12월 캡처함

Figure 53. 당근마켓. (2024). 당근마켓 홈페이지. https://www.daangn.com/ 에서 2024년 12월 캡처

Figure 54. 당근마켓. (2024). 당근마켓 서비스 소개페이지. https://about.daangn.com/service/ 에서 2024년 12월 캡처

Figure 55. macrovector / Freepik. (2024). 디자인 이미지. Freepik에서 제공됨. https://www.freepik.com

Figure 56. 구글 홈페이지. (2024). 「구글 철학 검색 이미지」 [웹사이트 화면 캡처]. https://www.google.com에서 'philosophy of google' 로 검색, 2024년 12월 캡처함

Figure 57. 에루디투스 홈페이지. (2024). 에루디투스 홈페이지 [웹사이트 화면 캡처]. https://eruditus.com/에서 2024년 12월 캡처함

Figure 58. 패스트캠퍼스 홈페이지. (2024). 패스트캠퍼스 홈페이지 [웹사이트 화면 캡처]. https://fastcampus.co.kr/ 에서 2024년 12월 캡처함

Figure 59. 구글 스마트 구몬 앱 소개 페이지. (2024). 구글 플레이 스토어 웹에서 해당 앱 화면 캡처. https://play.google.com/store/apps/details?id=com.kumon.apps.ict.student.n&hl=ko 2024년 12월 캡처함.

Figure 60. 제페토 판문점 월드 플레이 예시 화면. (2024). 제페토 앱 판문점 월드에서

해당 앱 화면 캡처. https://www.metapiaworld.com/projects/panmunjeom-jsa 참조.

Figure 61. 콴다 홈페이지. (2024). 콴다 홈페이지 [웹사이트 화면 캡처]. https://mathpresso.com/ko/products/ 에서 2024년 12월 캡처함

Figure 62. AI 생성 이미지 (2024)

Figure 63. 아파트너 홈페이지. (2024). 아파트너 홈페이지 [웹사이트 화면 캡처]. https://www.aptner.com/ 에서 2024년 12월 캡처함.

Figure 64. 아파트너 소개 이미지. (2024). 아파트너 앱에서 제공.

Figure 65. macrovector / Freepik. (2024). 디자인 이미지. Freepik에서 제공됨. https://www.freepik.com

Figure 66. macrovector / Freepik. (2024). 디자인 이미지. Freepik에서 제공됨. https://www.freepik.com

Figure 67. Freepik. (n.d.). 블록체인 인포그래픽 이미지. https://www.freepik.com

Figure 68. macrovector / Freepik. (2024). 디자인 이미지. Freepik에서 제공됨. https://www.freepik.com

Figure 69. macrovector / Freepik. (2024). 디자인 이미지. Freepik에서 제공됨. https://www.freepik.com

Figure 70. Amazon. (2023). 「Amazon drone delivery in photos」 수록 이미지 [공식 보도자료 이미지]. https://www.aboutamazon.com/news/transportation/amazon-drone-delivery-photos 에서 2024년 12월 캡처함.

Figure 71. DHL. (2025). 「반자동 피킹 로봇」 이미지. https://www.dhl.com/kr-ko/home/supply-chain/innovations/warehouse-and-transport-innovations.html 에서 2025년 3월 캡처함.

Figure 72. 센디. (2024). 화물 운송 플랫폼 기업 관련 보도 자료. https://www.newswire.co.kr/newsRead.php?no=970732 에서 확인함.

Figure 73. Adobe Stock. (n.d.). AI 생성 이미지. Adobe Stock Standard License에 따라 사용함. https://stock.adobe.com

Figure 74. macrovector / Freepik. (2024). 디자인 이미지. Freepik에서 제공됨. https://www.freepik.com

Figure 75. Orwell, G. (2008). 『1984』 [표지 이미지, Shepard Fairey Edition]. Penguin Books UK.

Figure 76. Adobe Stock. (n.d.). *china digital control* [사진]. Adobe Stock Standard License에 따라 사용함. https://stock.adobe.com

Figure 77. Adobe Stock. (n.d.). *china cctv* [사진]. Adobe Stock Standard License에 따라 사용함. https://stock.adobe.com

Figure 78. OpenAI ChatGPT 생성. (2024). 「2023년 미국 전자상거래 기업 점유율(1위~10위) 그래프」. ChatGPT에서 시각화함. 원자료 출처: Statista.

Figure 79. Adobe Stock. (n.d.). AI 생성 이미지. Adobe Stock Standard License에 따라 사용함. https://stock.adobe.com

Figure 80. OpenAI ChatGPT 생성. (2024). 「2024년 12월 기준 전 세계 기업 시가총액 순위(1~10위) 그래프」. ChatGPT에서 시각화함. 원자료 출처: Happist.

Figure 81. Adobe Stock. (n.d.). *IT major* [사진]. Adobe Stock Standard License에 따라 사용함. https://stock.adobe.com

Figure 82. Rifkin, J. (2014). 『The Zero Marginal Cost Society』 [표지 이미지]. New York: St. Martin's Griffin.

Figure 83. Seller Sprite 제공. (2024). 「아마존의 플라이휠」 이미지. OpenAds 콘텐츠 <아마존이 1등 할 수밖에 없는 구조> 수록 이미지에서 확인함. https://www.openads.co.kr/content/contentDetail?contsId=14481에서 2024년 12월 캡처함.

Figure 84. 알리익스프레스. (2024). 알리익스프레스 홈페이지 [웹사이트 화면 캡처]. https://aliexpress.com/ 에서 2024년 12월 캡처함

Figure 85. SBS. (2023). 「[SDF2023] Melting Labor and Korea's Precariat in the Age of Digital Transformation」 섬네일 이미지 [유튜브 영상 캡처]. https://youtu.be/0T8Ny0dV9yQ 에서 2024년 12월 캡처함.

Figure 86. Jing Daily. (2023). 「Why China's youth are over the rat race」 기사 수

록 이미지. https://jingdaily.com/posts/lying-flat-resignation-quiet-quitting-china-gen-z 에서 2025년 3월 캡처함.

Figure 87. Adobe Stock. (n.d.). AI 생성 이미지. Adobe Stock Standard License에 따라 사용함. https://stock.adobe.com

Figure 88. macrovector / Freepik. (2024). 디자인 이미지. Freepik에서 제공됨. https://www.freepik.com

Figure 89. Sidewalk Labs. (2019). 「토론토 퀘이사이드 스마트시티 계획」 시각화 이미지. ArchDaily. https://www.archdaily.com/881824/sidewalk-labs-announces-plans-to-create-model-smart-city-on-torontos-waterfront 에서 2025년 3월 캡처함.

Figure 90. Huawei. (2018). 「Smart City at CEBIT 2018」 이미지 [웹사이트 캡처]. https://e.huawei.com/my/videolist/video/91ef80d6b005462481703a0af9b787ef 에서 2025년 3월 캡처함.

Figure 91. 쿠팡뉴스룸. (2023). 「쿠팡, 아시아권 최대 규모 '물류 혁신 허브' 대구 풀필먼트 센터 공개」 보도자료 수록 이미지. https://news.coupang.com/archives/26330/ 에서 2024년 12월 캡처함.

Figure 92. 티몬과 위메프 회사 간판 이미지.

Figure 93. AliExpress 광고 사진. (2024). 지하철 광고 이미지.

Figure 94. Adobe Stock. (n.d.). AI 생성 이미지. Adobe Stock Standard License에 따라 사용함. https://stock.adobe.com

Figure 95. 롯데바이오로직스 제공. (2024). 「인천경제자유구역청과 토지매매 계약 체결식」 사진. https://yakup.com/news/index.html?mode=view&nid=286230 에서 2025년 3월 캡처함.

Figure 96. Associated Press(AP) 제공. (n.d.). 「UN 사무총장 안토니우 구테흐스, 정상회의 중」 보도사진. The Hindu 기사 〈UN chief Antonio Guterres warns Earth in 'era of global boiling'〉 수록 이미지. https://www.thehindu.com/sci-tech/energy-and-environment/un-chief-antonio-guterres-warns-earth-in-era-of-global-boiling/article67128097.ece 에서 2025년 3월 캡처함.

Figure 97. Tollefson, J. (2019). 「1900-2018년 이산화탄소 배출량 추이 그래프」. The hard truths of climate change — by the numbers. Nature. https://www.nature.com/immersive/d41586-019-02711-4/index.html 에서 2025년 3월 캡처함.

Figure 98. 구글 제공. (2024). 2024 환경 보고서. https://sustainability.google/reports/google-2024-environmental-report/ 내에 수록된 그래프.

Figure 99. WIRED. (2023). 「Inside Apple's 6-Month Race to Make the First iPhone a Reality」 기사 수록 이미지: 스티브 잡스 사진. https://www.wired.com/story/iphone-history-dogfight/ 에서 2025년 3월 캡처함.

Figure 100. 와이즈앱. (2023). 2023년 총결산 모바일 앱 순위 정리 자료. https://www.wiseapp.co.kr/insight/detail/488 에서 2024년 12월 캡처함.

Figure 101. 싸이월드. (2004). 박근혜의 미니홈피 [웹사이트 화면 캡처]. 2004년 3월 캡처함.

Figure 102. Adobe Stock. (n.d.). "lonely society". Adobe Stock Standard License에 따라 사용함. https://stock.adobe.com

Figure 103. Adobe Stock. (n.d.). AI 생성 이미지. Adobe Stock Standard License에 따라 사용함. https://stock.adobe.com

Figure 104. 나락보관소. (2024). 「유튜브 채널 메인 화면」 [웹사이트 화면 캡처]. https://www.youtube.com/@나락보관소 에서 2024년 12월 캡처함.

Figure 105. HeyTutor. (2023). 「2018~2022년 PISA 점수 변화 그래프」. ⟨Student Test Scores Are Falling Across the World — Is the Pandemic to Blame?⟩. https://heytutor.com/student-test-scores-are-falling-across-the-world-is-the-pandemic-to-blame/ 에서 2024년 12월 캡처함.

Figure 106. OpenAI ChatGPT 생성. (2024). 「기초학력미달 학생 비율 변화 추이 그래프」. 교육부. (2023). ⟨2023년 국가수준 학업성취도 평가 결과⟩ 발표 자료 기반. https://www.moe.go.kr/boardCnts/viewRenew.do?boardID=294&boardSeq=99138 에서 2024년 12월 확인함.

Figure 107. KBS 생로병사의 비밀. (2016). [스마트폰 과다 사용이 아이들 뇌를 멈추게 한다] 영상 수록 자료. https://youtu.be/JMIwN6Klhls?si=sNyIWwBW87Ncmnqj 에서 2024년 12월 캡처함.

Figure 108. KBS. (2017).「미화원도 모르는 '스마트 쓰레기통'」영상 수록 이미지 [유튜브 영상 화면 캡처]. https://youtu.be/PW_0VXIOuTk 에서 2024년 12월 캡처함.

Figure 109. Smith, A. (1776).『국부론』(The Wealth of Nations). Penguin Books 판본 표지 이미지.

Figure 110. Lefebvre, H. (1968).『도시에 대한 권리』(Le Droit à la Ville). 영문판 표지 이미지.

Figure 111. 내손안에 서울. (2024). 기후교통카드 홍보용 이미지.

Figure 112. 서울런 홈페이지. (2024). 서울런 홈페이지 [웹사이트 화면 캡처]. https://slearn.seoul.go.kr/에서 2024년 12월 캡처함.

Figure 113. 성동구청. (2023).「성동구청 상생거리 홍보 이미지」. https://www.sd.go.kr/main/contents.do?key=1708 에서 2024년 12월 다운로드함.

Figure 114. 연합뉴스. (2013).「'청와대행' 8000번 시내버스 4년8개월만에 폐지」기사 수록 사진. https://www.yna.co.kr/view/AKR20130107033500004 에서 2025년 3월 확인.

Figure 115. 모햇 홈페이지. (2024). 모햇 소개 페이지 [웹사이트 화면 캡처]. https://mohaet.com/info 에서 2024년 12월 캡처함.

Figure 116. NAVER LABS. (2022).「디지털 트윈 서울 기술 소개 영상」수록 이미지 [유튜브 영상 화면 캡처]. https://youtu.be/hpP4Z9GksQM 에서 2025년 3월 캡처함.

Figure 117. Rifkin, J. (2005).『노동의 종말』[표지 이미지]. 민음사.

Figure 118. chatgpt. (2024). chatgpt 사용 모습 [웹사이트 화면 캡처]. https://chatgpt.com/에서 2024년 12월 캡처함.

Figure 119. github. (2024). github sponsors 소개 페이지 [웹사이트 화면 캡처]. https://github.com/sponsors에서 2024년 12월 캡처함.

Figure 120. 텀블벅. (2024). tumblbug 메인 화면 [웹사이트 화면 캡처]. https://tumblbug.com/에서 2024년 12월 캡처함.

Figure 121. 칸아카데미. (2024). 칸아카데미 홈페이지 [웹사이트 화면 캡처]. https://ko.khanacademy.org/ 에서 2024년 12월 캡처함.

Figure 122. 안드로이드 스튜디오. (2024). 안드로이드 스튜디오 웹페이지 [웹사이트 화면 캡처]. https://developer.android.com/studio?hl=ko에서 2024년 12월 캡처함.

Figure 123. 연합뉴스. (2024). 「[영상] 중국서 무인택시, 버스 운행」 뉴스 썸네일 이미지. https://www.yna.co.kr/view/MYH20240610002200641 에서 2025년 3월 캡처함.

Figure 124. 서울특별시청. (2025). 「서울시 응답소 홈페이지 메인 화면」 [웹사이트 화면 캡처]. https://eungdapso.seoul.go.kr/main.do 에서 2025년 3월 캡처함.

Figure 125. The Movie Database (TMDb). (n.d.). 〈Enemy of the State〉 영화 포스터 이미지. https://www.themoviedb.org/movie/9798-enemy-of-the-state/images/posters 에서 2025년 3월 다운로드함.

Figure 126. MIT Design Intelligence. (n.d.). 「visual programming language」. https://designintelligence.mit.edu/work/nnn 에서 2025년 3월 캡처함.

Figure 127. Adobe Stock. (n.d.). "china evergrande". Adobe Stock Standard License에 따라 사용함. https://stock.adobe.com

Figure 128. 국토지리정보원. (2005). 「혁신도시 분포」 지도 이미지. http://nationalatlas.ngii.go.kr/pages/page_2787.php 에서 2024년 12월 캡처함.

Figure 129. macrovector / Freepik. (2024). 디자인 이미지. Freepik에서 제공됨. https://www.freepik.com

Figure 130. ExpoGuide. (2022). 「2022 바르셀로나 스마트시티 엑스포에서 서울시 수상 장면」 이미지. https://expoguide.co.kr/product/info_main.html?g_uid=5603 에서 2024년 12월 캡처함.

Figure 131. 국토연구원. (2024). 〈카토그램으로 보는 2035년 인구 분포 전망〉 수록 이미지. https://www.krihs.re.kr/gallery.es?mid=a10702050000&bid=0043&list_no=30050 에서 2024년 12월 다운로드.

Figure 132. Rifkin, J. (2020). 『글로벌 그린 뉴딜』 [표지 이미지]. 민음사.

Figure 133. Paramount Pictures (2015). 〈The Big Short〉 영화 공식 포스터 이미지.

Figure 134. 그린피스 서울사무소. (2023). 「한국이 그린뉴딜을 선도할 수밖에 없는 이유」 영상 수록 이미지 [유튜브 영상 화면 캡처]. https://youtu.be/IgfqBc5vddc 에서

2025년 3월 캡처함.

Figure 135. 녹색금융 국제컨퍼런스 운영사무국. (2024). 「녹색금융 국제컨퍼런스」 공식 포스터 이미지. Event-us 행사 페이지 https://event-us.kr/greenfinance/event/64324 에서 2025년 3월 캡처함.